水库冰情与水工结构

[俄] И. Н. 沙塔林娜　Г. А. 特烈古博　著

脱友才　邓　云　沈洪道　译

科学出版社

北京

图字：01-2016-0184

内 容 简 介

  本书阐述了水利水电工程设计、建设和运行中的冰问题及相应的解决方案，包括水库结冰期、封冻期和解冻期的水温和冰情，水电站下游的水温和冰情及其上下游的热力关系，抽水蓄能电站、潮汐发电站蓄水池的水温和冰情，不同类型水工建筑物的冰荷载影响及计算，以及引水设施中冰问题的应对措施。

  本书可供涉及冰问题的水利、防汛、水文等领域的工程技术人员，以及相关专业的高校师生和科研工作者阅读参考。

图书在版编目(CIP)数据

水库冰情与水工结构/(俄罗斯) 沙塔林娜, (俄罗斯) 特烈古博著；脱友才，邓云，沈洪道译. —北京：科学出版社，2021.4
  ISBN 978-7-03-067951-2

  Ⅰ.①水… Ⅱ.①沙… ②特… ③脱… ④邓… ⑤沈… Ⅲ.①水库–冰情–研究②水库–水工结构–研究 Ⅳ.①TV697

  中国版本图书馆 CIP 数据核字 (2021) 第 017168 号

责任编辑：黄 桥/责任校对：彭 映
责任印制：罗 科/封面设计：墨创文化

科 学 出 版 社 出版
北京东黄城根北街16号
邮政编码：100717
http://www.sciencep.com

成都锦瑞印刷有限责任公司 印刷
科学出版社发行 各地新华书店经销

*

2021 年 4 月第 一 版 开本：B5 (720×1000)
2021 年 4 月第一次印刷 印张：16 1/2
字数：330 000

定价：**148.00** 元
(如有印装质量问题，我社负责调换)

译 者 序

"冰，水为之，而寒于水"，与传统的水力学相比，冰工程涉及冰凌机理、冰-水热力和动力耦合、冰与水工建筑物间的相互作用等，是一个更为复杂的研究领域。近年来，国内外已经出版了不少与冰工程研究相关的专著，这些著作虽然介绍了不少定性或定量的研究成果和行之有效的经验，但仍缺乏对这些冰工程问题的系统、深入、全面的研究和总结。我国幅员辽阔，跨越多个气候带，30°N 以北地区的河流均不同程度地存在冰情问题，特别是黄河、黑龙江等流域的冰凌灾害问题尤为突出。近几十年来，我国在寒冷地区河流上修建有一批具有径流和热量调节作用的水利水电工程，这在减缓和消除河道冰凌灾害方面起到了积极作用，但也出现了新的问题。冰问题贯穿于水利水电工程的设计、建造、运行和管理等多个环节，并对其可能产生较大的影响，因此全面认识并解决这些冰问题显得尤为重要和急迫。

《水库冰情与水工结构》一书介绍了近几十年来俄罗斯维德涅夫全俄水利工程科学研究所在冰工程研究领域采取的研究方法和所取得的原创性研究成果，是继《苏联河流冰情》(P. B. 多钦科) 后的又一重要著作。该书主要阐述了水利水电工程在设计、建设和运行中的冰-水热力和力学问题及相应的解决方案，虽然书中没有很多的数值模型，但它给了我们很多的工程经验和概念视角，具有很高的参考价值。我们相信《水库冰情与水工结构》中文版的问世，将会对我国高寒地区水利水电工程防凌减灾、安全调度、生态环境保护等方面有所帮助，同时对我国冰工程研究进程具有积极的推动作用。

本书的主译人员为脱友才、邓云和沈洪道，其他参与翻译工作的人员还有李楠、曹蕊、张进文、李婷和程海燕。译稿由脱友才和沈洪道负责校对。

同时，本书得到了国家自然科学基金重点项目 (批准号：91547211) 的资助和北京思必锐翻译有限责任公司的有力支持，黄河万家寨水利枢纽有限公司熊运阜教高对译稿做了通读和修订，在此一并致以诚挚的感谢。

由于译者水平有限，书中难免存在不妥和错误之处，敬请广大读者批评指正。

译 者
2020 年 11 月于成都

原 版 序

　　俄罗斯大部分地区冬季自然条件恶劣，冰情计算和长期预测是十分必要的。我们希望本书总结的冰情问题及其解决方案能为水利工程建设和运行中遇到的冰情难题带来新的突破，并对此提出实际建议。

　　本书论述者主要为维德涅夫全俄水利工程科学研究所科研人员。他们奠定了现代冰工程学和冰热力学的基础，并组织了冰研究的基本工作，制定了相关规范性文件。参与本书编写的人员有 Б. В. 普罗斯库里亚科夫、Д. Н. 比比科夫、Н. Н. 比特鲁尼乔夫、А. М. 叶斯基费耶夫、А. И. 比霍维奇、В. И. 西诺金、В. М. 日德基赫、И. Н. 索科洛夫。本书总结和阐述了维德涅夫全俄水利工程科学研究所冰热力学实验室科研人员多年的研究成果，这些成果均为原创性科学研究成果，相关计算方法通过现场实际条件的检验和测试后可用于解决工程中的实际问题。

　　本书的主要内容包括：水库及其下游河道，以及抽水蓄能电站和潮汐发电站蓄水池的温度和冰情计算；根据水体及结构物表面冰融化和结冰速度制定的解决方案；冰对不同类型工程设施的作用和载荷计算；在建和已运行水利工程项目输冰量建议；引水设施中冰问题的应对措施；冰雕建筑、冬季道路和冰渡口的冰问题。

　　特别感谢 В. Е. 梁宾在缩减高水头发电站下基准线清沟延伸长度问题的解决方案中做出的贡献。

　　受篇幅所限，本书不能详述维德涅夫全俄水利工程科学研究所冰热力学实验室的全部研究成果，且参考文献中也未列全已发表的论文。

　　本书还提出了一些有趣的研究课题，如速干泡沫和建材保温所需的空气-水调节泡沫，以及基于物理学原理的加热系统设计，如感应加热、脉冲电源、薄膜和轮胎加热器、北方气候带的建筑工艺等。这些研发成果在当时是十分先进和必要的，并应用于实际工程建设中。

　　作者在此向本书所有参与者致以真诚的谢意，没有他们的努力，本书不可能问世，感谢 В. К. 德波尔斯克和 Д. В. 科兹洛夫为本书的编写提出宝贵意见。

　　特别感谢 А. Б. 维克思列尔，他承担了草稿编辑工作，并提供材料；同时还要感谢 Т. Ф. 特维尔多赫列博夫，他承担了稿件印刷的大部分工作。

Г. A. 特烈古博在本书出版前已离世。本书在材料组织和内容编排上较好地体现了她的学术观点和相关研究成果。她做了很多创造性的研究工作，对所研究的问题有较深的理解，并提出了独特的解决方案。她发表的科技著作超过 150 篇，其中包括一系列规范性文件。在此，向她对本书所做的贡献深表谢意。

原 版 前 言

俄罗斯大部分地区的冬季具有漫长而寒冷的气候特点，因此在这些地区建造能够抗冰的结构和设施是十分必要的。长期在冰水混合条件下工作的水利工程设施，需要采用特殊的防冰措施，以保证其可靠性和安全性，同时还应考虑冰与水的力学和热力学作用。此外，大多数情况下，冬季也可以使用纯冰或冰混合物作为建筑材料，建设临时水利工程。

本书所论述的冰情问题的解决方案，源于维德涅夫全俄水利工程科学研究所冰热力学实验室研究人员近半个世纪的集体研究课题的成果。本书作者主持或直接参与了这些课题的研究。每项研究课题中的解决方案均为原创，相关成果已通过现场自然条件和实验室条件的详细测试。本书编写的目的在于，通过统一收集和整理这些独一无二的解决方案，为设计和建造水利工程设施提供综合性研究方案，以确保这些设施能在冬季具备运行能力，并将自然环境对设施的破坏降至最低。

本书所述的综合性研究方案包括：抽水蓄能电站、潮汐发电站蓄水池和水力发电站下游段水温变化研究；冰的生态学问题；冰冻结和融化时的热交换；冰对工程设施的影响；冰-水力学研究和冰的运动；冰和冻土上的施工技术；除冰措施。

本书所涉及的大部分研究结果已被公开发表，并在国际和全国各大研讨会上做过报告。这些公开发表的成果给实验室带来了一定的权威性，使其成为冬季水利工程研究协同中心以及综合工程的组织者。上述每个方向的研究均以获取解决实际问题的计算方法为目的：在计算水力发电站不同河段温度状况时，主要关注丰水期和秋季冷却期的温度变化、水温调节，以及冰封期水库温度和太阳辐射对冰解冻的影响等问题；电站尾水温度主要由水电站下泄水温确定，下泄水流随着流程的增加，其水温逐渐降低到 0℃，继续失热将发生过冷却现象，继而形成水内冰和清沟；由于碎冰堆积形成冰堆和冰塞，其在清沟边缘会增加水流阻力；而强降雪以及海水倒灌形成的河口潮汐等也将较大程度地改变水力发电站下游的热力和冰情。

计算抽水蓄能电站蓄水池的冰情可预测蓄水池水温。蓄水池通常从某一水位连续放水，再充水至另一水位，随着水位和环境温度的变化，蓄水池表层冰堆积在边坡上，放水时原本在边坡滞留的冰发生冻结，而在蓄水池下一个充水—放水循环过程中，新的冰壳固结，边坡冷却并冻透而进一步形成冰。因此，水的损失是抽水蓄能电站在运行过程中需要考虑的重要问题。

计算潮汐发电站蓄水池中的温度状况时需要考虑池内冰情状况，并且每个蓄水池中都会形成清沟。在高位蓄水池中，清沟上层的冰会向潮汐发电站建筑移动，同时低位蓄水池中的清沟会形成开阔水面，冰由此被排出，并在边缘堆积，形成额外的增压阻力，在涨潮和退潮时其阻力会减小。

水流的冰-水化学状态会受径流分段调节时水质变化的影响。

研究水体结冰和融化时的热交换问题是解决工程问题的必要环节，包括：预测新建水库的冰情；调节水力发电站下游的冰情；维护航道，延长通航时间；增加热能、核能发电站和水利工程设施的发电量；使用冰和冻土作为建筑材料修建临时水利设施。

结冰和融冰速度反映了冰与自然环境的相互作用关系，是工程设计中需要解决的问题，同时还需要考虑这些设施结构施工周期较长的特点。

冰-水力学研究主要与冰在水流中的运动、流冰状态的变化、冰塞和冰坝的形成、洪水灌注、引水设施的运行、汛期水和冰越过在建水利工程设施基准线等问题有关。

研究冰对不同类型设施的影响并计算其载荷，对水利工程设施的设计十分必要。除了确定载荷量，冰对建筑结构造成的磨蚀也是需要考虑的重要问题。

冰工程学的专门章节讲述的是建筑中冻土的使用，冰的加固，冬季道路建设和冰上渡口的使用。冰层覆盖面的承载能力和涵洞闸门升降时的凿冰问题作为一个特殊章节单独论述。

解决水利工程设施运行过程中的冰情难题，需要采用涉及水力学和冰热力学的综合性解决方案，其主要任务在于保护设施结构不受冰的影响，研制水利工程设施机械设备的加热系统，使用新型导电材料，更有效地促进水利工程项目的建设和运行。

对冬季施工问题综合性方案研究结果的论述，展示了冰研究各方面的特点，为进一步研究冰川学、冰热力学和冰工程学奠定了基础。

文后为本书的附录。由于本书研究内容十分广泛，作者有时不得不使用同一字母符号表示不同概念含义，但在文中会给出全称。使用尺寸参数时给出的数值大小，文中也给出了适当的附加解释。使用尺寸参数和对比关系，能够更直观地指出数值大小的意义。

目　　录

第1章 水库水温的变化

1.1 水库水温计算方法

水库的形成包括多个阶段。初始阶段为修建大坝时水库蓄水，同时水库的温度状况分层形成。通常，水库蓄水至正常蓄水位需要的时间较长，有时甚至需要几年。每年冬季，水库泄水，水库水位降至最大放水位或死水位，然后在春汛期重新蓄水。由于水深、水体流动性和库容的差异，不同地理区域的水库形成各自独特的温度状况。

С. Н. 科里茨基、М. Ф. 缅克列、К. И. 罗斯辛斯基、Б. В. 普罗斯库里亚科夫和 Д. Н. 比比科夫奠定了水库温度状况计算方法的基础[63,114]。

维德涅夫全俄水利工程科学研究所制定的水库水温计算方法以已知水库水流条件下的傅里叶导热定律为基础，方程为

$$\frac{\partial t}{\partial \tau} = a \frac{\partial^2 t}{\partial z^2} \tag{1.1}$$

使用上述方法计算水库水温主要基于以下假设：①水流热传递以纵向为主；②横向不存在热传递；③热传递会使热量在垂直方向上发生移动。

可使用动态坐标系统计算水流温度，坐标系统与需要计算的水体一起移动。

А. И. 比霍维奇根据水库条件改进了傅里叶导热定律的算法。其研究方法包括使用基本物理学原理解决热量的叠加、等价、互易问题。比霍维奇在分析动态坐标系统计算方法的基础上对基本热量问题的解决方案进行了系统化改进，并根据这些解决方案建立了计算图。动态坐标系统计算方法的基本计算规则由比霍维奇和 В. М. 日德基赫共同制定并发表[100]。本书作者和比霍维奇的学生 Е. Л. 罗斯格沃勒进一步扩展了该方法的使用范围[115,168,169]。

根据动态坐标系统计算方法，基于水库热力状态变化周期，可将水库水温计算划分为几个时间段，其间某些过程在水库中单调发生，而初始和边界条件按照一定规律可以是固定的，也可以是变化的。将水库的全年温度变化按计算的时间段划分，称为全年热循环周期，其中初始和边界条件可以用图表表示。以某一水库为例展示全年热循环周期，如克拉斯诺亚尔斯克水库近坝区域的全年温度变化见图 1.1 和表 1.1。全年热循环周期始于水体解冻，随后是春季同温期、夏季升温期、秋季冷却期，之后是结冰期和冰封期，全年温度变化过程参见文献[40]。

明确规定全年热循环计算周期的每个条件具有一定难度,因为这些条件包括:水库的几何形状、不同深度的水温分布(初始条件)、水库表层和底部的热力条件(边界条件)、水体导热系数(热物理常数)。针对不同类型的水库,每个条件需结合水深和水体流动性进行特别说明。

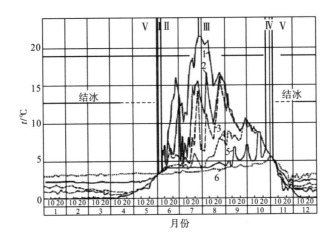

图 1.1 克拉斯诺亚尔斯克水库近坝区域的全年温度变化[40]
I-春季同温期;II-夏季升温期;III-秋季冷却期;IV-结冰期;V-冰封期;
1-表层;2-水深 5m;3-水深 10m;4-水深 20m;5-水深 40m;6-库底

表 1.1 水库全年热循环周期

阶段	时期	变化特征
I	春季同温期	水库各深度的水温相同并与水体密度达到最大时的水温接近
II	夏季升温期	水库从水体密度达到最大时的水温变化到夏季升温期的最高水温
III	秋季冷却期	水库从夏季升温期的最高水温变化到秋季同温期的水温
IV	结冰期	水库从水体密度达到最大时的水温变化到表层被冰覆盖时的水温
V	冰封期	冬季冰盖下的水温

使用已有的热传导公式算法理论基础和物理学原理进行热力计算,便于在几何尺寸和其他一致性条件方面解决热传导问题,即水库水温必须采用热传导理论来描述,并考虑水体流动条件。

水库通常被分为浅水库、深水库和极深水库。但水库深度这一物理概念不能完全表述热力过程,并且不能给出水库深度的统一特征。

在计算温度状况时,不仅要考虑水库的深度和几何形状等因素,还要综合考虑其他因素,如水体的流动性、垂向水温随深度降低的规律、水温的四季变化等。

浅水库的特征是水温随深度下降得不明显,包括底部在内的所有深度的水温四季变化不大。与浅水库不同,深水库水温随深度增加明显降低。深水库和浅水库的水温随环境条件同步变化。在极深水库中，水温的下降随深度的增加非常明显，但是水库底部水温不随四季气温的变化而变化。前两种水库的热状况易受表面和底部边界温度条件的影响，这样的水库又叫作有限深度水库，根据已知的热传导概念，这样的水库属于有限深度无限板。极深水库的底部在热关系中是被动边界，水体底部范围可以是无限大的，并且必须保持温度恒定，不存在热量传递。采用热传导术语描述极深水库中的条件——半有界水体。计算方案如下：无限板和半有界水体分别代表浅水库、深水库或极深水库[124]。

　　水库流动性强弱主要通过热量和水量的变化强度判断，可用导热系数来表示，也可从不同深度的典型水温分布中得到体现。流动性强且水温下降缓慢的水库在热关系上可被划定为浅水库。有时水库水体局部流速快，在热关系上也可归属于浅水库，因为水体沿垂向强烈混合，其温度不随深度增加而下降，并且全年变化明显。浅水库也可以是春季同温期水深较大的水库。

　　开始计算水库水温时，必须按深度确定水库类型并选择相应的计算方案。浅水库的特征是不存在垂直温度梯度。如果已知水库为非浅水库，则还需要进一步确定水库的类型是深水库还是极深水库，同时要了解其四季气温的变化过程。在计算时段内，库底水温变化不超过5%的水库属于极深水库，超过5%的水库为深水库。

　　水库还有一个本质特征会影响对计算方案的选择——水库水体流动性。判断水库水体流动性时，要考虑计算水体流动时的综合情况并确定流动水体的温度。

　　将已有的热传导方程的分析解法用于解决水库热问题时，需要具备简单的初始条件和边界条件。根据这些解法制作计算图，将大大简化水库和其他水利项目水温的计算[100]。

　　初始条件可以采用等温分布或沿水深的不同温度的线性分布，边界条件可使用常数或线性变化。

　　水库温度状况的计算中需要给出水体表面和底部的边界条件。最常使用的边界条件有：水体表面温度 t(第一类边界条件)、水体表面热通量 S(第二类边界条件)和环境温度(第三类边界条件)。在全年热循环周期的不同阶段，所有类型水库的温度状况计算边界条件见表1.2。

　　在当今计算机和软件时代，可使用热传导方程的编程算法得到结果。在解决水库实际问题时，常用的计算公式和算法见表1.3。水库水温的计算需依据全年热循环周期来进行，见表1.1和表1.2。

　　计算过程中，需要确定复杂初始条件和边界条件下的水温，这些条件未被列在表1.3的主要问题中。可使用叠加、对称、互易、等价原理解决这些问题。

　　根据热源叠加原理，如果水体表面(边界条件)或水中(初始条件)的单独热源互不影响，则可以分别考虑每个热源的作用，最终的热效应为所有热作用的总和。由此可以证明，每个通过叠加方法得到的新问题的算法是原问题的分析解法，若不使用该分析解法而使用其他方式，则得出这类问题的算法将十分困难[100]。

根据热源对称原理，能够使用等温或绝热边界代替计算水体部分。如果不同水层的表面具有数值相同且正负号相反的边界条件(如热通量)，则水层的平均密度是相同的。如果水层表面的边界条件相同且数值正负号相同，则可以只计算水层的一半，另一半为水层中心的绝热条件，在这种情况下可用任意一半水层进行计算。

表 1.2　不同边界条件用于计算水库在全年热循环周期不同阶段的温度状况[163]

全年热循环周期阶段	热传导过程	密度初始分布	温度初始分布	水温		表面的临界条件	水体底部边界条件	
				初期阶段	末期阶段		浅水库和深水库	极深水库
春季同温期	自由对流混合	等密度分布	$t_{\tau=0}=t_0$	t_{cp}	4℃	$-\lambda\dfrac{\partial t}{\partial z}$ $=\alpha(t-\vartheta)$	$\dfrac{\partial t}{\partial z}=0$	$\dfrac{\partial t}{\partial z}=0$ (t 为常数)
夏季升温期	导热性	稳定的正向密度分层	$t_{\tau=0}=f(z)$	4℃	$t_{макс}$	$-\lambda\dfrac{\partial t}{\partial z}$ $=\alpha(t-\vartheta)$	$\dfrac{\partial t}{\partial z}=0$	$\dfrac{\partial t}{\partial z}=0$ (t 为常数)
秋季冷却期	上层自由对流混合	双层密度分层	$t_{\tau=0}=f(z)$	$t_{макс}$	4℃	$-\lambda\dfrac{\partial t}{\partial z}$ $=\alpha(t-\vartheta)$	$\dfrac{\partial t}{\partial z}=0$	$\dfrac{\partial t}{\partial z}=0$ (t 为常数)
结冰期	自由对流混合	同温演变	$t_{\tau=0}=t_0$	4℃	0℃	$-\lambda\dfrac{\partial t}{\partial z}$ $=\alpha(t-\vartheta)$	$\dfrac{\partial t}{\partial z}=0$	$\dfrac{\partial t}{\partial z}=0$ (t 为常数)
冰封期	导热性	逆向密度分层	$t_{\tau=0}=0℃$	0℃	t_{cp}	$t_{п}=0℃$ $S_{ди}>0$		$\dfrac{\partial t}{\partial z}=0$ (t 为常数)

表 1.3　热状况计算常见问题的公式和解法[100]

问题编号	水库	热示意图	计算公式	无量纲参数
1	浅水库		$\bar{t}=t_{п}+\overline{\Theta}(t_0-t_{п})$	$\overline{\Theta}=\displaystyle\sum_{n=1}^{\infty}B_n\exp\left(-\mu_n^2Fo\right)$, $\mu_n=(2n-1)\dfrac{\pi}{2}$, $B_n=\dfrac{2}{\mu_n^2}$
2	浅水库		$\bar{t}=t_0+\overline{\Theta}\dfrac{bh^2}{a}$	$\overline{\Theta}=Fo-\dfrac{1}{3}+\displaystyle\sum_{n=1}^{\infty}B_n\exp\left(-\mu_n^2Fo\right)$, $\mu_n(2n-1)\dfrac{\pi}{2}$, $B_n=\dfrac{2}{\mu_n^4}$

问题编号	水库	热示意图	计算公式	无量纲参数
3	浅水库		$\bar{t} = t_0 + \bar{\Theta}\dfrac{Sh}{\lambda}$	$\bar{\Theta} = Fo$
4	浅水库		$\bar{t} = t_0 + \bar{\Theta}(\vartheta - t_0)$	$\bar{\Theta} = \sum_{n=1}^{\infty} B_n \exp(-\mu_n^2 Fo),$ $\cot \mu_n = \dfrac{1}{Bi}\mu_n, \quad B_n = \dfrac{A_n}{\mu_n}\sin\mu_n,$ $A_n = (-1)^{n+1}\dfrac{2Bi\sqrt{\mu_n^2 + Bi^2}}{\mu_n\left(\mu_n^2 + Bi^2 + Bi\right)}$
5	浅水库		$t = \bar{t}_0 + \bar{\Theta}\dfrac{bh^2}{a}$	$\bar{\Theta} = Fo - \dfrac{1}{Bi} - \dfrac{1}{3} + \sum_{n=1}^{\infty}\dfrac{B_n}{\mu_n^2}\exp(-\mu_n^2 Fo),$ $\cot \mu_n = \dfrac{1}{Bi}\mu_n, \quad B_n = \dfrac{A_n}{\mu_n}\sin\mu_n,$ $A_n = (-1)^{n+1}\dfrac{2Bi\sqrt{\mu_n^2 + Bi^2}}{\mu_n\left(\mu_n^2 + Bi^2 + Bi\right)}$
6	浅水库		$\bar{t} = t_0 + \bar{\Theta}\dfrac{S_{\text{Ан}}h}{\lambda}$	$\bar{\Theta} = \eta - \sum_{n=1}^{\infty} A_n \sin(\mu_n\eta)\exp(-\mu_n^2 Fo),$ $\mu_n = (2n-1)\dfrac{\pi}{2}, \quad A_n = (-1)^{n+1}\dfrac{2}{\mu_n^2}$
7	深水库		$t = t_\text{п} + \Theta(t_0 - t_\text{п})$	$\Theta = \sum_{n=1}^{\infty} A_n \cos\left[\mu_n(1-\eta)\right]\exp(-\mu_n^2 Fo),$ $\mu_n = (2n-1)\dfrac{\pi}{2}, \quad A_n = (-1)^{n+1}\dfrac{2}{\mu_n}$
8	深水库		$t = t_0 + \Theta\dfrac{bh^2}{a}$	$\Theta = Fo - \eta + \dfrac{\eta^2}{2}$ $+ \sum_{n=1}^{\infty}\dfrac{A_n}{\mu_n^2}\cos\left[\mu_n(1-\eta)\right]\exp(-\mu_n^2 Fo),$ $\mu_n = (2n-1)\dfrac{\pi}{2}, \quad A_n = (-1)^{n+1}\dfrac{2}{\mu_n}$

问题编号	水库	热示意图	计算公式	无量纲参数
9	深水库		$t = t_0 + \Theta \dfrac{Sh}{\lambda}$	$\Theta = Fo - \eta + \dfrac{\eta^2}{2} + \dfrac{1}{3}$ $+ \sum\limits_{n=1}^{\infty} A_n \cos\left[\mu_n(1-\eta)\right]\exp\left(-\mu_n^2 Fo\right),$ $\mu_n = \pi n, \quad A_n = (-1)^{n+1}\dfrac{2}{\mu_n^2}$
10	深水库		$t = t_0 + \Theta(\vartheta - t_0)$	$\Theta = 1 - \sum\limits_{n=1}^{\infty} A_n \cos\left[\mu_n(1-\eta)\right]\exp\left(-\mu_n^2 Fo\right),$ $A_n = (-1)^{n+1}\dfrac{2Bi\sqrt{\mu_n^2 + Bi^2}}{\mu_n\left(\mu_n^2 + Bi^2 + Bi\right)},$ $\cot \mu_n = \dfrac{1}{Bi}\mu_n$
11	深水库		$t = t_0 + \Theta \dfrac{bh^2}{a}$	$\Theta = Fo - \eta + \dfrac{\eta^2}{2}$ $+ \sum\limits_{n=1}^{\infty} \dfrac{A_n}{\mu_n^2}\cos\left[\mu_n(1-\eta)\right]\exp\left(-\mu_n^2 Fo\right),$ $\mu_n = (2n-1)\dfrac{\pi}{2}, \quad A_n = (-1)^{n+1}\dfrac{2}{\mu_n}$
12	深水库		$t = t_0 + \Theta \dfrac{S_{дн}h}{\lambda}$	$\Theta = \eta - \sum\limits_{n=1}^{\infty} A_n \sin\left(\mu_n \eta\right)\exp\left(-\mu_n Fo\right),$ $\mu_n = (2n-1)\dfrac{\pi}{2}, \quad A_n = (-1)^{n+1}\dfrac{2}{\mu_n^2}$
13	极深水库		$t = t_{\text{п}} + \Theta(t_0 - t_{\text{п}})$	$\Theta = 1 - \mathrm{erfc}\dfrac{1}{2\sqrt{Fo_z}}$
14	极深水库		$t = t_0 + \Theta b\tau$	$\Theta = \left(1 + \dfrac{1}{2Fo_z}\right)\mathrm{erfc}\dfrac{1}{2\sqrt{Fo_z}}$ $- \dfrac{1}{\sqrt{\pi Fo_z}}\exp\left(-\dfrac{1}{4Fo_z}\right)$
15	极深水库		$t = t_0 + \Theta \dfrac{Sz}{\lambda}$	$\Theta = 2\sqrt{\dfrac{Fo_z}{\pi}}\exp\left(-\dfrac{1}{4Fo_z}\right)$ $- \mathrm{erfc}\dfrac{1}{2\sqrt{Fo_z}}$

续表

问题编号	水库	热示意图	计算公式	无量纲参数
16	极深水库		$t = \vartheta + \Theta(t_0 - \vartheta)$	$\Theta = 1 - \mathrm{erfc}\dfrac{1}{2\sqrt{Fo_z}}$ $+ \mathrm{erfc}\left(\dfrac{1}{2\sqrt{Fo_z}} + Bi_z\sqrt{Fo_z}\right)$ $\times \exp\left(Bi_z + Bi_z^2 Fo_z\right)$
17	极深水库		$t = t_0 + \Theta b\tau$	$\Theta = 1 + \dfrac{\exp\left(Bi_z + Bi_z^2 Fo_z\right)}{Bi_z^2 Fo_z}$ $\times \mathrm{erfc}\left(\dfrac{1}{2\sqrt{Fo_z}} + Bi_z\sqrt{Fo_z}\right)$ $+ \dfrac{1}{\sqrt{\pi Fo_z}}\left(\dfrac{2}{Bi_z} + 1\right)\exp\left(-\dfrac{1}{4Fo_z}\right)$ $-\left(\dfrac{1}{Bi_z^2 Fo_z} + \dfrac{1}{Bi_z Fo_z} + \dfrac{1}{2Fo_z} + 1\right)$ $\times \mathrm{erfc}\dfrac{1}{2\sqrt{Fo_z}}$

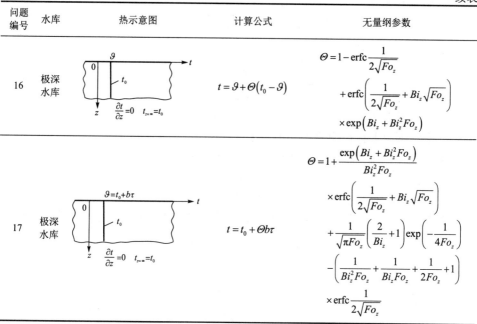

　　互易原理是，如果水体表面或其任何一点存在热源，则它（热源）会引起一定的温度变化。如果我们计算的是点放入热源，则在放入热源的点上会产生相应的温度变化。

　　等价原理的本质在于，使用同样的条件替代另一条件却不会引起任何一点的温度改变。对于相同条件等量替代，通常可以减少或简化算法[100]。

　　下面以几个水库水温的计算方法为例，解释流动条件发生变化时水库水温的变化。

　　例 1：深度为 20m 的小型水库，垂向水温相等且 $t_0 = 4℃$。从大气到水体的热通量 $S = 200\mathrm{W/m^2}$。水体导热系数 $\lambda = 500\mathrm{W/(m \cdot K)}$。计算 10 日后的库表温度。

　　解法：采用夏季升温期深水库水温计算方法。

　　待解决问题的条件与问题 9（表 1.3）是一致的。

　　无量纲温度参数为傅里叶数，确定为

$$Fo = \frac{\lambda\tau}{c\rho H^2} = \frac{500 \times 10 \times 24 \times 3600}{4.2 \times 10^6 \times 400} \approx 0.257$$

　　水体表面无量纲坐标 $\eta = \dfrac{z}{H} = 0$，无量纲温度参数 $\Theta = 0.55$；底部 $\eta = 1$，$\Theta = 0.11$。

　　根据问题 9 的计算公式，有

$$t = t_0 + \Theta\frac{SH}{\lambda}$$

库表水温在 10 日后将为

$$t = 4 + 0.55 \times \frac{200 \times 20}{500} = 8.4 \ ℃$$

而库底水温为

$$t = 4 + 0.11 \times \frac{200 \times 20}{500} = 4.88 \ ℃$$

计算结果表明,我们计算的是深水库,10 日内库底温度从 4℃变为 4.88℃,同时观察到垂向上存在明显的温度梯度。

例 2:例 1 中,若导热系数为 $\lambda = 2000 \ W/(m \cdot K)$,则

$$Fo = \frac{\lambda \tau}{c \rho H^2} = 1.028$$

水体表面无量纲坐标 $\eta = 0$,无量纲温度参数 $\Theta = 1.028$;底部 $\eta = 1$,$\Theta = 0.851$。

根据问题 9 的计算公式,库表水温在 10 日后为

$$t = 4 + 1.028 \times \frac{200 \times 20}{2000} = 6.1 \ ℃$$

而库底水温为

$$t = 4 + 0.851 \times \frac{200 \times 20}{2000} = 5.7 \ ℃$$

根据计算结果可知,水体从深水库变为浅水库,垂向温度梯度减小,且垂向差异为 0.4℃。

例 3:如果再次改变导热系数并将其降低至 $\lambda = 200W/(m \cdot K)$,10 日后无量纲温度参数 $Fo = 0.1028$。水库不同深度的温度分布见表 1.4。

表 1.4 水库不同深度的水温

η	Θ	$t/℃$
0.2	0.25	9.0
0.4	0.14	6.8
0.6	0.06	5.2
0.8	0.03	4.6
1.0	0.02	4.4

计算结果表明,我们计算的是极深水库。

1.2　表层水体冷却计算

当表层水温高于环境温度时,了解水库温度状况的形成过程非常困难。当冷

却的水体沿垂直方向混合，直到其密度与水流冷却部分的密度相同时，就形成了分层水体内部的混合机制。根据具有不同温度和密度的分层水体运动的流体力学判断，在这种机制的长期作用下，水体内部将形成密度分层。自然对流条件下水体混合过程的物理学原理在文献[145]中有所论述。

这些问题在水利工程的秋季冷却期水温计算中亟须解决，即从夏季最高温度降到冰封初期温度，这些问题的解决对于冷却水池中以动力循环为基础的水体表面冷却温度计算也具有实际意义[76]。自然对流混合条件下，表层水体逐渐冷却掺混。水体的温度和密度同时发生变化，受影响的表面水层厚度逐渐增加，然后水体以气-水热力层或不稳定对流气流的形式分离，并在重力影响下混合，直至密度相同。接着在短暂的时间间隔内，新位置受热空气流变化的影响，密度分层重新回到最初的均匀状态。这一过程与其他外部影响共同调节温度及受自然环境影响的其他密度的水层厚度。

现有的计算方法不能阐明这一复杂的机制，只能确定平均参数。常用的算法以平衡法或浅水库公式系统(假定水体沿垂向充分混合)为基础[124]，但这会导致水库冰封期结冰日期、冰的厚度(冰厚)和冷却能力等计算不准确。

根据上述物理过程，制定了计算水温分层的方法，包括确定气-水热力层的温度和密度、分层水体混合后形成的等密度层、密度分层系统回到均匀状态等。

水体在流动情况下出现气-水热力层，是由于在其自由水面上形成漩涡，继而漩涡沿着水面混合形成气-水热力层[145]。此时，热空气流的分离条件是 $Ra_\delta = 1.0 \times 10^3$，形成漩涡分离的条件是 $Re_x = 3.2 \times 10^5$，而 Ra_δ 为瑞利数，Re_x 为雷诺数：

$$Ra_\delta = g\beta\Delta t \frac{\delta^3}{va}, \quad Re_x = \frac{Vx}{v} \tag{1.2}$$

其中，g 为重力加速度；β 为体积热膨胀系数；Δt 为热空气流与周围水体的温差；δ 为气-水热力层分离时从总的水体中分出的水层深度；v 为水的运动黏度系数；a 为水-气热交换系数；V 为流速；x 为发生漩涡的自由水面的宽度。

气-水热力层所含热量根据水体自由水面形成的边界层厚度和存在漩涡时的温度变化来确定。

存在漩涡时的温度变化可使用一维瞬态热传导方程(1.1)描述。以下为初始条件和边界条件：

$$\begin{aligned}
\tau &= 0, \quad & t &= t_\text{n}; \\
z &= 0, \quad & -\lambda_\delta \frac{\partial t}{\partial z} &= S; \\
z &= \delta_{\text{кр}}, \quad & t &= t_\text{n}
\end{aligned} \tag{1.3}$$

其中，t_n 为水面初始温度，℃；S 为水与空气的热交换强度，W/m²；$\delta_{\text{кр}}$ 为层流边界层厚度，m；λ_δ 为气-水热力层中水的导热系数，W/(m·K)。

方程 (1.1) 的算法为[100]:

$$t_{\text{вихря}} = t_{\text{п}} + \frac{S\overline{\delta}}{\lambda_\delta}\Theta \tag{1.4}$$

其中,

$$\Theta = 2\sqrt{\frac{Fo_z}{\pi}}\exp\left(-\frac{1}{4Fo_z}\right) - \text{erfc}\frac{1}{2\sqrt{Fo_z}} \tag{1.5}$$

$$Fo_z = \frac{\lambda_\delta \tau_{\text{в}}}{c\rho\overline{\delta}^2} \tag{1.6}$$

其中, Fo_z 为傅里叶数; c 为水的比热容, J/(kg·℃); $\overline{\delta}$ 为长度为 x_δ 时的层流边界层平均厚度, m; $\tau_{\text{в}}$ 为漩涡存在的时间, s。

层流边界层平均厚度, 根据如下公式[174]可确定:

$$\overline{\delta} = 3.33\sqrt{\frac{\nu x_\delta}{V}} = 1890\frac{\nu}{V} \tag{1.7}$$

水温和密度随混合长度的改变而改变, 早期因水面升温或冷却形成的密度平衡遭到破坏, 其结果是形成气-水热力层, 气-水热力层分离和下降到深度 $h_{\text{в}}$ 时满足条件:

$$\rho_{\text{терм}} \leq \rho_{h_{\text{в}}} \tag{1.8}$$

其中, $\rho_{\text{терм}}$ 为气-水热力层中水的密度, kg/m^3; $\rho_{h_{\text{в}}}$ 为深度为 $h_{\text{в}}$ 时水的密度, kg/m^3。

这时, 在深度为 $h_{\text{в}}$ 的水层中发生自然对流混合, 其温度达到平衡。该层的水温计算以热传导方程 (1.1) 为基础, 初始条件和边界条件为

$$\begin{aligned} \tau &= 0, & t &= 0.5\left(t_{\text{п}} + t_{\text{терм}}\right) = t_{\text{к}}; \\ z &= 0, & -\lambda_{\text{к}}\frac{\partial t}{\partial z} &= 0, \\ z &= h_{\text{в}}, & t &= t_{\text{к}}, & \frac{\partial t}{\partial z} &= 0 \end{aligned} \tag{1.9}$$

其中, $\lambda_{\text{к}}$ 为对流混合水层的导热系数, W/(m·K)。

根据文献[80]有

$$\lambda_{\text{к}} = 0.58\varepsilon_{\text{к}} \tag{1.10}$$

$$\varepsilon_{\text{к}} = 0.18\frac{(g\beta \cdot Pr)^{0.25}}{\nu^{0.5}}\sqrt[4]{h_{\text{в}}^3\left|t_{\text{терм}} - \vartheta\right|} \tag{1.11}$$

其中, $Pr = \dfrac{\nu}{a}$, 为普朗特数; ϑ 为气温, 取值为 0℃。

基于方程 (1.1), 在公式 (1.8) 条件下得到 $z = h_{\text{в}}$ 时, 混合层沿深度的平均水温为

$$\overline{t}_{h_{\text{в}}} = t_{\text{к}} + \Theta_1\frac{Sh_{\text{в}}}{\lambda_{\text{к}}} \tag{1.12}$$

其中,

$$\Theta_1 = Fo_1 + \sqrt{\frac{Fo_1}{\pi}}\exp\left(-\frac{1}{4Fo_1}\right) - \left(Fo_1 + \frac{1}{2}\right)\text{erfc}\frac{1}{2\sqrt{Fo_1}}, \quad Fo_1 = \frac{\lambda_\kappa \tau_1}{c\rho h^2} \quad (1.13)$$

其中, $c = 4.19 \times 10^3 \text{J}/(\text{kg·K})$,为水的比热容;$\tau_1$ 为气-水热力层下降到深度 $h_в$ 的时间,s。

$$\tau_1 = \frac{h_в}{V_в} \quad (1.14)$$

$$V_в = 2\sqrt{\frac{0.5gh_в\left(\rho_{терм} - \rho_{t_п}\right)}{\rho_{t_п} + \rho_{h_в}}} \quad (1.15)$$

其中, $\rho_{терм}$、$\rho_{t_п}$、$\rho_{h_в}$ 分别为气-水热力层在温度为 $t_{терм}$、水面温度为 $t_п$、深度为 $h_в$ 时的密度,kg/m^3。

自然对流层以下 $h_в < z \leqslant H$(H 为水库最大深度)范围内的水温分布计算,以方程(1.1)为基础,其初始条件和边界条件为

$$\tau = 0, \qquad t_0 = t_0(z);$$

$$z = h_в, \qquad -\lambda_{т1}\frac{\partial t}{\partial z} = \alpha(\vartheta - t); \qquad (1.16)$$

$$z = H, \qquad \frac{\partial t}{\partial z} = 0$$

其中, $t_0(z)$ 为深度从 $z = h_в$ 到 $z = H$ 的初始温度分布,℃;α 为水与空气之间的热交换系数;$\lambda_{т1}$ 为深度从 $z = h_в$ 到 $z = H$ 的导热系数,$\text{W}/(\text{m·K})$。

在公式(1.16)条件下,使用方程(1.2)的算法为[100]:

$$t = t_{дн} + \Theta_2\left(\vartheta - t_{дн}\right) \quad (1.17)$$

$$\Theta_2 = 1 - \sum_{n=1}^{\infty} A_n \cos\left[\mu_n(1-\eta)\right]\exp\left(-\mu_n^2 Fo_2^*\right) \quad (1.18)$$

准数 Fo_2^* 为

$$Fo_2^* = Fo'\frac{\lambda_{т1}\tau_1}{c\rho\left(H - h_в\right)^2} \quad (1.19)$$

其中, Fo' 为考虑水库不同深度的初始温度分布的曲线修正[100,124]。

自然对流混合水库水温的计算方案流程图见图 1.2。托尔马乔夫湖(堪察加)在建的托尔马乔夫水力发电站的上游实测数据与计算结果见图 1.3。经对比,计算结果和实测数据非常吻合。

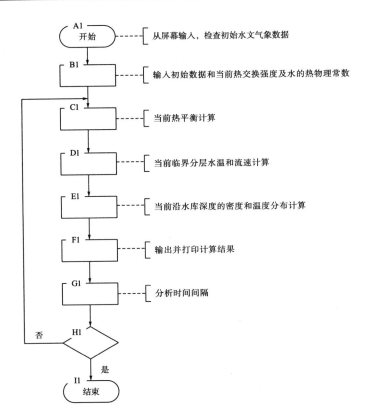

图 1.2   自然对流混合水库水温的计算方案流程图

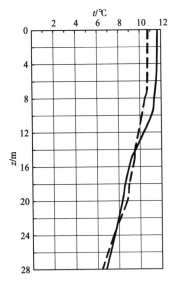

图 1.3   计算结果和实测数据比较(托尔马乔夫湖,堪察加,1993 年 8 月)

‒ ‒ ‒ 实测数据;   ━━━ 计算结果

总之，上述水温计算方法考虑了自然对流混合过程的变化及其进一步的发展，也考虑了水库温度分层情况，但与冰情和全年热循环阶段无关。

1.3　冰盖下的水流

研究人员通过观察水库冰底部凸突部分的形成状况可以判断冰盖的粗糙度，类似现象也可在冰上过流时进行判断。这些凸突部分在冰盖下方和上方均被发现过[212]。实验时发现，边界层热力的不稳定性会以重复突出的形式产生纵向粗糙度。产生凸突被认为是反常现象，作者[212]只在实验室层流状态时观察到这一现象，但在紊流状态中未观察到。此外，在河流冰盖的底部也观察到了这一现象。

观察结果表明，冰是一种在与河流相互作用条件下固定在其表面的物质。气流或水流中的冰体呈流线体。冰层前端平滑，受冰层端部绕流时生成的漩涡的作用形成凹槽。之后在冰层纵向的一定距离范围内形成凹槽或凸槽，同时凸槽之间的距离取决于绕流的条件。基于这些物理概念可得，冰面凸槽和凹槽是漩涡沿冰盖表面混合的结果。这与无聚合状态变化情况下，沿无限表面边界层的水流绕流运动图十分吻合。例如，A. 费伊季和 Г. 陶年德[184]观察到了悬浮液体在边界层的运动，认为主要边界层的部分水流有时会先沿着水库侧壁直线流动，然后横向流动。

这样的边界层运动图可以提供一种从实验导热系数到无限水面长度所求的未知导热系数的转化方法。这一方法以沿热交换表面的混合水流的物理结构为基础，符合 P. 希格比[186]和 E. 卢肯思坦提出的模式概念[202]。

E. 卢肯思坦提出了由不同水体组成的边界层模型的概念，各部分长度均为 x_0。湍流波动导致气流中的分子接触到壁面，然后将它们带到主流中，这项运动在 x_0 段重复发生。E. 卢肯思坦认为，边界层定律在这一长度水流中是适用的。

P. 希格比提出，质量传递机制取决于从水流核心部分向分段边界的紊流漩涡运动，而在水体分段边界伴有短暂非稳态扩散阶段，首先是连续紊流代替水体表面；质量传递强度取决于紊流在水面存在的时间 τ_c。P. 希格比的研究结果被命名为"渗透理论"或"穿透术"，他曾成功计算出了漩涡状态下的热交换和质量交换情况。

根据漩涡在边界层沿着水面无限长度运动的现象以及这些模型得出的漩涡混合链，分析发现边界层的深度发展受到 x_0 段边界值限制，而通过 x_0 段边界层平均深度可判定沿水流方向无限大表面的热交换情况。

要使用 P. 希格比的研究成果，首先要确定水面漩涡存在的时间和导热系数的关系，然后使用 E. 卢肯思坦的模型将从单独样本中得到的导热系数实验值转化为无限大热交换表面长度这一未知数值。

对于从半有界水体表面或漩涡在固体边界附近时生成的漩涡层流入的热通量，可根据一维非稳态方程算法来确定。第一类边界条件(表面温度常数)，即存在漩涡时表面单元的热量转移传递速度为

$$S_{cp} = \frac{1}{\tau_c}\int_0^{\tau_c} S d\tau = \frac{\lambda}{\tau_c}(t_n - t_0)\frac{1}{\sqrt{\pi a}}\int_0^{\tau_c}\frac{d\tau}{\sqrt{\tau}} \tag{1.20}$$

或

$$S_{cp} = 2(t_n - t_0)c\rho\sqrt{a/(\pi\tau_c)} \tag{1.21}$$

把 S_{cp} 看作热传递对流公式：

$$S_{cp} = \alpha_{cp}(t_n - t_0) \tag{1.22}$$

得到表面漩涡存在时间和热交换系数的关系式：

$$\alpha_{cp} = 2c\rho\sqrt{a/(\pi\tau_c)} \tag{1.23}$$

公式(1.23)可以在已知热交换系数的情况下确定水面漩涡存在的时间或沿水面混合的长度，其条件为 $x_0 = V\tau_c$。公式(1.23)已广为研究人员所熟知，但由于其中存在两个未知数 α 和 τ_c，所以该公式未被实际使用。目前，该公式仅用于判定上述过程的质量特性。

根据惯用模型，将从单独样本中得到的导热系数实验值转化为无限大热交换表面长度这一未知数值的方法，可在实验水层长度与漩涡和水体表面相互影响长度相等时应用。

一般实验可在任意长度的水层中进行。在一定水流速度下，长度为 x_0 的分段可以在任意的水层长度以内。有充分的理由认为，当 $V = V_0$ 时，水层长度刚好等于漩涡混合长度，即 $l = x_0$，在这个长度中漩涡发生时间为 τ_c。我们认为，这些条件下的实验值 α 符合公式(1.23)。

为了将从单独样本中获取的导热系数实验值换算为无限大表面长度值，使用经典的 B. 尤尔根斯与 A. 弗朗卡德里的稳定聚合状态下水泥板与空气的热交换实验结果。M. A. 谢耶夫对实验结果加工处理后得到[80]：

$$Nu = 0.032 Re^{0.8} \tag{1.24}$$

$$Nu = 0.0356 Re^{0.8} Pr^{0.4} \tag{1.25}$$

或

$$Nu = 0.037 Re^{0.8} Pr^{0.43}(Pr/Pr_n)^{0.25} \tag{1.26}$$

在 x_0 长度范围内，热交换系数取决于公式(1.24)～公式(1.26)的准数关系。当热交换表面长度值很大时，直接使用已知的公式(1.24)和公式(1.26)计算会导致热交换系数值明显偏小。这里可用数据说明这一现象：当 $t = 0℃$ 时，速度 $V = 4.0\text{m/s}$，水层厚度与实验值相等($l = 0.5\text{m}$)，$\alpha = 21.63\text{W}/(\text{m}^2\cdot\text{K})$；当 $l = 10\text{m}$ 时，$\alpha = 11.88\text{W}/(\text{m}^2\cdot\text{K})$；而当 $l = 100\text{m}$ 时，$\alpha = 7.40\text{W}/(\text{m}^2\cdot\text{K})$，在确定长度值足够大

的表面热交换系数时，直接使用公式(1.24)对应的表面长度会导致在表面热交换长度值很大的情况下计算热交换系数产生明显错误。

将从单独样本中得到的公式(1.24)和公式(1.25)的数据换算为无限大表面数据后代入公式(1.23)中，可以得到绕流速度和水层深度之间的关系，即

$$0.032\,\lambda V_0^{0.8}\big/\big(v^{0.8}x_0^{0.2}\big)=2c\rho\sqrt{aV_0\big/(\pi x_0)} \tag{1.27}$$

另有

$$V_0 x_0 = \left[3.9\times10^3 v^{1.6}\big/(\pi a)\right]^{5/3} \tag{1.28}$$

由公式(1.28)可知 $V_0 x_0$ 的值不变，已知温度和给定 V_0 值时能够轻松确定 τ_c，热交换系数可被认为在任何长度表面上都是正确的。

根据公式(1.28)、公式(1.23)和实验关系式 $Nu=f(Re)$ 导出简便形式：

$$\alpha = BV \tag{1.29}$$

如果是从水体表面到空气的失热，则

$$B=\big(c\rho k/Pr\big)\sqrt[3]{\pi k^2\big/(4Pr)} \tag{1.30}$$

B 的数值取决于气流温度，见表 1.5。

表 1.5 从水体表面到空气失热时的 B 值

$t/℃$	0	10	20	30	40
$B/[10^3\,kJ/(m^3\cdot K)]$	6.14	5.94	5.76	5.59	5.44

如果是从固体表面到水体的失热，则

$$B=c\rho k\sqrt[3]{\pi k^2\big/\big(4Pr^2\big)} \tag{1.31}$$

B 的数值取决于温度条件，见表 1.6。

表 1.6 从固体表面到水体失热时的 B 值

$t/℃$	0	10	20	30	40
$B/[10^3\,kJ/(m^3\cdot K)]$	2.64	3.33	4.04	4.77	5.51

在公式(1.30)和公式(1.31)中，k 为实验关系系数，$Nu=f(Re,Pr)$。

使用上述无限大表面的例子计算公式(1.29)和公式(1.30)，得出 $\alpha=24.56 W/(m^2\cdot K)$。

为得到更概括的无限大表面与周围环境的热交换公式，可使用雷诺类推法。据此，水层表面热交换条件可表达为

$$Nu=0.5f\cdot Re\cdot Pr \tag{1.32}$$

平静水层阻力系数为[41]：

$$f = 0.0307 \, Re_L^{-1/7} \tag{1.33}$$

同时计算公式(1.23)、公式(1.32)和公式(1.33)，得到无限大平静水层的热交换系数：

$$\alpha = BV \tag{1.34}$$

其中，$B = 0.00275 c\rho / Pr^{0.2}$。

1.4 结冰时的表层水温判断

对于一些水库水温的预报问题并未得出最终的解决方案，其中包括水库结冰时的温度、水库解冻时的温度。

在本节中，只研究关于水库结冰时的温度问题。

水库存在冰盖时，其不同深度的水温存在差异。正如对不同水库的实测结果显示，其温度在 0~4℃范围内变化。关于水面温度，根据文献[120]，冰缘处的水温可以在 0℃以上。

知晓水库表面冻结时任意深度的平均水温显然很重要，其原因是多方面的。俄罗斯创建的水库水温计算方法源自全年温度循环周期现象图。在研究该现象图时，任意深度的平均水温十分重要。

目前，不同研究人员对水库表面结冰时间的定义不同。第一种观点是水库表面结冰时间与冬季周期开始有关，第二种观点是与水库表面的水温冷却到 0℃有关，第三种观点是与风力导致表面水层混合有关。

显而易见的是，冰盖形成时水库垂向平均水温为 0℃以上。这是因为深水库在冬季和夏季都存在水体密度最大时的温度，即无需所有水体冷却到 0℃，就可形成冰盖。

Д. 埃什顿[180]提出，结冰出现在日均气温低于-5℃且风速低于 5m/s 时。在用密苏里河水库数据验证埃什顿的分析时，采用下面两个经验公式作为结冰的准数判别(指标)：

$$A = \frac{w(-\vartheta)}{t_{\text{B}} w^2}, \quad B = \frac{-\vartheta}{t_{\text{B}}^2 w} \tag{1.35}$$

其中，w 为平均风速，m/s；ϑ 为昼夜平均气温，℃；t_{B} 为昼夜平均水温，℃。

实测数据检验表明，两个准数均没有很好地给出结冰时间。A 和 B 准数能够预测佩克堡水库和胡岛水库的结冰日期，但正确率仅约为 45.5%[180]。

我们认为，这与埃什顿提出的准数不能反映水库结冰这一现象的物理本质有关。为了能够得到预测结冰日期的准数，需要研究水体表面以及在水体表面发生的热量平衡情况。

水面开始结冰时，不同深度的平均水温可以用热平衡等式算出，所有从水体

中释放到水面的热量都散发到空气中，即

$$S_B = S_a \tag{1.36}$$

其中，S_B 为从深水层释放到水面的热量；S_a 为从水面散发到空气中的热量。

在确定 S_B 和 S_a 时，需要考虑表层水体（水面）向空气的热交换系数与该表面环流的速度成正比[169]。

这时如果表层水温等于结晶温度 $t_n = 0℃$，则热平衡等式为

$$B_B V t_B = B_a w \vartheta \tag{1.37}$$

结冰初期准数为

$$C = \frac{w \vartheta}{V t_B} \tag{1.38}$$

其中，$C = B_B / B_a$；B_B 为水体失热时的导热系数，可由公式（1.29）计算；B_a 为水-气热交换系数；w 为风速，m/s；V 为表面水层水流速度，m/s；ϑ、t_B 分别为气温和水温（不同深度的平均温度），℃。

在代入文献[120]中的公式时，准数 C 的表达式如下：

$$C = 1.2 \frac{c_B \rho_B Pr_a}{c_a \rho_a} \sqrt[3]{\frac{Pr_a}{Pr_B^2}} \tag{1.39}$$

其中，c_B 和 ρ_B 分别为水的比热容[J/(kg·K)]和密度（kg/m³）；c_a 和 ρ_a 分别为空气的比热容[J/(kg·K)]和密度（kg/m³）；Pr_a 和 Pr_B 分别为空气和水的普朗特数。

必须在边界层，即温度垂向变化的水层的温度范围内分析参数。

使用准数 C 能够更真实地评估结冰条件。对实测数据的分析表明，$C = 450$ 或更小值时水面将会结冰。

水体表面开始结冰的气温可根据如下公式确定：

$$\vartheta \leqslant -C t_B \frac{V}{w} \tag{1.40}$$

例如，当水流流速 $V = 0.035$m/s，水温 $t_B = 1.9℃$，风速 $w = 3$m/s 时若要达到结冰条件，则气温需降到-10℃。

1.5　春季太阳辐射对冰下水温的影响

目前，待建水电站项目的水温计算按照文献[124]的建议进行。然而，按照文献[124]的方法计算的结果与水库完全解冻前的春季阶段的实测数据不符。对于克拉斯诺亚尔斯克水库而言，这一差异在四月达到4℃[62]。

按照文献[124]的方法计算春季冰盖下水温时存在较大误差的原因是，计算时没有考虑穿过冰层的太阳辐射的影响，而春季太阳辐射是明显增强的。计算误差

导致对水库解冻、冰的移除和开航等日期的预测产生偏差。

在之后的研究中，对水库水温计算方法的改进考虑了这一因素和冰下同温层的影响。

冬季存在冰盖时，水库已经开始向春季同温期状态过渡。冬季水体状态是以稳定的逆向密度分层为特点。当水体受热时，冰下水体温度逐渐上升，垂向密度将重新分布。由于水库类型以及水深和水体流动性方面的差异，水体垂向密度的重新分布过程可能因自然热量的积累而发生。浅水库在冰封期也会发生由于自然热量积累导致的水温上升现象。春季阶段，任何水体或水流的表面温度都会上升。当冰面辐射流的温度值从0℃继续上升时，自然热量对水温的影响开始显现。

同温层形成的第一阶段是出现冰下同温层，即温度高于0℃的等温区。渐渐地，同温层区域由于太阳辐射加速下层冰的融化并影响水库全水深范围而进入春季同温期。在自然形成的深水库和人工水库中，也会出现类似的同温层变化机制[62]。

同温层是水库热量状况进一步变化的起点，关系到地区的气候和生态环境。准确预测春季同温期和相应的水温对于修建的人工水库非常重要。

同温层的变化与冰盖/水分层系统的光热属性密切相关。这些属性的变化范围取决于冰的结构。冰的结构有可能非常复杂，因此在确定冰盖光热属性时只考虑了3个简单的冰盖/水分层系统：冰盖-水、浮冰-水、柱状冰-水[35,36]系统。

设穿过冰的太阳辐射强度为S_R，太阳辐射对冰下水温分布的影响可用比尔-朗伯定律表示：

$$S_R = S_0 e^{-Kz} \tag{1.41}$$

其中，S_0为辐射通量；z为沿冰盖厚度的向下坐标，坐标原点在冰盖的上表面；K为吸收系数，取决于冰的结构和水温沿深度的分布。

吸收系数以维德涅夫全俄水利工程科学研究所冰热力学实验室的实验结果和文献中的研究数据为基础确定。

这些实验的目的在于确定相同太阳辐射S_R在不同冰结构、冰厚和气温的情况下穿过冰-水系统时的吸收系数K。实验测量了水温从5℃变化到30℃时浮冰及由浮冰和柱状冰组成的冰结构中冰-水系统的垂向尺寸。太阳辐射源用带聚光镜的探照灯释放平行光束来模拟。

S_0和S_R的值采用半导体二极管和传感器测量，误差为2%～3%。

吸收系数K根据已测量到的S_0、S_R及冰-水系统的固定垂向尺寸确定，公式为

$$K = \frac{1}{z} \ln \frac{S_0}{S_R} \tag{1.42}$$

图1.4给出了穿过浮冰到达水中的太阳辐射S_R与吸收系数K、气温和冰厚的关系。

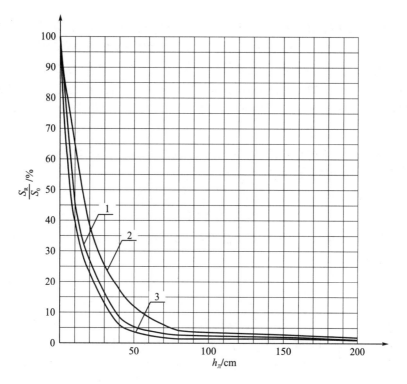

图 1.4　穿过浮冰到达水中的太阳辐射 S_R 与吸收系数 K、气温和冰厚的关系

1-环境温度 $\vartheta = -15℃$，吸收系数 $K_1 = 0.07\text{cm}^{-1}$；2-$\vartheta = 0℃$，$K_2 = 0.045\text{cm}^{-1}$；3-$\vartheta = -20℃$，$K_3 = 0.073\text{cm}^{-1}$

图 1.5 给出了穿过浮冰和柱状冰到达水中的太阳辐射 S_R 与吸收系数 K、气温和冰厚的关系。

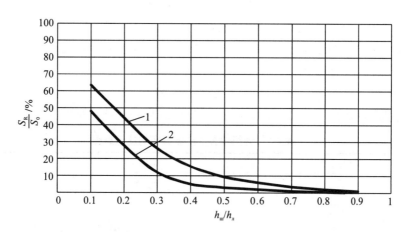

图 1.5　穿过浮冰和柱状冰到达水中的太阳辐射 S_R 与吸收系数 K、气温和冰厚的关系

1-环境温度 $\vartheta = 0℃$，吸收系数 $K_1 = 0.045\text{cm}^{-1}$；2-$\vartheta = 20℃$　，$K_2 = 0.073\text{cm}^{-1}$

根据得到的实验数据和公式(1.41)计算穿过多层冰盖结构到达水中的太阳辐射。在双层示意图中，上层表示浮冰，其吸收系数随冰盖上温度的变化而改变。计算结果表明，气温越高，穿过冰的辐射越强。例如，冰厚为 20cm 且 $\vartheta = 0$℃ ($K = 0.045\text{cm}^{-1}$)时，37%的辐射穿过冰层到达水中；当 $\vartheta = -15$℃ ($K = 0.07\text{cm}^{-1}$)时，28%的辐射穿过冰层到达水中；而当 $\vartheta = -20$℃ ($K = 0.073\text{cm}^{-1}$)时，21%的辐射穿过冰层到达水中(图1.4)。

预测 $S_0 > 0$ 且水库存在冰盖时的春季同温期水温时，最重要的问题是确定表面同温层[62]的垂向深度及其温度。

当 $z = h_6$ 时，辐射穿透表面同温层的深度条件为

$$t_{\text{п}} = t_0(z) \tag{1.43}$$

其中，$t_{\text{п}}$ 为时间周期 $\Delta\tau$ 的末期水面温度；t_0 为沿着深度 z 轴方向的初始温度分布(z 轴顶端为水面)。

纵向水温分布计算首先以一维热传导方程(1.1)为依据，其中 $\lambda_{\text{т}}$ 为根据文献[124]算出的紊流导热系数，W/(m·K)；c 为水的比热容，J/(kg·K)。

当同温层刚开始运动变化时，使用方程(1.1)的算法进行第一阶段的计算，其已在表1.7 热示意图问题1 展示的边界条件和初始条件中得以实现(H 为水库深度)，具体计算过程已在表1.7 热示意图问题1 中给出。根据这些算法可计算出 $t_{\text{п}} = t_{z=0}$ 时第一阶段末期的水面温度。这一温度可看作沿深度的初始分布 $t_0(z)$，因为深度 $z = h_6$ 的温度与第一阶段末期水面温度相等。h_6 代表辐射穿透表面同温层的深度。

同温层区域内温度分布是均匀的。这一区域的温度大小为 t_6，可以热平衡算法为基础计算得到：

$$c\rho h_6(t_6 - t_{60}) = S_{\text{R}}\tau_1 + G_{\text{л}} \tag{1.44}$$

其中，t_6 为第一计算阶段末期同温层的温度，℃；t_{60} 为第一计算阶段初期同温层的温度(各深度平均温度)，℃；τ_1 为计算阶段历时，s；$G_{\text{л}}$ 为流入同温层的冰融化时解冻的水的含热量，J。

$$G_{\text{л}} = \sigma\rho(h_{\text{л}} - h_{\text{л}0}) \tag{1.45}$$

其中，$\sigma\rho$ 为融冰体积热量，J/(m³·K)；$h_{\text{л}0}$ 和 $h_{\text{л}}$ 分别为计算阶段初期和末期的冰厚，m。

表 1.7   计算边界层热量分布的热示意图

问题编号	热量分布示意图	问题的算法[100]
1		$t = t_{z=0} + \Theta_1 \dfrac{S_{\text{R}} H}{\lambda_{\text{т}}}$，$\Theta_1 = f(Fo, \eta)$， $\Theta_1 = Fo - \eta + \dfrac{1}{3} + \sum\limits_{n=1}^{\infty} A_n \cos\left[\mu_n(1-\eta)\right] \exp\left(-\mu_n^2 Fo\right)$， $Fo = \dfrac{\lambda_{\text{т}}\tau}{c\rho H^2}$，$\eta = \dfrac{z}{H}$，

问题编号	热量分布示意图	问题的算法[100]
2		$$t = t_{\tau=0} + \Theta_2 \frac{S_R H}{\lambda_{\tau}} + \Theta_1 \frac{S_R H}{\lambda_{\tau}},$$ $$\Theta_2 = f(Fo, \eta_0, \eta),$$ $$\Theta_2 = \frac{\eta_0}{1+\eta_0}\left[Fo + \frac{(1-\eta)^2}{2} - \frac{3+\eta_0}{6(1+\eta_0)}\right] - \sum_{n=1}^{\infty} A_n \cos\left[\nu_n(1-\eta)\right]\exp\left(-\nu_n^2 Fo\right),$$ $$\Theta_1 = f(Fo, \eta'),$$ $$\Theta_1 = Fo - \eta + \frac{1}{3} + \sum_{n=1}^{\infty} A_n \cos\left[\mu_n(1-\eta)\right]\exp\left(-\mu_n^2 Fo\right),$$ $$Fo = \frac{\lambda_{\tau}\tau}{c\rho H^2}, \quad \eta_0 = \frac{H}{h_6},$$ $$\eta = \frac{z}{H}, \quad \eta' = \frac{z}{H-h_6}$$

由方程(1.44)和方程(1.45)可得到同温层温度:

$$t_6 = \frac{S_R \tau_1 + \sigma\rho(h_{\pi} - h_{\pi 0})}{c\rho h_6} + t_{60} \tag{1.46}$$

冰厚变化通过边界层相变热平衡方程算法进行计算:

$$\sigma\rho \frac{dh_{\pi}}{d\tau} = \frac{\vartheta}{\dfrac{1}{\alpha_1} + \dfrac{h_{\pi}}{\lambda_{\pi}}} - \frac{t_6}{\dfrac{h_{\pi}}{\lambda_{\pi}}} \tag{1.47}$$

其中,ϑ 为气温,℃;α_1 为冰-空气热交换系数,W/(m²·K);h_{π} 为冰厚,m;λ_{π} 为冰的导热系数,W/(m·K);t_{60} 为计算第一阶段初期同温层水温,℃。

冰厚变化可由无量纲方程(1.46)判定,形式为

$$\Pi = 0.5(Bi - Bi_0)(Bi - Bi_0 + 2K) - 2K(Bi - Bi_0 + K)$$
$$+ Bi + Bi_0 + K(K-1)\ln\frac{Bi+K}{Bi_0+K} \tag{1.48}$$

$$Bi = \frac{\alpha_1 h_{\pi}}{\lambda_{\pi}}, \quad Bi_0 = \frac{\alpha_1 h_{\pi 0}}{\lambda_{\pi}}, \quad K = \frac{t_6}{t_6 + \vartheta}, \quad \Pi = \alpha_1^2 \frac{\tau}{\lambda_{\pi}\sigma\rho} \tag{1.49}$$

下一计算阶段计算热量边界层运动变化时,可使用表 1.7 问题 2 的算法,沿深度的初始温度分布为前一计算阶段得到的温度分布。

不同水库(伊万科夫斯基水库、齐姆良斯克水库和克拉斯诺亚尔斯克水库)的计算结果表明,水库深度不大或穿过冰层的太阳辐射很强时,如果边界层热量扩散速度大于融冰速度,则水库在冰未完全消融时会出现同温现象,在深水库中冰完全融化的时间要早于水库全水深范围出现同温现象的时间。

总之,统计穿过冰盖的辐射量和冰盖下热量边界的动态变化能够提高现有的判定水库温度和冰情的计算方法的精确性,可更准确地预测水库中的水温,获取

春季冰厚、春季流冰和冰解冻时间，以及解决相关的冰情问题。

1.6 蓄水期水温

水库蓄水时，内部水压和温度分层状况同时形成。要预测水库蓄水时的温度状况，首先必须了解水库蓄水的模式。水库蓄水的模式主要可以分为混合模式、活塞模式(位移模式)和灌注模式，或单独模式的组合[124]。

混合模式是指水库所有新进入的水体与库中已有的水体发生混合。这种蓄水发生在人工建造的使用涡轮和泵的蓄水站水池中。

在水库蓄水时可经常观察到位移模式，又称为活塞模式。在这种情况下，新进入库区的水体会将水库中的水推向水力发电站取水口。

灌注模式主要针对的是水流到达水库的上部水体时，未与上部水体完全混合的情况，在这种蓄水模式下向水库蓄水的必要条件是，向水面灌注的水体和库内深层水体存在温差，其中深层水体是稳定分层的。实际上，该问题可归纳为表面部分的流体动力稳定性条件的判定。

因此，水库的蓄水模式与许多因素有关，可分为如下几类。

(1)形态因素：水库水面的规模及面积、河床结构、支流位置和泄水情况等。

(2)水力因素：水压、蓄水及放水的水量、流速分布和紊动混合强度。

(3)热力因素：新进入的水体与库内水体的温差、大气热交换强度、分层温度特征等。

1.6.1 混合模式

对于以混合模式进行蓄水的小型水库的温度状况，可以根据下述方法确定蓄水和放水过程中的热平衡关系。

水库蓄水过程中，对混合模式的热力计算问题即是确定平均水温[124]。其计算公式为

$$\bar{t} = t_3 + \Theta(t_0 - t_3) \tag{1.50}$$

其中，t_3 的值根据以下公式计算：

$$t_3 = t_{\text{пp}} + \frac{SF}{c\rho Q_{\text{пp}}} \tag{1.51}$$

其中，$t_{\text{пp}}$ 为注入水的温度，℃；S 为水库表面失热通量，W/m^2；F 为水库面积，m^2；$Q_{\text{пp}}$ 为注水量，m^3/s；c 为水的比热容，J/(kg·K)；ρ 为水的密度，kg/m^3。

温度参数 Θ 根据图 1.6 确定，初始参数为

$$K_W = \frac{\left(Q_{\text{пp}} - Q_{\text{сб}}\right)\tau}{W_0}, \quad K_Q = \frac{Q_{\text{сб}}}{Q_{\text{пp}}}$$

其中，$Q_{\text{сб}}$ 为水库放水量，m^3/s；W_0 为水库原始体积，m^3；τ 为计算时间，s。

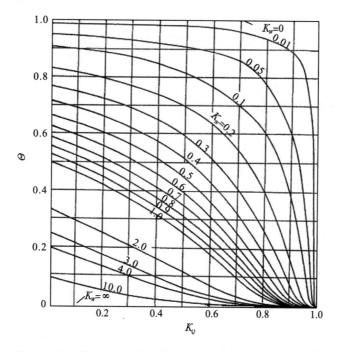

图 1.6　混合模式下水库蓄水的注水量和放水量参数关系图[124]

S、F、$Q_{\text{пp}}$ 和 $Q_{\text{сб}}$ 的计算周期可拆分为许多时间间隔，其数值可以使用常数表示。对每一个时间间隔进行计算，并将其水温定为下一计算阶段初期的水温。

以原始体积为 $W_0 = 0.5 \times 10^8 m^3$ 的水库为例，蓄水时间为一个月。$Q_{\text{пp}} = 25 m^3/s$，$Q_{\text{сб}} = 10 m^3/s$。水库表面面积 $F = 1.8 \times 10^7 m^2$。水库表面失热通量 $S = -18 W/m^2$。水库初始水温 $t_0 = 4 ℃$，注入的水的温度 $t_{\text{пp}} = 2.5 ℃$，水的体积比热容 $c\rho = 4.19 \times 10^6$ $J/(m^3 \cdot K)$。

计算一个月（$\tau = 720h$）后的平均水温。

解：根据公式(1.51)可得

$$t_3 = 2.5 + \frac{-18 \times 1.8 \times 10^7}{4.19 \times 10^6 \times 25} \approx -0.60 ℃$$

算出原始参数：

$$K_W = \frac{(25-10) \times 720 \times 3600}{0.5 \times 10^8} \approx 0.78$$

$$K_Q = \frac{10}{25} = 0.4$$

根据图 1.6，$\Theta = 0.38$，代入公式 (1.50) 中，确定所求水温：

$$\bar{t} = -0.6 + 0.38 \times \left[4 - (-0.6)\right] \approx 1.15 \ ℃$$

一个月后平均水温为 1.15℃。

以活塞模式让水库蓄水时，水力参数一般是固定不变的，但需要额外考虑深度变化 $H = f(\tau)$。

1.6.2 蓄放水阶段的水温计算

活塞模式下，水库放水或蓄水时的上游水温计算可以用水位的实际变化来进行。水温计算方法以傅里叶导热方程 (1.1) 为基础。

方程 (1.1) 的初始条件为

$$t|_{\tau=0} = t_0 \ (\text{水温平均分布})$$

边界条件取决于水面状态。

如果是自由水面，则有

$$-\lambda \frac{\partial t}{\partial z}\Big|_{z=0} = S_{aT} \ , \quad \frac{\partial t}{\partial z}\Big|_{z=h} = 0 \tag{1.52}$$

如果是冰盖，则有

$$t_{z=0} = 0 \ , \quad \frac{\partial t}{\partial z}\Big|_{z=h} = 0 \tag{1.53}$$

水位变化时，水库深度的变化与放水和蓄水时的一致。如果认为在计算时段 τ 内水库深度根据线性规律变化，即 $h = H_0 \pm K\tau$（H_0 为计算阶段初期水库深度，m；K 为水位变化速度，m/s），则根据文献[100]中的算法，边界条件为

$$t = t_0 + \Theta_1 \frac{S_{aT}(H_0 \pm K\tau/2)}{\lambda_T} \tag{1.54}$$

$$\Theta_1 = Fo - \eta + \frac{\eta^2}{2} + \frac{1}{3} + \sum_{n=1}^{\infty} A_n \cos\left[\mu_n(1-\eta)\right] \exp\left(-\mu_n^2 Fo\right) \tag{1.55}$$

其中，

$$\mu_n = n\pi \ , \quad A_n = (-1)^{n+1} \frac{2}{\mu_n^2}$$

$$Fo = \frac{\lambda_T \tau}{c\rho(H_0 + K\tau/2)^2} \ , \quad \eta = \frac{z}{H_0 + K\tau} \tag{1.56}$$

$$\lambda_T = 1.16\sqrt{0.1(3600q)^2 + 0.52(H_0 + K\tau/2)^3} + 0.6 \tag{1.57}$$

其中，q 为单宽流量，m²/h。

边界条件[方程(1.53)]下方程(1.1)的算法为[100]：

$$t = t_0 \, \varTheta_2 \tag{1.58}$$

$$\varTheta_2 = \sum_{n=1}^{\infty} A_n \cos\left[\mu_n(1-\eta)\right] \exp\left(-\mu_n^2 Fo\right) \tag{1.59}$$

$$\mu_n = \frac{(2n-1)\pi}{2}, \quad A_n = (-1)^{n+1}\frac{2}{\mu_n}$$

如果计算周期时考虑蓄水水库秋季同温期，那么春季同温期，需要考虑以下水面条件：

$$t\big|_{z=0} < 4℃, \quad S_{\text{ат}} > 0 \tag{1.60}$$

而秋季同温期，则需考虑以下水面条件：

$$t\big|_{z=0} > 4℃, \quad S_{\text{ат}} < 0 \tag{1.61}$$

同温期阶段，水库各深度温度相同，水库水位变化时计算公式为

$$t = t_0 + \frac{S_{\text{ат}}}{Kc\rho}\ln\frac{H_0 \pm K\tau}{H_0} \tag{1.62}$$

1.6.3　灌注模式

灌注模式下，蓄水水库热力计算的任务是确定水温随气温和时间的变化。灌注可以在春秋季节汛期进行，这时洪水首先从上游梯级水库开始下泄。若水库蓄水时采用灌注模式，全部水量可以瞬间在水面蔓延。

与活塞模式不同，灌注模式下水从高处流下不会引起大部分水体的移动。为解决这一问题，将整个计算周期分为几个时间间隔，其中水面面积和水深可用常数表示。温度计算方法采用深水库和极深水库的热力学算法[98,124]。

水库蓄水按照灌注模式进行，需满足以下条件。

(1) 温度分层结构固定：夏季、秋初汛期——正向分层；冬季、春初汛期——逆向分层。

(2) 秋季汛期支流水温 $t_{\text{пр}}$ 高于水库表层水温 $t_{\text{п.0}}$，即

$$t_{\text{пр}} > t_{\text{п.0}} \tag{1.63}$$

(3) 春季汛期支流水温 $t_{\text{пр}}$ 等于 0℃，即

$$t_{\text{пр}} = 0 \tag{1.64}$$

(4) 分段水层的边界稳定性符合 Г. X. 克烈汉条件，即

$$\frac{1}{Fr^2 Re} = \theta^3 \tag{1.65}$$

当 $\theta = \dfrac{1}{Re}$ 时，为层流状态；当 $\theta = 0.18$ 时，为紊流状态。其中，

$$Fr = \frac{V_{\text{нал}}}{\sqrt{g \dfrac{\Delta \rho}{\rho_{\text{нал}}} h_{\text{нал}}}} \tag{1.66}$$

$$Re = V_{\text{нал}} h_{\text{нал}} / \nu_{\text{нал}} \tag{1.67}$$

其中，$g = 9.81 \text{ m/s}^2$；$\rho_{\text{нал}}$ 为支流水体密度，kg/m^3；$\Delta \rho$ 为深度为 $h_{\text{нал}}$ 时的水体密度变化，kg/m^3；$h_{\text{нал}}$ 为支流水层厚度，m；$\nu_{\text{нал}}$ 为支流水体运动黏度系数，m^2/s；$V_{\text{нал}}$ 为灌注层支流流速，m/s。

对于深度为 H 的水库水温计算，可以以热传导方程(1.1)为基础，其中 λ 为水库水体的导热系数，$\text{W}/(\text{m·K})$：

$$\lambda = 0.84 H \sqrt{H} + 0.6 \tag{1.68}$$

不存在冰盖时的初始条件为 $t = t_0$ (水温沿各深度分布相同，即秋初汛期造成的同温现象)。

在秋季汛期发生过程中，公式(1.54)灌注条件下，温度分层稳定。

如果有冰盖，则在春季汛期进行灌注，水库逆向分层稳定：水面 $t_{\text{п.0}} = 0$，底部 $4 \geqslant t_{\text{дн}} \geqslant 0$，即

$$t \Big|_{\tau=0} = \Delta t \frac{z}{H} \tag{1.69}$$

其中，$\Delta t = t_{\text{дн}}$。

灌注层导热系数计算公式为

$$\lambda_{\text{нал}} = 1.16 \left[0.1 \times (q \times 3600)^2 + 0.52 h_{\text{нал}}^3 \right]^{0.5} + 0.6 \tag{1.70}$$

其中，q 为灌注水体单宽流量，m^2/s；$h_{\text{нал}}$ 为灌注层厚度，m。

通常，岸边冰盖在汛期会被抬高，灌注在冰盖下进行。

边界条件：如果不存在冰盖，则灌注在热关系中可作为水面的能量源。

强度为

$$S_q = \frac{c\rho Q_{\text{пр}}}{F} \left(t_{\text{пр}} - t_{\text{п}} \right) \tag{1.71}$$

其中，c 为水的比热容，$\text{J}/(\text{kg·K})$；ρ 为水的密度，kg/m^3；$Q_{\text{пр}}$ 为流量，m^3/s；F 为水库表面面积，m^2；$t_{\text{пр}}$ 为支流温度，℃；$t_{\text{п}}$ 为水库表面温度，℃。

因此，水面边界条件为

$$-\lambda \frac{\partial t}{\partial z} = \alpha_{\text{э}} \left(\vartheta_{\text{э}} - t_{z=0} \right) \tag{1.72}$$

其中，

$$\alpha_{\text{э}} = \alpha + c\rho \frac{Q_{\text{пр}}}{F} \tag{1.73}$$

$$\alpha = 2.65\left[1 + 0.8\,W_{200} + f\left(\Delta\vartheta\right)\right] \tag{1.74}$$

$$\vartheta_{_9} = \frac{\alpha\vartheta + S_{R} + S_{_\text{и}} + c\rho\,Q_{_\text{пр}}t_{_\text{пр}}/F}{\alpha_{_9}} \tag{1.75}$$

水库底部边界条件为

$$\left.\frac{\partial t}{\partial z}\right|_{z=H} = 0 \tag{1.76}$$

其中，α 为水-气热交换系数，$\text{W}/(\text{m}^2\cdot\text{K})$；$\vartheta$ 为气温，$^\circ\text{C}$；$\alpha_{_9}$ 为热交换系数有效值，$\text{W}/(\text{m}^2\cdot\text{K})$；$\vartheta_{_9}$ 为有效温度，$^\circ\text{C}$ 。

公式(1.75)中，S_{R} 和 $S_{_\text{и}}$ 分别为辐射量和蒸发热通量，W/m^2，与文献[124]相符。

有冰盖时，边界条件的计算采用以下关系式：

$$\left. t\right|_{z=0} = 0 \tag{1.77}$$

$$\left. t\right|_{z=H} = t_{_\text{дн.0}} \tag{1.78}$$

$$\left.\frac{\partial t}{\partial z}\right|_{z=H} = 0 \tag{1.79}$$

导热方程(1.1)用于无冰盖(秋季汛期)的情况时，边界条件为公式(1.72)～公式(1.76)，即

$$t = t_{0} + \Theta\left(\vartheta_{_9} - t_{0}\right) \tag{1.80}$$

这种算法符合初始条件为 $\left. t\right|_{\tau=0} = t_{0}$ 的情况。

公式(1.80)中的 Θ 为温度参数，可表达为

$$\Theta = \sum_{n=1}^{\infty} A_{n}\cos\left[\mu_{n}\left(1-\eta\right)\exp\left(-\mu_{n}^{2}Fo_{z}\right)\right] \tag{1.81}$$

其中，

$$\cot\mu_{n} = \mu_{n}/Bi \tag{1.82}$$

$$A_{n} = \left(-1\right)^{n+1}\frac{2\,Bi\,\sqrt{\mu_{n}^{2} + Bi^{2}}}{\mu_{n}\left(\mu_{n}^{2} + Bi^{2} + Bi\right)} \tag{1.83}$$

$$Fo \equiv \frac{a\tau}{H^{2}},\quad Bi \equiv \frac{\alpha_{_9}H}{\lambda},\quad \eta = \frac{x}{H},\quad a = \frac{\lambda}{c\rho} \tag{1.84}$$

其中，λ 根据公式(1.68)确定。

$$h = H_{0} \pm K\tau \tag{1.85}$$

其中，K 为水位变化速度，m/s。

导热方程(1.1)的算法用于有冰盖(春季汛期)的情况时，边界条件为公式(1.69)，初始条件由公式(1.78)可得

$$t = \Theta\,\Delta t \tag{1.86}$$

其中，

$$\Theta = \sum_{n=1}^{\infty} A_n \cos \left[\mu_n (1-\eta) \exp \left(-\mu_n^2 Fo_z \right) \right] \tag{1.87}$$

$$\mu_n = (2n-1)\frac{\pi}{2} , \quad A_n = \frac{2}{\mu_n^2} \tag{1.88}$$

$$Fo \equiv \frac{a\tau}{H^2} , \quad \eta = \frac{x}{H} \tag{1.89}$$

目前这种热力算法未考虑早汛泄洪，但这一因素对深水库水温可能有显著的影响。

第 2 章　解冻期与封冻期的热交换

2.1　解 冻 期

2.1.1　融冰强度及热交换问题的影响因素与计算方法

了解融冰和结冰的速度对于解决一系列工程问题十分必要，如预测新建水电站、水库的冰情，调节流域冰情状况，确定抽水蓄能电站蓄水池容量，在冰情条件下施工，建设不冻港，支持冰盖航道，延长通航时间，防冰设计，调节水库温度状况，增加热电站发电量，修建临时水利工程设施，使用冰作为临时建筑材料——冰造岛和临时隔水设施等。

解决冰的工程问题，与解决冰与周围环境(如水、空气、海水和溶液)之间相互影响的物理问题是一致的。通常情况下，解决这些工程问题需要了解融冰速度，这取决于冰块或积冰的体积、冰与环境的相互影响条件、冰面热传递机制以及冰与水流的相对运动模式。

融冰速度研究包括确定正在融化的冰与周围水体之间的热量和质量传递系数，同时要考虑冰面的对流运动，尤其是横向水流运动(努赛尔-斯蒂芬流)，因为这种水流会在融冰时产生，并对流体动力和相应的传递过程产生影响。

分析冰漂浮时作用过程的方法之一是热相似理论，这是提供标准实验结果的基础。根据热相似理论，动量、能量和质量的传递方程系统可被归结为以下参数关系式：

$$Nu_D = f\left(Fo_D, Re, Ar, Pr_D, K, Gu\right) \tag{2.1}$$

$$Nu = f\left(Fo, Re, Ar, Pr, K, Gu\right) \tag{2.2}$$

其中, $Nu = \dfrac{\alpha L}{\lambda}$ 或 $Nu_D = \dfrac{\alpha L}{D}$ 为努赛尔数, 可被看作对流和扩散失热的无量纲系数。

对于个别问题，仅使用相应的判定性准数即可。稳定状态下，可使用傅里叶数 Fo 作为判定性准数。如果发生强迫紊流运动，则可仅选择雷诺数 Re 作为流体力学准数，如果是不同密度导致的自由运动，则可用阿基米德数 $Ar = \dfrac{gL^3}{v^2}\dfrac{\Delta\rho}{\rho}$ 或它的变形形式——格拉晓夫数 $Gr = \dfrac{g\beta\Delta t L^3}{v^2}$，其中 β 为体积膨胀系数，K^{-1}。

有时在准数关系式中使用古赫曼数 $Gu = (T - T_{кр})/T$ 和相变数 $K = \sigma/c(t - t_{кр})$，或使用斯蒂芬-玻尔兹曼数表示，其倒数值可用 Ste 或 A 表示。

古赫曼数既是温度参数，也是一个检验标准，它描述了系统热运动状态中热平衡状态。相变数 K 是对物体加热融化阶段趋向平衡温度中热关系的度量。

在影响冰的因素中，可以构建问题的单值性条件：系统几何形状、初始和边界条件、所研究的环境的热物理性质。需要详细指出冰的有关条件，包括冰的种类、单个冰块或积冰的几何形状、周围环境特点、冰面热传递方式、冰和水流的相对运动模式。这些条件概括如下。

(1)冰的种类：面冰、水内冰、大气冰核。

(2)冰的几何形状：柱状、层状、锥状、半无限块状。

(3)周围环境：水(淡水和海水)、盐溶液、潮湿空气、真空。

(4)热量向冰面传递的方式：自由和强迫对流、热传导、太阳辐射。

(5)冰的数量及位置：单个冰块、连续积冰等。

(6)冰与水流的相对运动模式可用表 2.1 中的示意图表示。

上述每一种因素的影响程度都非常明显，但主要因素为融冰时的环境条件、热传递方式和冰与水流的相对运动模式。

静水融冰是指由水体密度梯度引起的自由对流掺混会促进冰的融化。淡水中融冰时，自由对流的发生是由于温度引起了密度差，而海水或溶液中融冰时，冰的表面不但存在温差的影响，还存在浓度差的影响。水层的掺混在某些准数达到瑞利数 $Ra = Gr \cdot Pr$ 之后开始，研究人员对此的判定方式是不同的。

海水中由温差引起的自由对流会在盐浓度不高于 24.68‰时发生。海水盐浓度越高，其密度越大，此时的温度无法使海水结冰，因为海水结晶温度低于冰点。正在融化的冰由于盐浓度差而出现的密度梯度，是温度引起的密度梯度的上百倍。

冰在空气中的融化也有其特征：冰的融化与水在冰面或水流表面的凝结会同时发生，水流因为冰的融化而形成，并沿冰面运动。

融冰的表面边界条件可被规定为冰面空气的平衡温度。基于气温和湿度，在考虑凝结、蒸发和辐射影响的热效应后，可得到空气的平衡温度，表示为

$$\vartheta_э = \vartheta + (S_R + S_и)/\alpha \tag{2.3}$$

表 2.1 冰与水流的相对运动模式示意图

模式	冰与水流的相对运动速度	示意图	冰与水流之间的运动特征
I	$V_л = 0$；$V_л = 0$	$V_л = 0$ $V_л = 0$	静水融冰： ①自由对流运动； ②稳定分层

模式	冰与水流的相对运动速度	示意图	冰与水流之间的运动特征
II	$V_{\text{п}} \neq 0$；$V_{\text{л}} = 0$		水流绕过固定的冰体
III	$V_{\text{п}} = V_{\text{л}} \neq 0$		冰体随水流运动
IV	$V_{\text{п}} = 0$；$V_{\text{л}} \neq 0$		静水中冰的运动
V	$V_{\text{п}} \neq 0$；$V_{\text{л}} \neq 0$		速度不同的冰体和水流的运动
VI	$V_{\text{п}} \neq 0$；$V_{\text{л}} = 0$		冰面人工喷水/雨
VII	$V_{\text{п}} \neq 0$；$V_{\text{л}} = 0$		冰面射流

在解决工程问题时，需考虑水流中不同冰运动的变化，如河流中水流经过静态岸冰或碎冰堆积形成的冰坝，冰缘处的渗流，流冰沿冰体移动，水利工程设施排冰时静水中风力和风生流引起冰的堆积等情况。

冰与水流相对运动模式变化会导致融冰速度变化。最常见的冰-水相对运动模式为水流绕过固定的冰（表 2.1，模式 II）。根据流体力学原理，模式 II 和模式 IV 在水利工程中没有差别，因为根据这一原理，冰与水流强力互动的结果不会改变，如果将水体看作是不动的而冰体是运动的，则水流速度与冰体的运动速度数值相等但方向相反。在融冰面上，这一原理由于冰融化（斯蒂芬-努赛尔流）后出现的横向水流而遭到破坏。融化的冰面相似点在正向运动和逆向运动中的速度梯度不相等。静止水流中融冰表面水流速度和运动水流中静止冰表面绕流水流速度分布见图 2.1。来流和斯蒂芬-努赛尔流的合成速度各不相同，正向和逆向运动的合成速度分布图之间也会不相符。

实际情况中模式 V 较为常见，这是比模式 II 和模式 IV 更普遍的模式，但这种模式下的融冰量并不大。

整理研究结果时需要考虑融冰的形状和大小，这对于以后实际计算中融冰数据的使用十分重要。对融冰形状和大小的选择，决定了实验数据分析过程的工作量，这已在本书中被提到并讨论，但是不同的研究人员对这些数值做出的规定是不同的，这在某种程度上也证实了相似理论的存在。同时，正确合理地选择融冰尺寸能够明显简化对实验数据的处理。

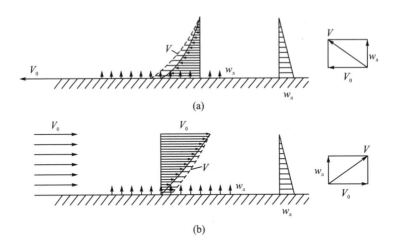

图 2.1　冰表面的水流速度分布图

(a)静止水流中融冰表面水流速度分布；(b)运动水流中静止冰表面绕流水流速度分布

　　水体通过其表面与周围环境发生热交换，但最简单的水体也可以有很多不同的热交换面，如一个薄水层可以有 1～6 个热交换面。水柱的热交换可以通过柱体表面或只是侧面进行。由此，实际情况下计算热交换面面积大小时，若不考虑以下情况是不合适的：薄水层的长度、厚度、对角线长度；水柱的球体半径。这会使不同几何形状水体的热交换数据比较和合理形状系数的确定变得困难。无论如何，实验结果的处理方式与样本冰的具体形状有必然联系。在这种情况下，我们试图给出从一个形状样本冰的融冰速度推导出另一个形状样本冰的融冰速度的方法。

　　为解决这些复杂问题，在确定计算数值时结合水体形状的典型特点，代入唯一典型计算数值 L 是十分必要的，数值 L 相当于水体体积与热交换面面积的比值。以下是不同几何形状水体的计算数值 L。

　　(1)球体半径 r：$L=r/3$。

　　(2)圆柱半径 r(侧面热交换)：$L=r/2$。

　　(3)一个热交换面的薄层厚度 h：$L=h$。

　　(4)两个热交换面的薄层厚度 h：$L=h/2$。

　　(5)空心圆柱体内部半径 r 和外部半径 R：$L=(R-r)/2$。

　　(6)立方体 a 面：$L=a/6$。

　　据此，不同形状水体的实验结果与计算数值之间是非常相符的(图 2.2)。

　　冰的形状变化也是融冰过程中特有的现象。平坦的冰盖与运动的水流发生联系时会产生波浪形轮廓。冰在水和盐溶液中融化时，冰盖表面会发生自由对流运动，并出现浅坑式 "压纹"。个别冰块在融化过程中其形状会改变。这样来流中的水平冰层便具备了很好的流线体形状，在样本端部直通尾部的漩涡形成的地方出现凹槽。球状样本的形状随融化条件的变化而改变，如空中降下的冰雹的形状取决于融化的冰水沿表面的分布。球形雹粒融化时，当水流速度为 10～30m/s 时，扁球之间的雹粒形状为半球状。当水流中有几个雹粒在流动时，其流体动力阴影形成不同延伸程度的锥形雹粒。

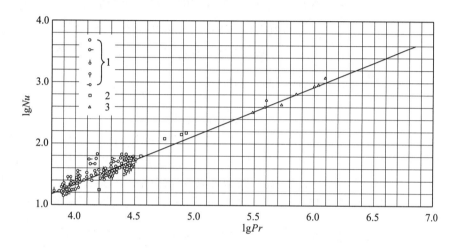

图 2.2　强迫对流条件下水中融冰的无量纲热交换系数(模式Ⅱ)

1-浸入水中的水平冰层；2-冰盖；3-管内环状结冰作用

2.1.2　自由和强迫对流条件下冰的融化速度

冰的融化速度是影响冰融化过程的条件，也是冰的物理性质受外部影响的结果。

通常，可在实验研究中确定冰的融化速度。但需要借助相似性原理处理实验结果，实验结果用准数关系式表示，这些关系能够明显扩展参数使用范围。

当处于融化状态且温度为 0℃的冰水混合物质量轻于周围温度为 4℃的水体时，大部分水体和冰面会由于存在密度差异产生自由对流，这是融化过程本身变化发展的结果。冰面上水层由于密度引起高强度掺混会导致相应的融化速度变化。

目前垂直和水平方向不同形状的样本冰融化速度得到了关注和研究，由此可确定冰面自由对流掺混时冰的融化速度。

А. Г. 特卡乔夫及其学生和研究人员获得了自由对流条件下冰球及垂直和水平状态下冰柱、冰块的融化速度[144]。

自由对流条件下的冰球融化速度研究主要针对水温为 2～26℃，冰球直径为24～50cm 的条件进行。处理实验数据后得到的准数关系式为

$$Nu = 0.54(Gr \cdot Pr)^{1/4}, \quad 10^3 \leqslant Gr \cdot Pr < 10^7 \tag{2.4}$$

$$Nu = 0.135(Gr \cdot Pr)^{1/3}, \quad Gr \cdot Pr \geqslant 10^7 \tag{2.5}$$

水温为 2～32℃，冰柱直径为 10～90cm 时的垂直和水平方向融化速度准数关系为

$$Nu = 0.4(Gr \cdot Pr)^{1/4}, \quad 10^3 \leqslant Gr \cdot Pr < 10^7 \tag{2.6}$$

$$Nu = 0.104(Gr \cdot Pr)^{1/3}, \quad Gr \cdot Pr \geqslant 10^7 \tag{2.7}$$

$$Nu \cdot Fo / K = 0.32 \tag{2.8}$$

$$Nu = \frac{\alpha r}{\lambda}, \quad Gr = g\beta\Delta t r^3 / v^2, \quad Pr = \frac{v}{a}, \quad K = \frac{\sigma}{c(t_3 - t)}, \quad Fo = \frac{a\tau}{r^2}$$

其中，计算温度 t 为环境温度；r 为计算球或圆柱的半径大小。

通常在分析不同研究者得到的实验结果时，希望能将相似方程代入统一合成方程(统一的特征大小、统一的计算温度)中。通过 L 值，融化的冰体积与冰面积的比值可实现统一。现在我们得到不同的相似方程来确定冰球[公式(2.4)]和冰柱[公式(2.6)]融化时的热交换系数，可以把它们代入统一形式的准数关系式中。

用 L 替换冰柱或冰球计算半径 r 的格拉晓夫数时会产生额外乘数 $\left(\dfrac{L}{r}\right)^{3/4}$。对于球体，$L_{\text{щ}} = \dfrac{r}{3}$；对于侧面热交换时的柱体，$L_{\text{ц}} = \dfrac{r}{2}$。因此，对于球体，额外乘数为 $\left(\dfrac{1}{3}\right)^{3/4} = 0.439$；对于柱体，额外乘数为 $\left(\dfrac{1}{2}\right)^{3/4} = 0.595$。将公式(2.4)和公式(2.6)中的系数与对应的额外乘数相乘，得到两种情况下的系数均约为 0.237，并且在这些条件下，所有的努赛尔数值将通过公式(2.9)来确定：

$$Nu_L = 0.237(Gr_L Pr)^{1/4}, \quad 5 \times 10^2 \leqslant Gr_L Pr < 5 \times 10^6 \tag{2.9}$$

其中，$Nu_L = \dfrac{\alpha L}{\lambda}$，$Gr_L = \dfrac{g\beta\Delta t L^3}{v^2}$，$L = \dfrac{W}{F}$。

将公式(2.4)和公式(2.7)中的系数与对应的额外乘数相乘，同时把方程(2.5)和方程(2.7)代入统一形式，得到一个方程：

$$Nu_L = 0.06(Gr_L Pr)^{1/3}, \quad Gr_L Pr > 5 \times 10^6$$

由此可见，将相似方程代入统一形式并不难。

冰层在水及氯化钠溶液发生自由对流作用下的融化速度实验研究，是在溶液质量分数为 $\xi = 0 \sim 0.128$，温度 $t_{\text{кр}} = -40℃$ 的条件下进行的。通过对融冰时线速度的测量，得到基于这个速度的 L 值。实验证明，冰融化时间与计算数值的初始

值之间存在线性关系。

对于整个冰层在氯化钠溶液中的融化速度的实验，其数据处理结果可用以下关系式表示：

$$w_{\text{л}} = 1.1 \times 10^{-3} \left[\left(T - T_{\text{кр}} \right) / T \right]^{1.7(1+0.9\xi)} \tag{2.10}$$

处理氯化钠溶液的实验数据时，可采用图 2.3 中的准数关系，表达式为

$$Nu_L = 0.0245 \left(Ar_L Pr \right)^{1/3} \tag{2.11}$$

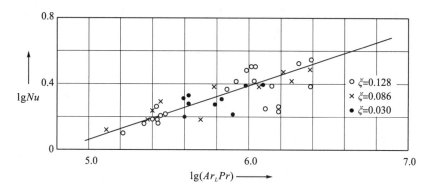

图 2.3　自由对流条件下融冰时的热交换系数

图 2.3 中，$10^5 < Ar_L Pr < 10^7$，通常 L 为融冰的体积与热交换面积的比值，计算温度为

$$t_{\text{опр}} = 0.5 \left(t + t_{\text{кр}} \right) \tag{2.12}$$

研究自由对流条件下的样本冰形状变化时，需要了解融冰过程中的融冰速度变化。

水体相对于冰发生强迫对流时，应观察冰与水体相互运动的不同模式。通常在研究运动水体对静止冰体绕流这种条件时（表 2.1，模式 II），不同研究者得到的水平绕流情况是相近的，尽管当 $V_{\text{л}} = 0$，$V_{\text{п}} \neq 0$ 时关系式不同：

$$Nu_{\text{II}} = 0.193 \, Re^{0.67} Pr^{0.33} \tag{2.13}$$

$$Nu_{\text{II}} = 0.0138 \, Pe^{0.8} \tag{2.14}$$

其中，$Pe = Re \cdot Pr$。

А. С. 涅夫斯基和 А. И. 马雷晓夫得到的关系式为公式 (2.13)[87]，本书作者得到的关系式为公式 (2.14)[104]。实验在氯化钠溶液中进行，在公式 (2.13) 中采用了水层长度作为计算数值，公式 (2.14) 中采用了样本体积与面积的比值作为计算数值，两个公式中的计算温度为 $t_{\text{опр}} = 0.5 \left(t + t_{\text{кр}} \right)$。

公式 (2.14) 表述了单独样本冰层在有来流条件下融化时的热交换情况（样本

冰层整个表面的平均值)。前沿融化速度准数可用如下关系式表示：

$$Nu_{II} = 0.0187 Pe^{0.8} \qquad (2.15)$$

冰与水流共同运动时的融冰研究(表 2.1，模式III，$V_{\pi} = V_{\pi} \neq 0$)在以下两个装置中进行：在环形装置中，冰与水流一起快速旋转；在管道中，冰与水流一起运动。

实验分别在水及氯化钠溶液中进行，两种情况的结果都可用如下关系式表示：

$$Nu_{III} = 0.0693 Pe^{0.5} \qquad (2.16)$$

冰在静水中运动时的热交换(表 2.1，模式IV，$V_{\pi} \neq 0$，$V_{\pi} = 0$)在所谓的反演运动情况下，由表 2.1 中模式II($V_{\pi} = 0$，$V_{\pi} \neq 0$)的准数关系式得到：

$$Nu_{IV} = 0.0288 Pe^{0.7} \qquad (2.17)$$

公式(2.15)～公式(2.17)中的计算数值和计算温度同公式(2.14)。不同模式下冰和水流相对运动的融冰速度关系可通过比较公式(2.10)、公式(2.14)、公式(2.16)和公式(2.17)的不同计算结果得到(表 2.1，模式 I ～IV)，其特性条件如下。

(1)水流动的速度 V_{π}，为 0.5m/s。

(2)冰流动的速度 V_{π}，为 0.5m/s。

(3)冰的大小 L，为 0.01m。

(4)水温 t，为 10℃。

(5)水流盐度，为 0。

(6)规定温度 t_{onp}，为 5℃。

(7)规定温度的水的热物理常数：$\lambda = 0.567W/(m \cdot K)$，$\nu = 1.5 \times 10^{-6} m^2/s$，$Pr = 11.2$。

自由对流(模式 I)。这种情况下冰的融化速度根据经验公式(2.10)或公式(2.11)得到。使用公式(2.10)时，冰的融化速度为 $w_{\pi} = 8 \times 10^{-6} m/s$，热交换系数为 $\alpha = 247.4W/(m^2 \cdot K)$，相应的努赛尔数为

$$Nu_I = 4.36$$

强迫对流(模式II)。公式(2.14)的判定准数为

$$Re = V_{\pi} L_0 / \nu = 3.32 \times 10^3, \quad Pe = Re \cdot Pr = 3.72 \times 10^4$$

可得到努赛尔数 $Nu_{II} = 62.6$。根据 Nu_{II}，我们确定热交换系数 $\alpha = 3501W/(m^2 \cdot K)$ 和初始冰温(0℃)下冰的融化速度：

$$w_{\pi} = \alpha(t - t_{\pi}) / (\sigma \rho_{\pi}) = 1.13 \times 10^{-4} \text{ m/s}$$

强迫对流(模式III)。模式III准数关系的表达式见公式(2.16)，雷诺数数值与模式II相同。从公式(2.16)可以得到 $Nu_{III} = 13.4$，因为 $\alpha = 765.5W/(m^2 \cdot K)$，$w_{III} = 2.48 \times 10^{-5} m/s$。由计算结果可得

$$Nu_{II} : Nu_{III} : Nu_I = 14.1 : 3.1 : 1.0$$

模式Ⅳ与模式Ⅱ、模式Ⅲ的热交换强度对比显示，模式Ⅳ的热交换强度比模式Ⅲ大，比模式Ⅱ低：

$$Nu_{II} : Nu_{IV} : Nu_{III} = 4.5 : 3.1 : 1.0$$

显然，模式Ⅱ比模式Ⅲ的热交换强度大，说明不同的相对运动速度导致热交换强度发生变化。对比 4 个模式，可以得到：

$$Nu_{II} : Nu_{IV} : Nu_{III} : Nu_{I} = 14.1 : 9.6 : 3.1 : 1.0$$

对比同一相对运动速度下冰的融化速度，可得出如下结论。

(1)冰与水流强迫对流(模式Ⅲ)和静水情况下，当相对水流速度接近于 0 时，可观察到强迫对流中冰的融化速度是自由对流中冰融化速度的 3.1 倍，说明在所研究的模式中冰面的热传递条件各异。如果在静水中，通过分子或自由对流进行热传递，则模式Ⅲ为冰面水体部分的紊流掺混。

(2)如果是水流和冰做相对运动条件下(模式Ⅱ和模式Ⅳ)的融冰，则两种情况下冰融化的速度是相同的，但模式Ⅱ的冰融化速度为模式Ⅳ液压条件下的约 1.3 倍。冰融化速度存在差异，是由冰面流体动力学条件不同导致的，如冰面相似点的速度不同(图 2.1)。

判定水流垂直射向冰面影响下的融冰强度，可参考如下两个关系式[210,217]：

$$Nu = 0.5077 \, Re^{0.523} Pr^{0.33} \tag{2.18}$$

$$Nu = 0.88 \, Re^{0.94} Pr \tag{2.19}$$

对雷诺数中喷嘴直径、喷射速度的选取，在关系式(2.18)和关系式(2.19)中分别根据喷出截面和冰的表面进行，根据公式可得出：

$$V = \sqrt{V_0^2 - 2g\left(z + \frac{1}{2}\delta\right)} \tag{2.20}$$

其中，z 为冰面到喷嘴的距离；δ 为融化层厚度。

同样，我们研究了压缩气流对水面形成的垂直冰柱消融速度的影响。从喷嘴喷出的压缩气流位于柱形轴附近，离冰的下表面有一定的距离，将含热量的水流吸引到这个表面上。实验结果证明，热交换强度为[216]：

$$Nu = 630 \, d_0^{0.4} Re^{0.391} \tag{2.21}$$

其中，d_0 为喷嘴直径；$Re = V_0 d_0 / v_a$，v_a 为空气黏度系数。

需要指出的是，关系式(2.21)中考虑的因素不足以定义冰面气流喷沫的热交换过程特征。在这种情况下，通过热交换强度能判断水气流量和速度，这些本身不仅取决于喷嘴直径，也取决于其相对于冰面的位置。

研究得出，水平冰柱在潮湿气流中融化的条件为 $Re = 3 \times 10^3 \sim 1.2 \times 10^5$，空气含湿量 $e = 0.0165 \sim 0.185 kg/kg$[191]。

热交换强度平均值为

$$Nu = 0.73 \, Re^{0.576} \tag{2.22}$$

热交换强度局部值为

$$Nu_x = 2.9 Re_x^{0.482} \tag{2.23}$$

其中，x 为从样本冰正面计算得到的距离。

环境气温高于 0℃的融冰会导致寒冷冰面聚集水蒸气，其释放的热量将参与融冰，在冰面形成融化的冰水膜和水蒸气凝聚而成的水膜。$t_{\text{кр}}$ 为包括相变温度的冰面温度；$t_{\text{к}}$ 为凝聚物表面温度，与蒸发温度一致。冰的温度继续保持，$t_{\text{к}} < t_{\text{кр}}$。

融化的冰水膜和水蒸气凝聚而成的水膜与融冰表面平行，受水流外部影响，层流膜厚度随之变化。水蒸气凝聚时释放的热量将消耗在水膜掺混、融冰和向冰内的热量传递过程中。这一问题可使用不同的解析方法解决，包括使用薄膜近似法[182]。

使用薄膜近似法时，可以忽略惯性力量和对流能量。在这种情况下，通过运动数量线性方程能绘制出液体温度和速度的线性图。薄膜的近似厚度、融冰和水蒸气的凝聚速度均可以根据边界条件得出。

由下式可得到水蒸气凝聚的无量纲速度：

$$\left(Re_x\right)^{1/2} w_{\text{к}} \big/ \left(\rho V_\infty\right) = \frac{N_1/Pr}{2\left(1+N_1/Pr\right)^{1/2}\left(1+N_2/N_1\right)^{1/2}} \tag{2.24}$$

冰融化的无量纲速度：

$$\left(Re_x\right)^{1/2} w_{\text{л}} \big/ \left(\rho V_\infty\right) = \frac{N_2/Pr}{2\left(1+N_1/Pr\right)^{1/2}\left(1+N_2/N_1\right)^{1/2}} \tag{2.25}$$

其中，$w_{\text{к}}$ 为水蒸气的凝聚速度，kg/(m²·s)。

$$N_1 = c\left(t_{\text{к}} - t_{\text{кр}}\right)\big/\sigma_{\text{к}}$$

其中，$\sigma_{\text{к}}$ 为单位水蒸气聚热量，J/kg。

$$N_2 = c\left(t_{\text{к}} - t_{\text{кр}}\right)\big/\left[\sigma + c_{\text{л}}\left(t_{\text{кр}} - t_{\text{л}}\right)\right]$$

$$Re_x = V_\infty x/\nu$$

薄膜近似法的使用条件为

$$N_1/Pr > 1, \quad N_2/Pr > 1$$

2.1.3 碎冰间孔隙渗流的热交换

让水在碎冰形成的多孔物质中发生渗流是最有效的冷却方法之一。采用这一方法可以在短时间内使水冷却到所需温度，最低可到 0℃，同时还可改变热交换室的冰含量。

该研究在图 2.4 所示的实验装置中进行。该实验装置是一个封闭的液压系统，由直径为 192mm、高度为 600mm 的有机玻璃导管和辅助设备组成，可用于测量流量和温度。碎冰由任意形状的小块冰组成，块冰最大尺寸不超过 30mm 且温度接近 0℃，被铺撒在实验装置的反应部分。水经过碎冰过滤、冷却，进入下方的溢水槽中，然后通过水泵被抽到上方的压力槽中，最后被加热到所需温度后重新进入实验装置的反应部分。

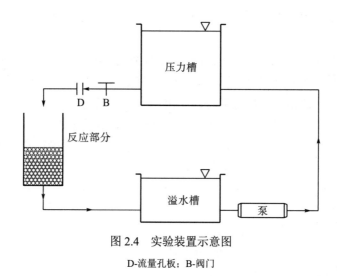

图 2.4　实验装置示意图

D-流量孔板；B-阀门

融冰之前测量的参数：冰层质量 $M_{сл}$，冰层初始高度 $h_{сл}^0$，冰层孔隙度 ε，冰块温度 $h_{сл}^0$。

融冰过程中需要测量的参数：注入水的温度 t_1 和通过冰层过滤后的水的温度 t_2，融冰时间 τ，损失的压力和相机拍摄到的冰层本身的高度变化 Δh。

使用热平衡方程得到的冰融化速度和冰-水边界热交换系数的表达式如下：

$$\alpha(\vartheta - t_{\text{п}})F_{сл} = \sigma\rho_{\text{л}}\frac{\mathrm{d}w_i}{\mathrm{d}\tau} \tag{2.26}$$

$$\sigma\rho_{\text{л}}\frac{\mathrm{d}w_i}{\mathrm{d}\tau} = c_{\text{в}}\rho_{\text{в}}Q\Delta t \tag{2.27}$$

其中，α 为冰层热交换系数，W/(m²·K)；$F_{сл}$ 为冰层表面积，m²；σ 为相变热量，J/kg；$c_{\text{в}}$ 为水的比热容，J/(kg·K)；$\rho_{\text{л}}$、$\rho_{\text{в}}$ 分别为冰和水的密度，kg/m³；$\Delta t = t_1 - t_2$，为上、下冰水层温差，℃；Q 为水流量，m³/s。

已知 Q 和 Δt 时，可由方程(2.27)得到冰融化速度 $\mathrm{d}w_i/\mathrm{d}\tau$。

冰层热交换系数可由方程(2.26)得到：

$$\alpha = \frac{c_{\text{в}}\rho_{\text{в}}Q\Delta t}{(\vartheta - t_{\text{п}})F_{сл}} \tag{2.28}$$

可使用方程(2.28)得到或测量除冰层表面积以外的所有参数值(假定冰面温度接近 0℃)。在此情况下，由于冰的材料特性不适合采用已有的计算不规则表面积的方法(卡尔马纳法、吸附法等)，因此我们提出了导热测量法，即使用相等的0℃柱形表面面积代替冰层表面面积。因此，冰层热交换的表面等效面积为

$$F_\text{э} = \bar{V}_\text{э}\tau_\text{э}2\pi R \tag{2.29}$$

其中，$\bar{V}_\text{э} = \bar{V}/\varepsilon$，$\tau_\text{э} = Fo \cdot R^2/a_\text{т}$；$\bar{V}$ 为管道水流平均速度，m/s；$\tau_\text{э}$ 为时间，s，其间水温变化为 Δt；Fo 为傅里叶数；$a_\text{т}$ 为紊流导温系数，m²/s；R 为管道半径，m；ε 为冰层孔隙度。

然后利用无限空心圆柱体的解决方案找到符合这一作用过程的傅里叶数。

处理实验结果后可建立关系式：$F_\text{э} = f(h_\text{сл})$ (图 2.5)。从图 2.5 中可见，当 $h_\text{сл} > 0.35\text{m}$ 时，数据点开始明显分散。出现这一情况的原因是，给定了实验装置反应部分的水温范围和流量，在冰厚 $h_\text{сл} \approx 0.35\text{m}$ 时实验装置反应部分足够使这些水冷却至 0℃，因此冰层高度增加不会影响温差 Δt，此时不能计算表面等效面积。因此，以下条件限定了实验参数值的范围：冰层出入口的温差不得等于水温值，即 $t_2 > 0$。其他限定参数如下：$t_1 = 15 \sim 30℃$，$Q < 60\text{L/s}$，$h_\text{сл} = 0.6\text{m}$。

考虑到实验条件的差异及热交换系数与水温、水流速度的关系，实验结果需要在标准形式下进行处理。图 2.5 给出了系数方程：

$$Nu = 0.32Re^{0.857} \times Pr^{1/3} \tag{2.30}$$

图 2.6 为这一处理结果的图解。

碎冰层阻力系数的实验计算结果见图 2.7。其中，阻力系数是指发生渗流时导管截面的水流平均速度。

研究结果表明，需要将水快速冷却到指定温度或快速融冰时，可以使用碎冰层过滤渗流冷却的方法。

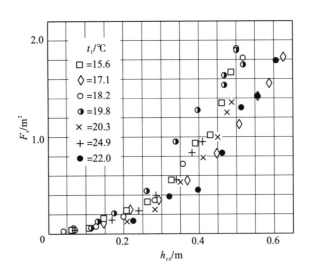

图 2.5　碎冰层的高度与等效热交换面积的关系

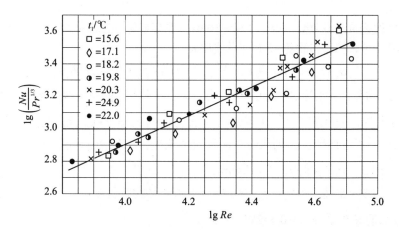

图 2.6　多孔碎冰融化时的失热强度

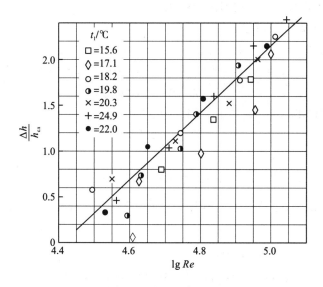

图 2.7　冰的压力损失

2.1.4　融冰期实验数据的工程应用

融冰强度是解决工程技术问题时计算和预测冰边界掺混的基础。在安装矿井实心柱时，可使注入矿井的水结冰，将柱安装在冰上。随着冰的融化，柱下沉到预留位置。在科技文献中早已讨论过火星极地冰的性质问题。只有得到冰的融化速度数据，才能解决这一问题。

在水电领域，这些数据能够帮助确定水电站下游的冰缘移动速度、碎冰层中水的冷却程度、管道中环形冰的解冻情况、取水口的结构选择及设计等。

举例说明：假设水电站下游冰缘处的水流速度为 $V_{\text{кр}} = 0.5\text{m/s}$，水温为 1.0℃，

冰初始厚度为 $h_л = 0.7\text{m}$，水深为 $H = 10\text{m}$，向大气失热的通量为 $S_{ат} = 350\text{W/m}^2$，则冰缘移动速度 $w_{кр}$ 可根据以下关系式确定：

$$\alpha_ф\left(t_ф - t_{кр}\right)bh_л + \alpha_2 x_т b\left(t_ф/2 - t_{кр}\right) - S_{ат}x_т b = \sigma\rho_л bh_л w_{кр} \quad (2.31)$$

其中，$x_т$ 为冰下沿水流方向的融化距离；$\alpha_ф$ 为冰表面的热交换系数，根据公式 (2.15) 得出 $Nu = 0.0187Pe^{0.8}$；α_2 为冰下表面融冰时的热交换系数，根据公式 (2.14) 得出 $Nu = 0.0138Pe^{0.8}$；$t_ф$ 为冰缘上游来流的温度；b 为水流宽度，m；σ 为冰-水相变热，J/kg；$\rho_л$ 为冰的密度，kg/m^3。

首先需要知晓某一温度（$t'_{опр} = 0.5℃$）下水的热物理性质。

(1) 水的导热系数 $\lambda = 0.552\text{W/(m·K)}$。

(2) 运动黏度系数 $\nu = 1.750 \times 10^{-6}\text{m}^2/\text{s}$。

(3) 水的比热容 $c = 4.212 \times 10^3\text{J/(kg·K)}$。

(4) 普朗特数 $Pr = 13.2$。

(5) 相似的标准参数，可表述为

$$Re = Vh_л/\nu = 0.5 \times 0.7/\left(1.750 \times 10^{-6}\right) = 2.0 \times 10^5$$

$$Pe = Re \cdot Pr = 2.64 \times 10^6$$

结合公式 (2.14) 和公式 (2.15)，以及如下公式：

$$Nu = \alpha h_л/\lambda$$

我们得到：

$$\alpha_ф = \lambda\, 0.0187\, Pe^{0.8}/h_л$$

$$\alpha_ф = 0.552 \times 0.0187 \times 1.38 \times 10^5/0.7 \approx 2035.0\text{W/(m}^2\cdot\text{K)}$$

和

$$\alpha_2 = \lambda \cdot 0.0138\, Pe^{0.8}/h_л$$

$$= 0.551 \times 0.0138 \times 1.38 \times 10^5/0.7 \approx 1499.0\text{W/(m}^2\cdot\text{K)}$$

$x_т$ 为冰下水流冷却的距离。由文献[100]得到，这一过程在傅里叶数 $Fo = 0.5$ 时发生。

因为 $x_т = V\tau$，$\tau = FoH^2/a_т = 0.5H^2/a_т$，其中 $a_т = \lambda_т/c\rho$，为冰下水流紊流导温系数。根据 К. И. 罗辛斯基公式[124]，强迫对流下有

$$\lambda_т = 0.369VH\text{，}\quad \text{W/(m·K)}$$

其中，V 为水流平均速度，m/h。

因此有

$$x_т = 0.5VH^2/a_т = Hc\rho/\left(2 \times 0.369 \times 3600\right) \approx 1.58 \times 10^4\text{ m}$$

冰缘移动速度由公式 $w_{кр} = \left(\alpha_ф t_ф h_л + \alpha_2 x_т t_ф + S_{ат}x_т\right)/\sigma\rho_л h_л$ 确定，代入相关数值

到公式中，得出：

$$w_{\text{кр}} = \left(2035\times1\times0.7 + 1499\times1.58\times10^{4}\times0.5 - 350\times1.58\times10^{4}\right)\Big/\left(3.08\times10^{8}\times0.7\right)$$

$$\approx 2.93\times10^{-2}\,\text{m/s} = 105.48\,\text{m/h}$$

1. 渗流过滤的碎冰融化

半径 $R = 0.125\text{m}$ 的垂直圆柱体表面的水温为 $100\,℃$，流量为 $Q = 0.010\text{m}^3/\text{s}$，碎冰层高度为 $h_{\text{сл}} = 1.5\text{m}$，冰层出口温度为 $0.1\,℃$。冰层部分表面面积为 $F_{\text{сл}} = 5.5\text{m}^2$。使用热平衡方程计算冰的融化速度：

$$\alpha\left(t_{\text{п}} - \vartheta\right)F_{\text{э.сл}} = \sigma\rho_{\text{л}}\frac{\mathrm{d}W_i}{\mathrm{d}\tau} \tag{2.32}$$

其中，α 为冰表面的冰-水热交换系数；$F_{\text{э.сл}}$ 为冰层部分等效面积；$t_{\text{п}}$ 为冰层水温；W_i 为冰的体积，m^3；ϑ 为气温，$℃$；τ 为融冰时间，s。

碎冰层过滤的冰-水热交换强度明显高于水流绕流单独样本冰时的近似平均强度，这是因为水流通过碎冰孔隙的过滤速度比基于水-冰存在的任何截面的计算结果均大很多。这种情况下的热交换强度可根据关系式 (2.30) 得出，由此可计算出冰层厚度和水体初始温度。雷诺数中已包括通过截面的水流平均速度。多孔冰层参数可用于计算热交换系数。此外，在计算热交换系数时，基于等效面积 $F_{\text{э.сл}}$ 的概念可用圆柱体等效面积计算多孔冰层的热交换强度。融冰时水温沿着圆柱体长度从初始温度冷却到结晶温度（即 $t_{\text{п}} = 0\,℃$）。

根据准数关系式 (2.30)，可得出热交换系数。计算中涉及的水的热物理性质有

$$\nu = 1.789\times10^{-6}\,\text{m}^2/\text{s}, \quad \lambda = 0.574\,\text{W/(m·K)}, \quad Pr = 9.52,$$
$$\rho = 999.7\text{kg/m}^3, \quad a = 13.1\times10^{-8}\text{m}^2/\text{s}$$

得出无量纲准数和参数值：

$$Re = Vh_{\text{сл}}/\nu = Qh_{\text{сл}}\big/\left(\pi R^2\nu\right)$$
$$= 0.010\times1.5\big/\left(3.14\times0.125^2\times1.789\times10^{-6}\right) \approx 1.7\times10^{5}$$

因为 $Nu = \alpha h_{\text{сл}}/\lambda$，所以 $\alpha = 0.32\,Re^{0.857}Pr^{0.333}\lambda/h_{\text{сл}}$，即

$$\alpha = 0.32\times3.04\times10^{4}\times2.11\times0.574/1.5 \approx 7.9\times10^{3}\,\text{W/(m}^2\text{·K)}$$

则冰的融化速度为

$$w_{\text{л}} = \frac{\mathrm{d}W_i}{\mathrm{d}\tau} = \alpha\left(t_{\text{п}} - t\right)F_{\text{э.сл}}/\sigma\rho_{\text{л}} = \frac{7.9\times10^{3}\times10\times5.5}{3.08\times10^{8}} \approx 1.41\times10^{-3}\,\text{m}^3/\text{s}$$

2. 环形管道内的冰消融

存在多年冻土的北方，其管道通常被铺设在地面，为保障管道在冬季条件下能正常工作，首要任务是确保其规范运行。为确保管道无故障运行，需要了解水流沿管道停留的时间和管道的结冰及融冰时间。

举例说明，使用以下数据：

(1)管道直径 D，为 0.5m。

(2)水体运动平均速度 V_{cp}，为 2.5m/s。

(3)流动水体温度 t_{cp}，为 0.6℃。

(4)管道经过 $\Delta\tau$ 的暂停后恢复到工作状态的时间，为 1.5h。

(5)外部空气温度，为−15℃。

假定冰在管道处于工作状态时会全部融化。

使用这些数据时，水的热物理特性如下（$t_{onp}=0.3$℃）：$\lambda=0.552\text{W}/(\text{m·K})$，$\nu=1.740\times10^{-6}\text{m}^2/\text{s}$，$c=4.210\times10^3\text{J}/(\text{kg·K})$，$Pr=13.1$。

环形管道内的冰融化时间可表达为

$$\Delta\tau = \sigma\rho_{\pi}L_0/(\alpha\Delta t) \tag{2.33}$$

其中，L_0 为环状结冰体积与热交换表面面积的比值。

热交换系数来自水流绕流静止冰（模式Ⅱ）的融化实验数据，在这里引用它被认为是可行的（图 2.2）：

$$\alpha = 0.0138(VL_0/a)^{0.8}\lambda/L_0 \tag{2.34}$$

系统求解 L_0，有

$$L_0^{1.2} = 0.0138\left(\frac{V}{a}\right)^{0.8}\lambda\Delta t\Delta\tau/(\sigma\rho_{\pi})$$

代入初始数据，可得到 $L_0=0.0487$m。考虑到环状结冰，有

$$L_0 = 0.25(D^2-d^2)/d$$

计算得出环状结冰的直径 $d=0.170$m，结冰层厚度 $h_{\pi}=0.165$m。

3. 引水压力管道内部融冰

利用冰与水流（模式Ⅲ）同时运动的融冰实验结果确定格栅孔径大小。这种计算的目的在于规定孔径的值，使得冰块可顺利通过压力管道内部，并完全融化在压力管道中，以避免冰块落入水泵或发电机组中。

从格栅进入压力管道的浮冰的初始尺寸可表达为

$$L_0 = W/F = \alpha\Delta t\Delta\tau/(\sigma\rho_{\pi}) \tag{2.35}$$

其中，通过公式(2.16)可确定其热交换系数。

当水温 $t=10$℃，流速为 1.0m/s 时，水的热物理性质如下：$\nu=1.5\times10^{-6}\text{m}^2/\text{s}$，$\lambda=0.562\text{W}/(\text{m·K})$，$Pr=11.1$。水下管道长度为 100m。

冰块表面热交换系数：

$$\alpha = \lambda Nu/L_0 = 0.0693Pe^{0.5}\lambda/L_0 = 0.0693(VL_0/\nu)^{0.5}Pr^{0.5}\lambda/L_0 \tag{2.36}$$

根据公式(2.35)和公式(2.36)，关于 L_0 有

$$L_0^{1.5} = 0.0693(V/v)^{0.5} Pr^{0.5} \lambda \, \Delta t \, \Delta \tau / (\sigma \rho_\pi)$$

进水口至发电机段的融化冰块可以是球形的，其计算尺寸 $L_0 = r/3$。计算得到冰球直径为 13.47×10^{-3}m。显然，孔径大小不得超过 15mm。

尽管如此，这个问题还有不同的提法。可以认为，直径小于 5×10^{-3}m 的冰块对于发电机组的电容器是安全的。电容器导管允许更大的孔径，同时减少格栅的水头损失。

4. 水下冰块(冰岛)的消融

计算 1 个月内水库底部冰岛的冰层消融厚度，已知水温为 0.2℃，流速 $V = 0.2$m/s，冰温为 0℃。

使用公式(2.13)，可得

$$Nu = 0.193 \, Re^{0.67} Pr^{0.33}$$

根据实验对比，得到表面值和无限大数值的表达式为

$$\alpha = BV, \quad B = 0.0338 \frac{c\rho}{Pr} \tag{2.37}$$

已知温度为 0.2℃水体的热物理性质为：$c\rho = 4.21 \times 10^6 \, \text{J/(m}^3\cdot\text{K)}$，$Pr = 13.5$。由此，有

$$B = 10540 \, \text{J/(m}^3 \cdot \text{K)}$$

和

$$\alpha = 10540 \times 0.2 = 2108 \, \text{W/(m}^3\cdot\text{K)}$$

冰面热平衡方程为

$$\alpha(t - t_\pi)F = \sigma \rho_\pi \frac{dW_i}{d\tau} \text{ 或 } \alpha(t - t_\pi) = \sigma \rho_\pi w_\pi$$

因为 $w_\pi = \alpha(t - t_\pi)/\sigma\rho_\pi$，代入初始值，可得

$$w_\pi = 2108 \times 0.2/(3.08 \times 10^8) \approx 1.4 \times 10^{-6} \, \text{m/s}$$

由此计算得到 1 个月内冰层的消融厚度为 3.6m。

2.1.5　含盐溶液冰表面的温度及融解

盐溶液中冰的融化，随冰面上不同厚度水层的盐溶液浓度变化，这些过程受到冰融化和盐扩散的共同作用，同时冰面还受到溶液浓度和温度 ξ_π 以及冰面平衡温度 t_π 的影响。

可通过冰周围溶液的溶质含量 $\beta(\xi - \xi_\pi)$ 和融冰后冰面的水含量 $(\rho_\pi/\rho)w_\pi$，确定淡水冰表面水层中的盐溶液浓度。

这一水层的含盐量平衡方程为

$$\beta(\xi - \xi_{\pi}) = \xi(\rho_{\pi}/\rho) w_{\pi} \qquad (2.38)$$

其中，β 为传质系数。

冰融化的线速度 w_{π} 可由融冰的表面热平衡方程得出：

$$\alpha(t - t_{\pi}) = \sigma\rho_{\pi} w_{\pi} \qquad (2.39)$$

其中，α 为包括盐溶液中融冰表面热量作用过程、扩散过程的综合传质系数。

使用方程 (2.38) 和方程 (2.39) 得出：

$$\beta(\xi - \xi_{\pi}) = \xi\alpha(t - t_{\pi})/(\sigma\rho) \qquad (2.40)$$

热量和质量传递系数可通过相应边界层厚度得出，表达式为

$$\alpha \approx \lambda/\delta \text{ 和 } \beta \approx D/\delta_1 \qquad (2.41)$$

其中，δ 为热量边界层厚度；δ_1 为扩散边界层厚度。

冰融化后形成厚度为 δ_0 的静止流体力学层，在热量作用和扩散作用的影响下，流体力学层厚度和热量层厚度有可能相同，即 $\delta_0 = \delta$，而扩散边界层和流体力学层的相互关系符合已知的关系式[41]：

$$\delta_1/\delta_0 \approx 0.6\, Pr_D^{-1/3} \qquad (2.42)$$

则热量层厚度和扩散层厚度的关系式为

$$\delta_1/\delta \approx 0.6\, Pr_D^{-1/3} \qquad (2.43)$$

如果已知关系式 $\xi_{\pi} = f(t_{\pi})$ 符合液相分支，则在方程 (2.40) 已知质量传递系数和热量传递系数的关系式中只存在一个未知数 t_{π}。例如，氯化钠溶液中，关系式 $\xi_{\pi} = f(f_{\pi})$ 大致表述为

$$\xi_{\pi} = 0.0169\, t_{\pi} - 0.000286\, t_{\pi}^2 \qquad (2.44)$$

已知热量和质量传递系数值时，表面温度可直接由方程 (2.40) 得出。如果没有这些数据，可根据公式 (2.41) 得出，则公式 (2.40) 可写为

$$(D/\lambda)(\xi - \xi_{\pi})\sigma\rho = \xi(t - t_{\pi})0.6\, Pr_D^{-1/3} \qquad (2.45)$$

代入方程 (2.44) 后得到二次方程：

$$A_1 t_{\pi}^2 + A_2 t_{\pi} + A_3 = 0 \qquad (2.46)$$

其中，

$$A_1 = \left[\sigma\rho/(c_{\text{p}}\rho_{\text{p}})\right] a_1 \qquad (2.47)$$

$$A_2 = \left[\sigma\rho/(c_{\text{p}}\rho_{\text{p}})\right] b_1 - 0.6\xi\, Pr_D^{2/3}/Pr \qquad (2.48)$$

$$A_3 = \xi\left[0.6\, Pr_D^{2/3}/Pr - \sigma\rho/(c_{\text{p}}\rho_{\text{p}})\right] \qquad (2.49)$$

$$a_1 = -2.86\times10^{-4}, \quad b_1 = -1.69\times10^{-2}$$

当 $\xi = 0$ 时，淡水中的融冰结果已知 $t_{\pi} = 0\,^{\circ}\text{C}$。

方程 (2.46) 的运算说明，溶液中融冰的表面温度取决于溶液浓度和温度。分析这些结果，对于确定边界层厚度变化下（如雷诺数的三重比拟，个数相等或各不

相同）的冰表面温度是很有意义的。为简化分析，假定了平衡条件下冰表面温度和溶液浓度的联系，而不是根据方程 (2.44) 得到，其表述为

$$\xi_{\text{n}} = m t_{\text{n}}$$

而不同冰表面条件下也可得到 t_{n}（表 2.2）。

现在来对比分析结果与实验数据。通过计算冰表面温度，确定模型与溶液中融冰过程特征的一致性。结果表明，计算得到的冰面热量、扩散和流体动力边界层厚度的比值与验证结果是一致的。表 2.2 中的公式分析说明，冰面热量、扩散和流体动力边界层的作用过程会明显影响冰表面液体的温度和浓度。在图 2.8 中可见，在所有边界层厚度比例中，正如之前提出的，与实验数据最相符的是方程 (2.46) 中使用的结论，其中曲线 4 最接近静水中的融冰条件。代入实验数据后进行比较，可证实这一结论。

表 2.2　冰表面温度计算公式

冰表面条件	冰表面温度
$\delta = \delta_1 = \delta_0$	$t_{\text{n}} = \dfrac{\xi\left[\left(Pr_D/Pr\right)t - \sigma\rho/\left(c_{\text{p}}\rho_{\text{p}}\right)\right]}{\xi Pr_D/Pr - m\sigma\rho/\left(c_{\text{p}}\rho_{\text{p}}\right)}$
$\delta/\delta_1 = Pr^{-1/3}$,　$\delta/\delta_0 = Pr_D^{-1/3}$	$t_{\text{n}} = \dfrac{\xi\left[\left(Pr_D/Pr\right)^{2/3}t - \sigma\rho/\left(c_{\text{p}}\rho_{\text{p}}\right)\right]}{\xi\left(Pr_D/Pr\right)^{2/3} - m\sigma\rho/\left(c_{\text{p}}\rho_{\text{p}}\right)}$
$\delta = \delta_0$,　$\delta_1/\delta_0 = Pr_D^{-1/3}$	$t_{\text{n}} = \dfrac{\xi\left[\left(Pr_D^{2/3}/Pr\right)t - \sigma\rho/\left(c_{\text{p}}\rho_{\text{p}}\right)\right]}{\xi Pr_D^{2/3}/Pr - m\sigma\rho/\left(c_{\text{p}}\rho_{\text{p}}\right)}$
$\delta = \delta_0$,　$\delta_1/\delta_0 \approx 0.6 Pr_D^{-1/3}$	$t_{\text{n}} = \dfrac{\xi\left[0.6\left(Pr_D^{2/3}/Pr\right)t - \sigma\rho/\left(c_{\text{p}}\rho_{\text{p}}\right)\right]}{0.6\xi Pr_D^{2/3}/Pr - m\sigma\rho/\left(c_{\text{p}}\rho_{\text{p}}\right)}$

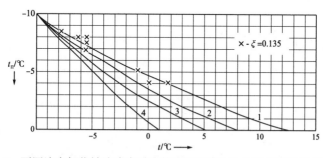

图 2.8　不同浓度氯化钠溶液中融冰的表面温度与边界层厚度的比例关系

1- $\delta = \delta_0$,　$\delta_1/\delta_0 \approx 0.6 Pr_D^{-1/3}$ ；2- $\delta = \delta_0$,　$\delta_1/\delta_0 = Pr_D^{-1/3}$ ；3- $\delta/\delta_0 = Pr_D^{-1/3}$,　$\delta/\delta_1 = Pr^{-1/3}$ ；4- $\delta_1 = \delta = \delta_0$

$$\delta = \delta_0 , \quad \delta_1/\delta_0 \approx 0.6 \, Pr_D^{-1/3} \tag{2.50}$$

冰表面温度实验的计算结果见参考文献 [87, 105]。

计算关系式与实验数据的对比表明，$\delta = \delta_0$ 和 $\delta_1/\delta_0 \approx 0.6 \, Pr_D^{-1/3}$ 的全部条件符

合自由对流情况下水平层与上表面进行热交换的融冰条件(图2.9)。

这些数据可通过测量正在融化的冰层的内部温度得到。实验装置示意图见图2.9，图中水槽尺寸为 30cm×40cm×20cm，溶剂为24L，样本冰($t \approx 0℃$)尺寸为 20cm×10cm×6cm，将样本冰置于浓度为 $0.041 \leqslant \xi \leqslant 0.135$ 的氯化钠溶液中，其温度高于结冰温度 $t > t_{\text{кр}}$，且水平方向样本冰上层始终位于同一水平面，并使用一个专门的隔板使其保持这一位置。消融过程主要发生在上层。随着样本冰的融化，水体离上层隔板越来越近，并且测量温度接近冰表面平衡温度。

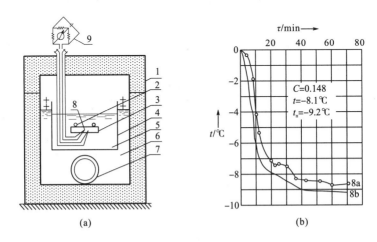

图 2.9　实验装置示意图(a)与样本冰的温度变化曲线(b)

1-隔热层；2-冰的支撑点；3-样本冰；4-水槽；5-溶液；6-冷盐水；

7-蒸发器；8-半导体电阻(8a-上部；8b-下部)；9-记录仪

图2.10与图2.11中对比了计算结果与水平薄冰层和垂直圆柱体在自由对流和强迫对流条件下的融冰实验数据。

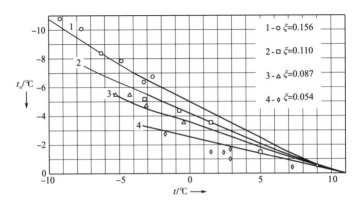

图 2.10　自由对流条件下不同浓度氯化钠溶液中融化的水平薄冰层表面温度

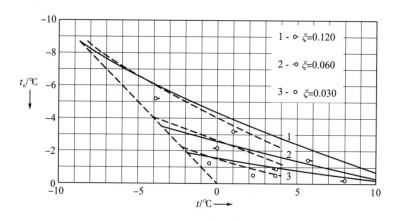

图 2.11　不同浓度氯化钠溶液中融化的垂直圆柱体与水平薄冰层的表面温度

——自由对流条件下水平薄冰层的实验；‑ ‑ ‑ ‑ 自由对流条件下垂直圆柱体的实验；

图中的小圆圈表示强迫对流条件下的垂直圆柱体实验(V=0.08 m/s)

从低流速的强迫对流运动中得到的离散点表明，在其热传递过程中，边界层的热量、质量和动量输移存在明显偏差。了解了这些相互关系，就能正确计算不同条件下融冰的表面温度。

2.2　封　冻　期

2.2.1　冰增长及边界过冷却

平面上冰的增长过程，首先是形成晶核，然后是晶核数量和尺寸不断增加，最后是独立的冰晶体黏结在一起。这一物理作用过程说明，水在结晶之前存在过冷却现象。实验研究[203]发现，在慢慢冷却的水体中会形成过冷却液体区，而且这一区域的范围较广。

图 2.12 为冰增长过程中相边界共存的温度 t 分布情况。在固相和液相之间存在一个区域，其温度保持在冰点，这里同时存在枝状冰晶和液体。结晶转化温度的稳定是这一区域存在很多尺寸大于临界值晶体的结果，晶体的增长导致过冷却过程中结晶体热量释放，并使得温度重新回到 0℃。

水溶液中结晶面的过冷却，即所谓的集中过冷却，是由于盐溶液中的杂质分布导致的，即水溶液距流体温度低于冰点($t < t_{\text{кр}}$)的界面有一定的距离。

众所周知，如果交界面上液体 S_2 产生的热量超过边界运动所耗热量 R，则相变界面为平面。如果相反，边界运动所耗热量高于水下临界液体相变所耗热量，则在界面产生枝状晶体。

需要注意的是，在冰增长过程中，特别是在冰盖上，很容易分析这个过程。随着冰厚的增加，冰内的温度梯度减小。冰的增长将持续发生，直到相变界面热量达到平衡，冰将不再增长。

假设水和冰的热物理性质相同，则在共存相的温度梯度最终将会拉平。

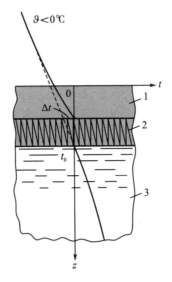

图 2.12   冰增长过程中相边界共存的温度 t 分布图
1-固相；2-枝状冰晶和液体；3-液相

相变界面(斯蒂芬条件)平衡方程：
$$S_1 - S_2 = R \tag{2.51}$$
其中，S_1 为释放到大气中的热量，W/m^2；S_2 为进入相变表面的热量，W/m^2。

当 $S_1 = S_2$ 且 $R = 0$ 时，相变界面处于稳定聚集状态；当 $S_2 > R$ 时，相变界面为平面；当 $S_2 < R$ 时，观察到枝状晶体增长。方程(2.51)可转变为
$$(S_1/S_2) - 1 = R/S_2 \tag{2.52}$$

因此，在结冰时，有 $S_1/S_2 > 1$。在平面相变界面情况下，有
$$R/S_2 < 1 \text{ 且 } 2 > S_1/S_2 > 1 \tag{2.53}$$
在冰晶增长情况下，有
$$R/S_2 > 1 \text{ 且 } S_1/S_2 > 2 \tag{2.54}$$

液体在相变界面发生过冷却会引起作用过程的位移，这是由于液体在结晶和固化时会发生能量消耗。

上述例子说明，相变分界掺混时出现的情况各异，常用的条件为斯蒂芬条件，形式为

$$\lambda_1 \frac{\partial t_1}{\partial z} - \lambda_2 \frac{\partial t_2}{\partial z} = \sigma \rho \frac{\mathrm{d} h_{\pi}}{\mathrm{d} \tau} \tag{2.55}$$

这是相变导热问题不可分割的部分，但其不总是完整地等效于作用过程，因为在融冰和结冰的作用过程交换时不发生变异，不考虑结冰和融冰时的相变速度差异，在均匀分布的情况下也不考虑相变边界的热量释放（损失）。因此，公式 (2.55) 在这种情况下不会引起冰周围环境的温度区域重建。

该形式的相变表面热通量决定了从一个导热介质到另一介质表面的热量，且热通量在水内介质中形成。这一热通量是相变的必要条件，但这个条件对于上述通过的热通量是不足的，因为在冰面的某些条件下（环流速度、水流和冰面温差）会发生相分界的掺混。如果以相应速度进行结冰和融冰过程，那么水下液相斯蒂芬热量方程为

$$\lambda_1 \frac{\partial t_1}{\partial z} - \alpha_2 \left(\vartheta - t_{\pi} \right) = \sigma \rho \frac{\mathrm{d} h_{\pi}}{\mathrm{d} \tau} \tag{2.56}$$

相变未吸收的热量会以某种形式从表面释放出来，在导热情况中这会导致介质温度重新分布，热量被从介质中引至表面。因此，在对流条件下必须考虑未用尽热量的损耗等问题。斯蒂芬条件只规定了相变时的温度变化，然而，如果相变温度分布均匀，且与结晶温度一致，则排出的热量为零，所有冰下流出的热量可得到确定。

采用准稳态近似法解决相变问题的准确度和斯蒂芬条件下融冰及结冰过程一致性的物理验证在一系列研究中已有论述。尤其是文献[208]规定了 Bi 和 Ste 的极限值，如果超过极限值，在公式(2.54)条件下使用准稳态近似值时会导致计算错误。掺混速度的不准确计算会导致冰面的热量形成一定的相分界掺混速度，在其影响下温度会根据作用过程的速度进行再分布，同时冰面热通量变化在一定程度上会受到融冰速度的影响。

这里所得的推论在目前具有争议性。为使计算更接近相变速度的实际值，需要知道融冰和结冰作用过程的实际强度，只有这样才能得到更准确、更可靠的关于实际速度的分解运算解法。

2.2.2　水库冰盖增长

目前，所有自然水体表面冰的增长采用的计算方法都以斯蒂芬条件为基础，其形式为

$$S_1 - S_2 = \sigma \rho \frac{\mathrm{d} h_{\pi}}{\mathrm{d} \tau} \tag{2.57}$$

其中，S_1 为通过冰雪传递到相变表面的热通量；S_2 为从水中向冰盖下表面传递的热通量。

稳定状态条件为

$$S_1 = \frac{\vartheta}{\left(1/\alpha_1 + h_л/\lambda_л + h_c/\lambda_c\right)} \tag{2.58}$$

而

$$S_2 = \alpha_2\left(t - t_л\right) \tag{2.59}$$

其中，α_2 为水向冰盖下表面的热交换系数，根据目前的研究成果，可以采用以冰盖热量和流体动力条件为前提的计算方法确定。

S_2 的值可表达为

$$S_2 = \lambda_т \frac{\partial t}{\partial z} \tag{2.60}$$

其中，$\lambda_т$ 为液体的紊动导热系数。公式(2.60)这种表达形式的热通量，由紊动导热系数和温度梯度值确定。

温度梯度值可以是冰盖下温度沿深度分布的测量结果，或是冰盖下第一类边界条件下水温的解析算法结果。И. 斯蒂芬在 1891 年首先提出了计算水池和海洋冰盖厚度的算法。下面是 H. H. 佐波夫对这一方法的论述总结[48]。根据这一方法，在一定时间内，从水中通过冰盖的单位面积流向空气的热通量为

$$S_2 = \left(\lambda_т \Delta t/h_л\right)\mathrm{d}\tau \tag{2.61}$$

其中，$h_л$ 为冰厚；Δt 为冰盖的上下表面温差。这些热量流失到大气中会导致冰盖下表面增加厚度为 $\mathrm{d}h_л$ 的冰层，即

$$\left(\lambda_т \Delta t/h_л\right)\mathrm{d}\tau = \sigma\rho\mathrm{d}h_л \tag{2.62}$$

对两边同时积分得到：

$$\lambda_т \int_0^\tau \Delta t\,\mathrm{d}\tau = \sigma\rho\int_0^h h_л\mathrm{d}h_л \tag{2.63}$$

或

$$\int_0^\tau \Delta t\,\mathrm{d}\tau = \sigma\rho h_л^2/\left(2\lambda_т\right) \tag{2.64}$$

积分周期内在温差不变的情况下有

$$\Delta t\,\tau = \sigma\rho h_л^2/\left(2\lambda_т\right) \tag{2.65}$$

对于淡水水体而言，如果单独时段的积分[公式(2.64)]会导致负气温的累积，这一表达式的左侧也会形成负水温。

斯蒂芬公式为

$$\sum_{i=1}^n \left(-\vartheta_i\tau\right) = \sigma\rho h_л^2/\left(2\lambda_т\right) \tag{2.66}$$

是许多类型公式出现的基础，其中，

$$h_\pi = a\sqrt{\sum_{i=1}^{n}(-\vartheta_i)\tau} \tag{2.67}$$

或

$$h_\pi = \beta\left[\sum_{i=1}^{n}(-t_i)\tau\right]^m$$

其中，β 和 m 是基于多年观察不同时间的气温和水库的冰厚数据后总结得到的参数值。

该类结构的公式是著名的 Ф. И. 贝金纳公式[21]，后来 И. 斯蒂芬增加了重新形成的冰层比热容：

$$\int_0^\tau \Delta t\mathrm{d}\tau = \left(\sigma\rho h_\pi^2/2\lambda_\mathrm{r}\right)(1+c\Delta t'/3\sigma) \tag{2.68}$$

其中，$\Delta t'$ 为积分末期的冰面温度。

但是，在自然环境中，冰的增长不仅取决于负温度，还与一系列其他条件有关：冰面单位面积产生的热量强度、冰下水温梯度值、冰下水流速度。考虑到这些情况，建议在计算水体表面冰厚时考虑运用公式(2.55)中的斯蒂芬条件。从水流向冰面的热通量计算十分复杂，必须寻找计算冰厚时不考虑水中热通量的简化方法。

计算表层冰厚的一种方法是计算最大限度结冰厚度，其条件为斯蒂芬稳态条件。在稳态条件下，即当 $\tau \to \infty$ 时，形成冻结层的最大厚度。在结冰过程中，冻结层的热阻力导致向大气中的失热减少，当水流稳定时，停止结冰，水-冰界面的热传递趋向稳态：

$$\left(t_\mathrm{кр}-0\right)\Big/\left(1/\alpha_1 + h_\mathrm{макс}/\lambda_\pi\right) = \alpha_0\left(t-t_\mathrm{кр}\right) \tag{2.69}$$

其中，如果已知稳定聚合状态 α_0 的值，则可以得到冰的极限(最大)厚度 $h_\mathrm{макс}$[144]。当流向冰下表面的热量较小且可以被忽略不计时，可用 И. М. 科诺瓦洛夫公式计算冰厚[55]，他得出的冰厚随时间的变化公式为

$$h_\pi = \sqrt{-2\lambda_\pi\vartheta\Delta\tau/(\sigma\rho_\pi)+\left(h_0+\lambda_\pi/\alpha_1+h_c\lambda_\pi/\lambda_c\right)^2} - \left(\lambda_\pi/\alpha+h_c\lambda_\pi/\lambda_c\right) \tag{2.70}$$

公式(2.70)得到的计算结果通常比实测数据大。由于公式(2.55)条件下相互影响的热通量 S_1 和 S_2 的关系表达式的复杂性，我们提出了由斯蒂芬条件得到的其他简化运算公式。

特列梅洛、肯特尔毕尤里和吉尔郭勒开展了冷却到 0℃ 以下的薄铜片与潮湿空气之间的热交换研究，他们主要进行的是风道中潮湿空气相对于底部 0.30m×0.45m 截面、1.2m 长的薄铜片发生的强迫对流运动实验[213]。

根据冷却系统的工作数据计算热量参数，选取最佳方法计算结冰厚度，以及使用核辐射计算器计算结冰密度(β 辐射源位于实验薄铜片上不同长度的 3 个点

上）。温度变化通过沿着装置垂直方向移动的热电偶来确定，湿度通过干湿温度计测量确定，用热风速表测定速度。

实验得到的空气中湿气凝聚结冰的热交换强度数据说明，准稳态下的热交换强度高于稳定聚合状态下的热交换强度。准数关系式可表达为

$$Nu = 0.05\,Re^{0.8}Pr^{1/3} \tag{2.71}$$

相变表面热交换系数平均值为

$$\alpha = \frac{\lambda}{z}(t_л - t_п) - \sigma\rho_л w_л / (\vartheta_\infty - t_п) \tag{2.72}$$

其中，$w_л$ 为从空气到冷却表面的冰的增长线速度，m/s；$\rho_л$ 为结冰密度，kg/m³；$t_п$ 为冰面温度，℃；ϑ_∞ 为气温，℃。

2.2.3　结构物冰冻

寒冬水利工程设施运行时，其部件（如栅栏、闸门等）会结冰，由此会引起水轮机停机或限制设施运行。栅栏结冰会导致堵塞，水流不畅，造成水头损失，进而造成发电量损失。

引水设施结冰会加大闸门调度的难度，使春季排水问题复杂化。每当冬季进行闸门调度时，工作人员通常都会遇到由于气温过低导致的闸门槽接缝冻透结冰而阻力增加的难题。

闸门表面凝结成冰，是由于闸门外壳是与大气直接接触的主体结构，其下游剧烈失热产生的。

为防止结冰，要对栅栏和门槛进行加热。计算各种情况下的结冰程度对于规范工程措施系统、保证设备不间断工作十分必要。

如果要保证水闸在低温条件下运行，便需要通过闸门和水闸码头设备进行调度。水利工程设施结构结冰会给延长内河通航时间制造困难。港口码头设施、进港航道、通航路线结冰的难题尤为突出。

使用本章的研究结果，我们进行了水利工程设施表面结冰体积、通航延长段表面冰厚、结冰调节手段等典型算例的计算。

1. 计算闸门外壳表面结冰的体积

存在闸门密封件，闸槽不漏水，计算闸门结冰的条件如下。

（1）气温为-20℃。

（2）上游水温为 0.2℃。

（3）与冷空气接触的闸门外壳的高度为 3m。

（4）闸门跨度为 20m。

(5)闸门外壳厚度为 30mm。

(6)计算时间为 3d。

使用热平衡方程计算：

$$\lambda_\pi \frac{t_3 - \vartheta}{h_t + h_\pi} - \alpha_2 (t - t_3) = \sigma\rho \frac{dh_\pi}{d\tau} \qquad (2.73)$$

其中，ϑ 为气温，℃；t_3 为结冰温度，℃；t 为上游水温，℃；α_2 为相变界面从水向冰面的热交换系数，W/(m²·K)；$h_t = \lambda / \alpha_1$ 为冰面过渡层，m；h_π 为冰厚，m；α_1 为从冰面向空气中的热交换系数，W/(m²·K)。

水中的自由对流掺混，会使结冰过程中冰面发生对流热交换。此时需用垂直表面的相似方程[147]：

$$\frac{Nu}{(Gr \cdot Pr)^{0.25}} = 0.5 + \frac{4}{3} \frac{Pe}{(Gr \cdot Pr)^{0.25}} \qquad (2.74)$$

其中，$Nu = \alpha_2 \dfrac{x}{\lambda_\pi}$；$Pe = (x/a)\dfrac{dh_\pi}{d\tau}$，$x$ 为垂直方向上热交换面的高度，h_π 为冰厚。

由此可得

$$\alpha_2 = 0.5(Gr \cdot Pr)^{0.25} \frac{\lambda_\pi}{x} + \frac{4}{3} \frac{\lambda_\pi}{a} \frac{dh_\pi}{d\tau} \qquad (2.75)$$

将这些数据代入方程(2.75)，得到：

$$\lambda_\pi(-\vartheta) - (h_t + h_\pi)0.5(Gr \cdot Pr)^{0.25} \frac{t}{x} = (h_t + h_\pi)\left(\sigma\rho + \frac{4}{3}\lambda_\pi \frac{t}{a}\right)\frac{dh_\pi}{d\tau} \qquad (2.76)$$

方程(2.75)的运算为

$$\Delta\tau = \left(\frac{h_0 - h_\pi}{b} + \frac{m}{b^2}\ln\left|\frac{m - bh_0}{m - bh_\pi}\right|\right) \times \left(\sigma\rho + \frac{4}{3}\frac{\lambda_\pi t}{a}\right) \qquad (2.77)$$

其中，$m = \lambda_\pi(-\vartheta)$；$b = 0.5(Gr \cdot Pr)^{0.25}\dfrac{\lambda_\pi t}{x}$；$h_0$ 为冰的初始厚度，m。

数值计算：

温度为 0.1℃时水体的热物理性质：$\beta = 6.148 \times 10^{-5} \text{K}^{-1}$；$\lambda = 0.551 \text{W}/(\text{m·K})$；$v = 1.779 \times 10^{-6} \text{m}^2/\text{s}$；$a = 1.311 \times 10^{-7} \text{m}^2/\text{s}$；$\sigma = 3.352 \times 10^5 \text{J/kg}$。

作用过程中的相似数为

$$Gr = \frac{9.81 \times 3^3 \times 6.148 \times 10^{-5} \times 0.2}{\left(1.779 \times 10^{-6}\right)^2} = 1.029 \times 10^9$$

$$Pr = \frac{v}{a} = \frac{1.779 \times 10^{-6}}{1.311 \times 10^{-7}} \approx 13.57$$

$$Gr \cdot Pr \approx 1.396 \times 10^{10}, \quad (Gr \cdot Pr)^{0.25} \approx 343.7$$

方程(2.77)中的系数为

$$m = 2.334 \times 20 = 46.68 \text{W/m}$$
$$b = (0.5 \times 261.2 \times 0.551 \times 0.2)/3 \approx 4.8 \text{W/m}^2$$

根据方程(2.76)可以得出结冰时间，由此可计算结冰的厚度，根据给定的结冰时间选择所求的值。结冰时间见表2.3。

根据表 2.3 和图 2.13 可得出水闸上游表面增加的冰厚情况。在不考虑水闸本身热阻的情况下增加的冰厚为 0.28m。水闸上所结的冰的总体积为 24.55m³，冰质量达到 22590kg，这使得闸门增加了额外的负重。

表 2.3   闸门表面的冰增长情况

h_0/m	$h_{\text{л}}$/m	$\Delta\tau$/h	τ/h
0	0.1	10.01	10.01
0.1	0.2	30.39	40.40
0.2	0.3	53.73	84.13
0.3	0.4	75.72	139.45

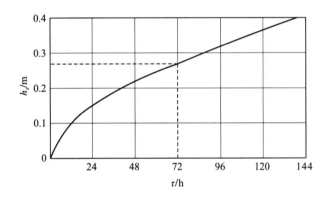

图 2.13   闸门表面的冰增长情况

2. 通航延长段的冰厚评估

使用技术手段延长通航时间，需要计算船舶航线上的冰厚。通航延长段的情况如下：自封冻期起两周内，平均气温为-15℃，水温为 0.2℃，冰下流速为 0.5m/s。

由于水内冰的上浮冻结，冰封期初始冰厚为 0.03m。每个时间步长下冰的初始厚度为常数不变时，通过斯蒂芬条件积分的计算结果为

$$\Delta\tau = \left(\frac{h_0 - h_{\text{л}}}{b} + \frac{m}{b^2} \ln|m - bh_0| - \ln|m - bh_{\text{л}}| \right)\sigma\rho \tag{2.78}$$

其中，$m = \lambda_{\text{л}}(-\vartheta)$；$b = \alpha_2 t$。

强迫对流条件下，热交换系数可根据类似方程得到：

$$Nu = 0.022\,Re^{0.87}Pr^{0.33} \tag{2.79}$$

其中，$Re = \dfrac{Vx}{v}$；$Pr = \dfrac{v}{a}$；x 为水流长度。

直接采用上述公式计算冰厚的增长是不可能的，因为冰盖长度不确定。在此情况下，如何计算冰厚增长的大小并不明确。有时冰盖长度为 1m，有时实际长度值大于或小于 1m，因此会得到或大或小的热交换系数。

更正确的方式是，得到无限大表面热交换系数的有效热交换系数值。在 1.3 节中，我们论述了无限大表面热交换系数的实验计算方法。根据这一方法变换公式 (2.79) 后得到：

$$\alpha_2 = 0.022 Re^{0.87} Pr^{0.33}\,\lambda/x \tag{2.80}$$

同时，根据无限大表面公式，热交换系数被定义为

$$\alpha_2 = 2c\rho\sqrt{a/(\pi\tau_c)} \tag{2.81}$$

其中，τ_c 为表面存在漩涡的时间。

使公式 (2.80) 和公式 (2.81) 相等，且 $x_0 = V_0\,\tau_c$，得到：

$$0.022\,V_0^{0.87}v^{0.33}a\,\frac{x_0^{0.87}c\rho}{v^{0.87}a^{0.33}x_0} = 2c\rho\sqrt{a V_0/(\pi x_0)} \tag{2.82}$$

变换后，由公式 (2.80) 可得到：

$$V_0\,x_0 = 4.18\times10^4\,v\,Pr^{0.46} \tag{2.83}$$

将 $\tau_c = x_0/V_0$ 代入公式 (2.82) 并使用公式 (2.81)，得到强迫对流条件下冰增长时的无限大表面热交换系数值：

$$\alpha_2 = B V_0 \tag{2.84}$$

其中，$B = 5.51\times10^{-3}\,c\rho/Pr^{0.73}$。

将这一数值代入公式 (2.78) 并计算表面冰的增长厚度。计算常用条件下的热交换系数值，列出计算所需的水体的热物理性质：

$$c = 4.212\times10^3 J/(kg\cdot K)，\quad v = 1.779\times10^{-6}m^2/s,\quad a = 1.311\times10^{-7}m^2/s,$$
$$\rho = 999.9 kg/m^3,\quad \sigma = 3.352\times10^5 J/kg,\quad Pr = 13.57$$

则

$$\alpha_2 = B V_0 = \left(5.51\times10^{-3}\times4.212\times10^3\times999.9\times0.5\right)/13.57^{0.73} \approx 1729\ W/(m^2\cdot K)$$

且方程 (2.77) 中的系数为

$$m = 2.334\times15 = 35.01 W/m,\quad b = 1729\times0.2 = 345.8 W/m^2,$$
$$b^2 \approx 119578 W^2/m^4$$

使用方程 (2.84) 可计算通航延长段冰的增长情况。代入以上条件的所有数据后得到，336h 内冰厚达到了 27cm。

(1) 结冰过程的调节。水体表面的冰停止增长时，计算水温的条件如下。

①冰的最大厚度 $h_{\text{л}}$，为 0.2m。

②冰下水流速度 V，为 0.5m/s。

③气温 ϑ，为 -15℃。

④风速 w，为 4.0m/s。

保持给定冰厚时的温度，可根据斯蒂芬[146]稳态条件公式 (2.68) 得出：

$$\frac{t_{\text{кр}} - \vartheta}{1/\alpha_1 + h_{\max}/\lambda_{\text{л}}} = \alpha_0 \left(t - t_{\text{кр}} \right)$$

其中，α_0 符合稳定聚集状态，可根据关系式[80]得出：

$$Nu_0 = 0.0296 \, Re_{\text{ж}}^{0.8} Pr_{\text{ж}}^{0.43} \left(\frac{Pr_{\text{ж}}}{Pr_{\text{п}}} \right)^{0.25} \tag{2.85}$$

或

$$Nu_0 = 0.0356 \, Re_{\text{ж}}^{0.8} Pr_{\text{ж}}^{0.4} \tag{2.86}$$

其中，$Re_{\text{ж}}$ 为水温条件下的雷诺数；$Pr_{\text{ж}}$ 为水温条件下的普朗特数；$Pr_{\text{п}}$ 为表面温度条件下的普朗特数。

对于这种情况，使用关系式 (2.86) 只是因为这一相似方程代入了无限大表面的热交换条件：

$$\alpha = B \, V \tag{2.87}$$

其中，

$$B = c\rho k \sqrt[3]{\frac{\pi k^2}{4 Pr^2}} \tag{2.88}$$

根据 $Nu = 0.032 \, Re^{0.8}$，可计算释放到空气中的热量。无限大表面的热交换条件为

$$\alpha_1 = B_1 w$$

其中，

$$B_1 = \frac{c\rho k}{Pr} \sqrt[3]{\frac{\pi k^2}{4 Pr^2}} \tag{2.89}$$

如果 $t_{\text{кр}} = 0$，则得到：

$$t = \frac{1}{\alpha_0} \frac{(-\vartheta)}{1/\alpha_1 + h_{\max}/\lambda} \tag{2.90}$$

在这里的示例中，$\alpha_0 = 1170 \text{W}/(\text{m}^2 \cdot \text{K})$，$\alpha_1 = 24.56 \text{W}/(\text{m}^2 \cdot \text{K})$，且 $t = 0.10$℃。

(2) 水面结冰速度计算。计算下垫面 0℃水层凝固时间的条件如下。

①气温 t，为 -20℃。

②水面风速 w，为 3.0m/s。

③水层厚度 $h_{\text{в}}$，为 0.05m。

④水层相对于下垫面静止。根据公式[147]进行运算：

$$Ste \cdot Fo = \frac{1}{8} \frac{1+2/Bi_1}{\left(1+1/Bi_1+1/Bi_2\right)} \left[\frac{1+2/Bi_1}{\left(1+1/Bi_1+1/Bi_2\right)} + 4/Bi_2 \right] \qquad (2.91)$$

其中，$Ste = c_{\text{л}}(t_3-\vartheta)/\sigma$；$Bi_1 = \alpha_1\delta/\lambda_{\text{л}}$；$Bi_2 = \alpha_2\delta/\lambda_{\text{л}}$。

计算中包括两个薄层表面的热交换系数 α_1 和 α_2。热交换系数 α_1 根据如下关系式[80]计算：

$$Nu = 0.032\,Re^{0.8}$$

根据公式(2.87)重新计算无限大表面的热交换系数，其中，

$$B = \frac{c\rho k}{Pr} \sqrt[3]{\frac{\pi k^2}{4Pr}}，\quad k = 0.032 \qquad (2.92)$$

下垫面单位面积[100]的热通量为

$$S_2 = 2\sqrt{\lambda c\rho/\pi}\,(t_{\text{л}}-t_0)\sqrt{\tau} \qquad (2.93)$$

而下垫面热交换系数为

$$\alpha_2 = 2\sqrt{\lambda_{\text{л}}c_{\text{л}}\rho_{\text{л}}\tau/\pi} \qquad (2.94)$$

计算所需的空气和冰的热物理性质。

空气：

$$\vartheta = -15\text{℃}，\quad c = 1.006\times10^3\text{J/(kg·K)}，$$
$$\rho = 1.351\text{kg/m}^3，\quad Pr = 0.714$$

冰：

$$\lambda_{\text{л}} = 2.334\text{ W/(kg·K)}，\quad c_{\text{л}} = 2.106\times10^3\text{J/(kg·K)}，$$
$$\rho_{\text{л}} = 920\text{kg/m}^3，\quad a_{\text{л}} = 1.2\times10^{-6}\text{m}^2\text{/s}$$

无量纲参数值：

$$Bi_1 = \alpha_1\delta/\lambda_{\text{л}} = 18.42\times0.05/2.334 \approx 0.395，$$
$$Bi_2 = \alpha_2\delta/\lambda_{\text{л}} = 2880\times0.05/2.334 \approx 61.7，$$
$$Ste = c(t_3-\vartheta)/\sigma = 2.106\times10^3\times20/3.35\times10^5 \approx 12.57\times10^{-2}，$$
$$Fo = a_{\text{л}}\tau/\delta^2 \approx 3.01，$$
$$\tau = 3.01\times0.05^2/1.2\times10^{-6} \approx 6270\text{s} \approx 1.74\text{h}$$

通过计算，在水层表面结冰并形成 0.05m 的冰厚需要 1.74h。

2.2.4　水位变化及其他参数对结构物冰冻的影响

工程设施结构运行时，从一个位置移动到另一个位置，其结构表面热交换条件发生变化。例如，在延长通航条件下工作的沉船打捞设施，当设施表面水位变化时，设施表面热交换条件也会发生变化。同理，水电站和潮汐发电站蓄水池的边坡也是如此。当热交换面不同参数(如速度、温度、盐浓度等)的水流发生交替，

类似情况在河口段不同盐浓度相互作用的水域也会存在。下面以沉船打捞设施舱体结冰为例进行说明。

起舱机工作周期可分为几个时间段：舱体暴露在空气中并从上游移动到下游的时间为 τ_1，位于下游的时间为 $\tau_2-\tau_1$，从下游移动到上游并与空气接触的时间为 $\tau_3-\tau_2$，位于上游的时间为 $\tau_4-\tau_3$（表 2.4）。如果舱体最后位于空气中，则舱外温度为 ϑ_1；如果舱体浸入水中，则舱外温度为 ϑ_2。起船机的基本运行模式有两种，见表 2.4。

表 2.4　起船机舱体壁温度状况计算示意图

计算时间	舱体位置	船舶干运				水上船舶运输	
		模式 1		模式 2		舱体状态	热示意图
		舱体状态	热示意图	舱体状态	热示意图		
τ_1	从上游移动到下游	无水		无水			
$\tau_2-\tau_1$	下游			注水		注水	
$\tau_3-\tau_2$	从下游移动到上游	无水		无水			
$\tau_4-\tau_3$	上游			注水			

（1）船舶干运。舱体在水外移动，船体固定在支撑物上。这一模式的工作方法是，将水注入上游舱室、下游舱室，以便停船时卸船。

（2）舱体在船体所在的水中移动。

干运条件下舱体在寒冷空气中移动时会冷却，储存冷气量，在上、下游河段入水时形成冰缘。由于冷气量储存而产生的冰补充了因热量从舱体壁流失到空气中而导致的冰的增加量。从下游移动至上游时，舱体和形成的冰层重新冷却。在上游舱体暂停工作时冰缘继续增加，下一个工作周期中舱体壁与已凝结的冰冷却，冰层在舱体与水接触时增厚。

水上船舶运输时冰在舱体内壁增长，船舶从一个河段向另一个河段移动时，由于在上游和下游水与舱体外部接触而结冰。水温在 0℃以上时水未完全冻结，还有可能随时间结冰或融化。舱体结冰量可根据闸口运输机制统计得出。

每个运行模式结冰量的计算见以下程序。

(1)计算起船机停留在空气中时舱体壁的冷气储备。

(2)计算从舱体壁寒冷表面到水中的热通量,并考虑相应的边界条件。

(3)计算冰厚和冰增长速率。

每一时间段根据起船机舱体壁的单值条件计算,见表 2.4。在以下条件和假设情况下进行计算。

(1)计算具有简化厚度薄水层的起船机舱体壁结构的总结冰量。

(2)每一时间段舱体壁厚度的计算要考虑已结冰量。

(3)研究时间段内不考虑舱体壁热阻变化。

克拉斯诺亚尔斯克的现有起船机项目论证实验和计算显示,一个工作周期内冰厚增加10mm。冰厚随着工作周期数量的增加也会增加,一个周期内冰增加的质量为10kg/m^2,在舱体壁表面积为 7000m^2 的情况下其质量可增加 70t。

一旦舱体壁周围水温高于 0℃,舱体壁向水中的热交换系数可根据 А. И. 比霍维奇实验关系式得出[198]:

$$K = \Theta_1 - \Theta \, Bi \, Fo \qquad (2.95)$$

其中,

$$K = \sigma / c(t_2 - t_{\text{п}}), \quad \Theta_1 = 1 - t_{\text{л.}\tau}/t_{\text{л.0}}, \quad \Theta = t_2/t_{\text{л.0}}$$

其中,$t_{\text{п}}$ 为舱体壁温度,℃;t_2 为水温,℃;$t_{\text{л.}\tau}$ 为薄冰层表面第一类边界条件下测量的冰内温度;$t_{\text{л.0}}$ 为冰的初始温度。

方程(2.95)的关系曲线被绘制于图 2.14 中,曲线说明了这种作用过程的连续性:冰随着加热开始融化。

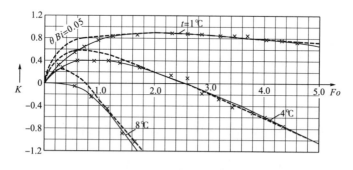

图 2.14　平面冰的融化冻结作用过程与热交换系数的关系

—— 实验曲线(×-实验结果); - - - 公式(2.95)对应的关系曲线

需要强调的是,本章的这些研究总结了不同流体动力学和热量条件下水-冰表面结冰和融冰的规律和速率,这是解决本书后面章节所要研究的工程问题的基础。

第 3 章　水电站下游水温和冰情

3.1　明流段水-冰热力过程

水电站下游水-冰热状况计算方法是参考 A. И. 比霍维奇[102]基于不同水利工程项目多年的实际数据分析后提出的物理模型。冬季上游水流温度在 0℃以上，随着与下游水流的掺混，上游来水失去储存的热量并逐渐冷却到 0℃，水体因进一步失热而发生过冷却现象，进而自发结晶并形成水内冰，水内冰上浮至水面，在漂移过程中形成冰花，冰花逐渐冻结到一起，最后形成冰盖的冰缘。根据这一物理过程，电站下游河段可分为以下几个区段：①河段Ⅰ，在这个范围内水体从初始温度冷却到 0℃；②河段Ⅱ，水体过冷却，形成水内冰，该段范围从零温(0℃)断面至开始出现水内冰的位置；③河段Ⅲ，生成冰晶，从生成水内冰的位置起，到冰花开始上浮的位置；④河段Ⅳ，最大程度过冷却，从冰花开始上浮的位置起，到最大程度过冷却位置；⑤河段Ⅴ，过冷却释放，在这个范围内形成深水水内冰，该段从最大程度过冷却位置起，到最大程度结冰位置；⑥河段Ⅵ，冰花完全覆盖水面；⑦河段Ⅶ，稳定的冰盖，该范围从清沟处形成的冰缘开始(图 3.1)。

水电站下游冰缘位置和清沟长度是判定水电站水-冰热影响区域和冰情区域的重要因素。

研究水电站下游水-冰热状况的常用计算方法中，主要存在以下几种假设。

(1)由于紊动掺混系数值较大，导致水流在水深和河宽方向的温差较小；假定水流深度和河宽方向上的温度分布是均匀的；水温主要沿水流方向发生变化(一维热问题，毕奥数 $Bi < 0.1$)。

(2)当毕奥数 $Bi < 0.1$ 且傅里叶数 $Fo \geqslant 0.4$ 时，水流热状态可被认为是接近稳态的。

(3)在形成冰花的流段中，水流通过冰花与冰团之外的自由水面与大气进行热交换。

导热方程和下游水-冰热状况的初始条件：水库下泄水温为 t_0。边界条件：水与空气和河床土壤的热交换。

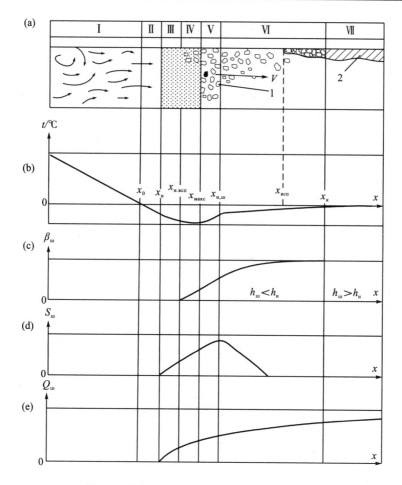

图 3.1 水电站下游水-冰热力过程的物理模型

(a)冰盖边缘的形成；(b)水温；(c)冰花覆盖率；(d)水内冰形成的强度；(e)冰花流量；1-冰花；2-冰盖

以微分导热方程[102]为基础，计算常用假设条件下水电站下游各段水温变化：

$$t = \left(t_0 - \vartheta_{_9}\right)\exp\left(-\frac{\alpha_1 bx}{c\rho Q}\right) + \vartheta_{_9} \tag{3.1}$$

其中，α_1 为水面向空气的热交换系数，$W/(m^2 \cdot K)$；$\vartheta_{_9}$ 为等效气温[124]，℃；b 为下游水面宽度，m；x 为流程坐标(坐标轴起点到水力枢纽位置的距离)，m；Q 为上游水电站下泄流量，m^3/s。

河段Ⅰ，主要是指水体冷却到 0℃的河段，即从初始温度为 t_0 的位置至零温断面位置的范围。$t = 0$℃时，河段Ⅰ的长度可根据公式(3.1)得到。因此，零温断面位置的计算公式可表达为

$$x_0 = \frac{c\rho Q}{\alpha_1 b}\ln\left(1+\frac{t_0}{\vartheta_3}\right) \tag{3.2}$$

零温断面的位置与水开始结晶的位置（也叫水内冰开始形成的位置）之间的河段，称为河段 II，这个河段主要发生水体的过冷却。水内冰开始形成的位置的水温可根据公式（3.1）得到，且 $x=x_н$，其中 $x_н$ 为结冰位置坐标。

水内冰开始形成的位置可根据方程（3.1）得到，或根据形成水内冰稳定晶体的必要条件观察到[102]：由于水在热力学上具有不稳定状态，因此存在过冷却现象；由于冰结晶核的存在，水结晶过程中隐藏的热量会从结晶核中释放出来。

球形结晶核的临界半径 r_3（m），可根据公式[67]计算：

$$r_3 = \frac{2T_{кр}\,\sigma_п}{\sigma\,\rho_л\left(-t_н\right)} \tag{3.3}$$

其中，$\sigma_п$ 为冰的表面能量，J/m^2；$\rho_п$ 为冰的密度，kg/m^3；$\rho_л$ 为结冰潜热，J/kg；$T_{кр}$ 为水结晶时的绝对温度，K；$t_н$ 为水内冰开始形成时的水温，℃。

冰结晶核边界热平衡条件为

$$\sigma\rho_л\frac{dr_3}{d\tau} = \alpha_{л\text{-}в}\left(-t\right) \tag{3.4}$$

其中，

$$\alpha_{л\text{-}в} = \frac{0.0693\sqrt{c\rho\lambda V_x}}{\sqrt{2r_3}} \tag{3.5}$$

其中，$\alpha_{л\text{-}в}$ 为随水流运动的冰晶的失热强度；λ 为水的导热系数，$W/(m\cdot K)$；V_x 为水流中冰晶的运动速度，m/s；t 为水温，℃。

基于公式（3.1）、公式（3.3）和公式（3.5），代入无量纲综合参数：

$$Mi_н = \frac{\alpha_1 b\left(x_н-x_0\right)}{c\rho Q}, \quad \varPi_{r_3} = \frac{\sigma\,\rho_л\left(-\vartheta_3\right)}{2T_{кр}\,\sigma_п}r_3;$$

$$L_\sigma = \left(1-e^{-Mi_н}\right)\left(Mi_н+e^{-Mi_н}-1\right)^{2/3}, \quad \frac{t_п}{\left(-\vartheta_3\right)}$$

可建立关系式之间的线解图（图 3.2）。

可通过已知数值 α_1、b、V_x、ϑ_3、Q 及此线解图（见箭头方向）求解剩余河段 III 所求的特征：水内冰开始形成时的位置 $x_н$，这一位置的温度 $t_п$ 和冰结晶核半径 r_3。

河段 IV，止于最大过冷却位置 $x_{макс}$。计算冰花形成时平均水温的热平衡微分方程为

$$c\rho Q\frac{d\overline{t}}{dx} = \alpha_1 b\left(\overline{t}-\vartheta_3\right)\left(1-\beta_ш\right) - \sigma\rho_ш Vh_ш\beta_ш \tag{3.6}$$

而冰花堆积的厚度可用如下公式表述：

$$h_{\text{ш}}=h_{\text{н}}\,\beta_{\text{ш}} \tag{3.7}$$

其中，$\rho_{\text{ш}}$ 为冰花密度，kg/m³；$h_{\text{н}}$ 为冰缘处最小稳定初始厚度，m；$\beta_{\text{ш}}$ 为水面形成的冰花量。

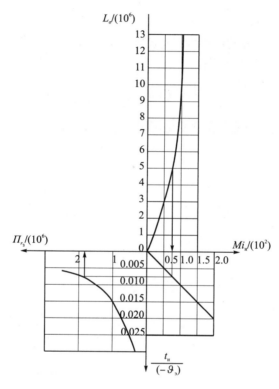

图 3.2　计算开始结冰的位置的线解图位置

$x_{\text{н}}$-位置，$t_{\text{п}}$-水温，$r_{\text{э}}$-冰结晶核半径

冰缘最小稳定厚度，可根据冰花薄层的极限应力状态计算得出，其计算公式为[120]：

$$h_{\text{н}}=1.77\frac{Vb}{C^{2}} \tag{3.8}$$

其中，C 为谢才系数，m⁰·⁵/s，$C=(1/n_{\text{пр}})R^{1/6}$；$R$ 为水力半径，m；$n_{\text{пр}}$ 为河道粗糙系数。

将公式(3.7)代入公式(3.6)，当认为 $\mathrm{d}\bar{t}/\mathrm{d}x\approx0$ 时，可得到：

$$\beta_{\text{ш.макс}}=-B+\sqrt{\left(B-1\right)^{2}-1} \tag{3.9}$$

其中， $B=\dfrac{\alpha_1\left(\overline{t}-\vartheta_3\right)b}{2\sigma\rho_\text{ш}Vh_\text{н}}$ 。

由于敞露水面的失热，沿程冰花流量发生变化。接近 0℃ 的水流中，冰花流量沿流程的方程为

$$\frac{\partial Q_\text{ш}}{\mathrm{d}x}=\frac{\alpha_1\left(-\vartheta_3\right)b}{\sigma\rho_\text{ш}}\left(1-\beta_\text{ш}\right) \tag{3.10}$$

河段Ⅳ范围内，速度 V 和水流宽度 b 没有明显变化。将公式(3.7)代入公式(3.10)的左侧，可得到以下形式：

$$\frac{\partial Q_\text{ш}}{\partial x}=\frac{\partial\left(bVh_\text{ш}\beta_\text{ш}\right)}{\partial x}=bV\left(h_\text{ш}\frac{\partial\beta_\text{ш}}{\partial x}+\beta_\text{ш}\frac{\partial h_\text{ш}}{\partial x}\right)=2Vbh_\text{н}\beta_\text{ш}\frac{\partial\beta_\text{ш}}{\partial x} \tag{3.11}$$

冰花沿河段流程的覆盖程度变化可用如下关系式表示：

$$\frac{\mathrm{d}\beta_\text{ш}}{\mathrm{d}x}=\frac{\alpha_1\left(1-\beta_\text{ш}\right)\left(-\vartheta_3\right)}{2\sigma\rho_\text{ш}\beta_\text{ш}Vh_\text{н}} \tag{3.12}$$

在 $0\sim\beta_\text{ш}$ 范围内，根据 x 从 $x_\text{н.ш}$ 到 $x_\text{всп}$ 的变化并综合方程(3.12)，重组得到无量纲形式的水面冰花覆盖程度 $\beta_\text{ш}$ 与冰花形成的河段流程坐标 x 之间的关系式：

$$\varPi_x=-\beta_\text{ш}-\ln\left(1-\beta_\text{ш}\right)+1 \tag{3.13}$$

其中， $\varPi_x=\dfrac{\alpha_1\left(-\vartheta_3\right)\left(x-x_\text{всп}\right)}{2h_\text{н}\sigma\rho_\text{ш}V}$ ；无量纲参数 $\varPi_x$ 为从大气通过敞露水面进入的寒流与结晶失热量的比值； $x_\text{всп}$ 为从结晶到冰花开始漂移的河段长度。

根据 $\beta_\text{ш}=f\left(\varPi_x\right)$ 和公式(3.13)，构建的关系曲线见图3.3。

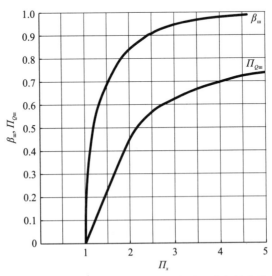

图3.3 水面冰花覆盖程度和冰花流量沿流程的变化

河段 V 范围内，冰花形成达到最大强度的位置坐标满足如下条件：

$$\mathrm{d}S_{\text{III}}/\mathrm{d}x = 0 \tag{3.14}$$

其中，S_{III} 为冰花形成强度，W/m。

$$S_{\text{III}} = \alpha_1 b\left(\bar{t} - \vartheta_{\text{э}}\right)\left(1 - \beta_{\text{III}}\right) \tag{3.15}$$

代入公式(3.14)，则有

$$\frac{\mathrm{d}S_{\text{III}}}{\mathrm{d}x} = \alpha_1 b\left(1 - \beta_{\text{III}}\right)\frac{\mathrm{d}\bar{t}}{\mathrm{d}x} - \alpha_1 b\left(\bar{t} - \vartheta_{\text{э}}\right)\frac{\mathrm{d}\beta_{\text{III}}}{\mathrm{d}x} = 0 \tag{3.16}$$

根据公式(3.9)和图 3.3，出现最大程度过冷却现象时可计算得到：

$$\varPi_x = \frac{\alpha_1\left(-\vartheta_{\text{э}}\right)\left(x_{\text{всп}} - x_{\text{макс}}\right)}{2h_{\text{н}}\sigma\rho_{\text{III}}V}$$

由此，得到最大程度过冷却现象发生的位置 $x_{\text{макс}}$。

将方程(3.6)和方程(3.12)代入方程(3.16)，结合图 3.3 和 $\beta_{\text{III}} = f\left(\varPi_x\right)$ $x_{\text{н.III}}$ 的坐标图，可计算得到形成冰花最大浓度位置处的冰花覆盖系数 β_{ω}。这种情况下的参数：

$$\varPi_x = \frac{\alpha_1\left(-\vartheta_{\text{э}}\right)\left(x_{\text{макс}} - x_{\text{н.III}}\right)}{2h_{\text{н}}\sigma\rho_{\text{III}}V}$$

河段 V 为形成冰花最大浓度和被冰花完全覆盖的区段，其间冰花进一步形成并上浮，水温升高到 0℃。

划分典型河段位置的主要考虑因素是：水温 $\bar{t}$、沿流程的导数 $\mathrm{d}\bar{t}/\mathrm{d}x$、水面冰花覆盖系数 β_{III}、水内冰形成的强度 S_{III} 及任意河段的导数 $\dfrac{\mathrm{d}S_{\text{III}}}{\mathrm{d}x}$。每一河段末尾的冰热条件都是下一河段的边界条件(表 3.1)。

表 3.1　下游不同位置的典型河段冰热条件

河段	河段状况	起始位置—结束位置	水温 $\bar{t}$	$\dfrac{\mathrm{d}\bar{t}}{\mathrm{d}x}$	β_{III}	S_{III}	$\dfrac{\mathrm{d}S_{\text{III}}}{\mathrm{d}x}$
I	水体冷却到 0℃	坝址—零温断面位置	0℃	<0	0	0	0
II	水体的过冷却	零温断面位置—开始形成水内冰的位置	<0℃	<0	0	0	0
III	生成冰晶	水内冰开始形成的位置—冰花开始漂浮的位置	<0℃	<0	<1	>0	>0
IV	最大过冷却	冰花开始漂浮的位置—最大程度过冷却位置	<0℃	=0	<1	>0	>0
V	过冷却释放	最大程度过冷却位置—最大程度结冰位置	<0℃	>0	<1	>0	=0
VI	冰花完全覆盖水面	最大程度结冰位置—冰缘位置	0℃	≥0	1	≥0	≤0
VII	生成稳定冰盖	冰缘位置	≈0℃	≈0	1	≈0	≈0

根据水电站下游冰缘运动的特点可以发现，其有 3 种掺混模式。这些模式与清沟的形成、水电站或水文状况的变化对清沟长度的影响有关，其特点见表 3.2。

表 3.2   水电站下游清沟边缘掺混模式

模式	零温断面 与清沟边缘的相对位置	清沟的长度随 时间的变化	清沟边缘的水温
边缘上溯(向上游移动)	$x_0 < x_\kappa$	减少	$t_\kappa < 0℃$
边缘后退(向下游移动)	$x_0 > x_\kappa$	增加	$t_\kappa > 0℃$
边缘稳定	$x_0 = x_\kappa$	固定	$t_\kappa = 0℃$

边缘上溯模式下，水电站下游分为 7 个河段，每个河段均有各自的冰热力状态，以各河段具体的冰情状况为综合条件。在这种模式下，可由从水电站下游上部河段浮起的岸边冰和冰花形成冰缘。

7 个河段中，有两个涉及边缘后退和边缘稳定模式：河段Ⅰ，冰缘水体冷却到 0℃；河段Ⅶ，稳定冰盖河段。

边缘后退模式下，由于表面前端和下部的冰融化，形成冰缘。当气温在 0℃以下时，在距边缘一定距离处冰融化停止，此处相变边界从水中得到的热量与释放到大气中的热量相等，这一位置下游冰厚是增加的。

边缘在稳定状态下，其坐标符合 0℃等温线坐标。

清沟热力范围外会出现所谓的动态清沟。如果冰下表面压力超过冰盖强度，则动态清沟会因冰盖边缘破碎而形成。边缘位置处，冰盖发生断裂，碎冰与冰盖脱离，并潜入冰盖底部而形成冰塞，造成水位抬升。这一现象常发生在大型水电站进行日或周泄水调节时的下游，如布拉茨基和伊利姆河口发电站下游。

3.2   电站下泄温水对下游水-冰热力过程的影响

目前，环境保护和对人类活动引起的环境变化的预测已成为备受关注的问题。河流的化学成分受到工业污水排放的影响，进而影响到河流水-冰热状况。在研究河流及电站下游水-冰热状况的预测方法时，必须考虑这一因素。已有的研究方法的主要假设条件如下。

(1)热排放水体被认为是某一断面功率不变的热点源 q_{cr}。

(2)基本(背景)水流和热排放水体的混合是瞬间发生的。

根据下游冰热力学作用过程的总模型，可推测出 3 个热排放位置——明流河段、冰花形成河段以及冰盖河段[72]。图 3.4 中说明了汇流位置以下不同热排放位置的水-冰热状况要素变化。

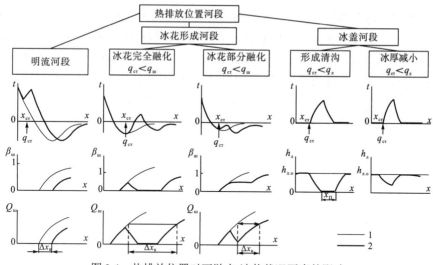

图 3.4　热排放位置对下游水-冰热状况要素的影响

1-不考虑排放流量；2-考虑排放流量

1. 明流河段的热排放

明流河段中电站温水下泄汇流位置以下，沿流程 x 的全深度平均水温变化可用以下方程表示：

$$c\rho Q_{\Sigma}\frac{\mathrm{d}\bar{t}}{\mathrm{d}x}=-\alpha_1 b\left(\bar{t}-\vartheta_{\mathfrak{s}}\right) \tag{3.17}$$

其中，α_1 为水-气热交换系数，W/(m²·K)。

方程(3.17)的边界条件为基本(背景)水流与电站下泄温水混合后的水温：

$$t_{x_{\mathrm{cr}}}=\frac{t_{\mathrm{och}}Q+t_{\mathrm{cr}}Q_{\mathrm{cr}}}{Q_{\Sigma}}=\frac{q_{\mathrm{och}}+q_{\mathrm{cr}}}{c\rho Q_{\Sigma}} \tag{3.18}$$

其中，q_{och} 为基本(背景)水流的热功率，W；q_{cr} 为电站下泄的热功率，W；Q_{Σ} 为汇流位置以下的总流量，m³/s。

α_1、b 和 $\vartheta_{\mathfrak{s}}$ 为常数，则方程(3.17)的解为

$$\bar{t}=\left(t_{x_{\mathrm{cr}}}-\vartheta_{\mathfrak{s}}\right)\exp\left(-\frac{\alpha_1 bx}{c\rho Q_{\Sigma}}\right)+\vartheta_{\mathfrak{s}} \tag{3.19}$$

显而易见，这种情况下明流河段的长度有所增加。下游清沟长度增加为

$$\Delta x_n = x_{0_{\mathrm{cr}}} - x_0 \tag{3.20}$$

其中，x_0 为不考虑电站温水加入效应的下游零温断面位置；$x_{0_{\mathrm{cr}}}$ 为考虑电站温水加入效应的零温断面位置[$\bar{t}=0$℃时，根据公式(3.19)计算]。

2. 冰花形成河段的热排放

汇流位置水温高于 0℃。在水流向下游移动过程中，水温会冷却到 0℃，冰花缓慢形成。当流入冰盖前缘的热量超过从大气进入的寒流冷量时，冰花开始融化。如果热排放强度大，则冰花融化。敞露部分的水体继续冷却，结冰和冰缘形成过程再次重复，但初始温度是冰花完全融化位置处的水温。

冰花厚度 $h_{\text{ш}}$ 和主要河口热源下游区域不同位置的水温，可根据河口下游冰花融化河段的假定条件来确定：$\beta_{\text{ш}}$、α_1、b 和 ϑ_3 是不变的。冰花融化边界热平衡方程为

$$\sigma\rho_{\text{ш}}V\frac{\text{d}h_{\text{ш}}}{\text{d}x} = \alpha_{\text{ш}}t + \frac{\vartheta}{\dfrac{1}{\alpha_3}+\dfrac{h_{\text{ш}}}{\lambda_{\text{ш}}}} \tag{3.21}$$

$$h_{\text{ш}}\big|_{x=x_{\text{ст}}} = h_{\text{ш.ст}}$$

其中，α_3 为冰-空气热交换系数，$W/(m^2\cdot K)$。

断面 $x_{\text{ст}}$ 冰花含量和冰花厚度分别为 $\beta_{\text{ш}} = \beta_{\text{ш.ст}}$，$h_{\text{ш.ст}} = h_{\text{н}}\beta_{\text{ш.ст}}$。

当 $\beta_{\text{ш}} = \beta_{\text{ш.ст}}$ 时，热源下游区域不同位置的水温为

$$\bar{t} = \left(t_{x_{\text{ст}}} - \vartheta_3\right)\exp\left[-\frac{\alpha_1 b\left(1-\beta_{\text{ш.ст}}\right)}{c\rho Q_{\Sigma}}x\right] + \vartheta_3 \tag{3.22}$$

其中，$t_{x_{\text{ст}}}$ 为热源温度，℃；α_1 为水-气热交换系数，$W/(m^2\cdot K)$。

冰花融化河段热排放汇流位置下的冰花流量变化方程为

$$\frac{\partial Q_{\text{ш}}}{\partial x} = -\frac{\alpha_{\text{ш}}\beta_{\text{ш.ст}}\bar{t}b + \alpha_1\left(\bar{t}-\vartheta_3\right)\left(1-\beta_{\text{ш.ст}}\right)b}{\sigma\rho_{\text{ш}}} \tag{3.23}$$

借助公式 (3.22)，根据方程 (3.23) 可找到冰花停止融化的位置，条件为 $\dfrac{\partial Q_{\text{ш}}}{\partial x} = 0$，则有

$$x_{\lim} = -\frac{c\rho Q_{\Sigma}}{\alpha_1 b\left(1-\beta_{\text{ш.ст}}\right)}\ln\left\{\frac{\left(-\vartheta_3\right)}{t_{x_{\text{ст}}} - \vartheta_3}\left[\frac{1}{1+\dfrac{\alpha_1\left(1-\beta_{\text{ш.ст}}\right)}{\alpha_{\text{ш}}\beta_{\text{ш.ст}}}}\right]\right\} \tag{3.24}$$

然后根据公式 (3.22) 得到这一位置的水温，下游水-冰热状况的计算可从热排放入口开始。这时的初始水温等于 $t_{h_{\text{ш}}=0}$。

如图 3.5 所示，其中 $\Pi_{Q_{\text{ш}}} = \dfrac{Q_{\text{ш}}}{bh_{\text{н}}V}$，$\Pi_x = \dfrac{\alpha_1\left(-\vartheta_3\right)\left(x-x_0\right)}{2\sigma\rho_{\text{ш}}h_{\text{н}}V}$，当 $x = x_{\lim}$ 时，冰花流量参数 $\Pi_{Q_{\lim}} = Q_{\text{ш.lim}}/(bVh_{\text{н}})$。从这条基准线开始，其下游为正常的冰花形成段。

采用以融化减少冰流量的方法，可使下游形成冰花的河段和清沟长度延长：

$$\Delta x_{ш} = \frac{2h_{н}\sigma\rho_{ш}V}{\alpha_1(-\vartheta_3)}\Delta\Pi_{x.ш} \tag{3.25}$$

其中，$\Delta\Pi_{x.ш}$ 作为参数 Π_x 的差值。根据图 3.5 计算得出：

$$\Pi_{Q_{ш.ст}} = \frac{Q_{ш.ст}}{bh_{н}V} = \frac{V\beta_{ш.ст}h_{ш.ст}b}{bh_{н}V} = \frac{Vh_{н}\beta_{ш.ст}^2}{h_{н}V} = \beta_{ш.ст}^2 \tag{3.26}$$

$$\Pi_{Q_{ш.lim}} = \frac{Q_{ш.lim}}{bh_{н}V} = \frac{\beta_{ш.ст}h_{ш.x_{lim}}}{h_{н}} \tag{3.27}$$

如果热排放汇流基准线以下的冰花完全融化，则清沟长度增加值为考虑热源和不考虑热源两种情况下的零温断面位置坐标差。

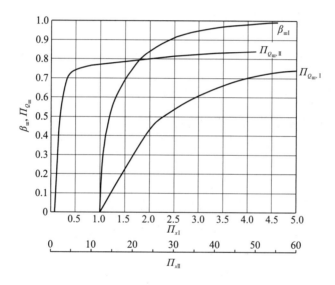

图 3.5　计算冰花流量和冰花沿程覆盖率的示意图

3. 清沟边缘以下河段的温水排放

冰盖下热排放汇流位置上的平均水温高于 0℃。

$$t_{x_{ст}} = \frac{q_{ст}}{c\rho Q_{\Sigma}} \tag{3.28}$$

用相变边界热平衡方程来表述融冰过程：

$$\sigma\rho_{л}\frac{\mathrm{d}h_{л}}{\mathrm{d}\tau} = S_{в} - \frac{(-\vartheta)}{\frac{1}{\alpha_3}+\frac{h_{л}}{\lambda_{л}}} \tag{3.29}$$

其中，$S_{в}$ 为从水中流向冰下表面的热通量，$S_{в}=\alpha_2 t_{в}$；α_2 为冰下水-冰热交换系数[162]，根据冰下水温变化得到：

$$t_{\text{в}} = t_{x_{\text{ст}}} \exp\left(-\frac{\alpha_2 bx}{c\rho Q_\Sigma}\right) \tag{3.30}$$

$$h_{\text{л}|_{\tau=0}} = h_{\text{л.о}}$$

分析方程 (3.30) 后发现，如果满足条件 $\Pi_w > (Bi+1)^{-1}$，其中 $\Pi_w = -\frac{\alpha_2 t_{\text{в}}}{\alpha_3 \vartheta}$，

$Bi = \frac{\alpha_3 h_{\text{л}}}{\lambda_{\text{л}}}$，则冰盖融化；若 $\Pi_w < (Bi+1)^{-1}$，则冰厚 $h_{\text{л}}$ 增加。方程 (3.29) 的解为

$$Bi - Bi_0 + \frac{1}{\Pi_w} \ln\left(\frac{\Pi_w^{-1} - 1 - Bi}{\Pi_w^{-1} - 1 - Bi_0}\right) = \Pi_L \tag{3.31}$$

其中，$Bi_0 = \frac{\alpha_3 h_{\text{л.о}}}{\lambda_{\text{л}}}$，$\Pi_L = \frac{\alpha_3 \alpha_2 t_{\text{в}} \tau}{\sigma \rho_{\text{л}} \lambda_{\text{л}}}$。

根据公式 (3.31)，假设 $Bi = 0$，可确定在该位置冰全部融化的时间：

$$\tau_m = \left(-Bi_0 + \frac{1}{\Pi_w} \ln \frac{\Pi_w^{-1} - 1}{\Pi_w^{-1} - 1 - Bi_0}\right) \frac{\sigma \rho_{\text{л}} \lambda_{\text{л}}}{\alpha_3 \alpha_2 t_{\text{в}}} \tag{3.32}$$

连续冰盖水流基准线以下清沟的进一步发展，与冰缘后退的过程类似，并且计算方法相同。水流基准线以下的连续冰盖长度可根据水温等于 0℃时的条件计算：

$$x_{\text{пол}} = \frac{c\rho Q_\Sigma}{\alpha_1 b} \ln\left(1 - \frac{q_{\text{ст}}}{c\rho Q_\Sigma \vartheta_{\text{э}}}\right) \tag{3.33}$$

分析可知，电站温水排放明显影响下游河道的水温和水-冰热力过程 (图 3.5)，并且常常导致清沟长度增加。如果不考虑电站温水效应的影响，则会导致预估的清沟长度产生大于 50% 的偏差 (图 3.6)。

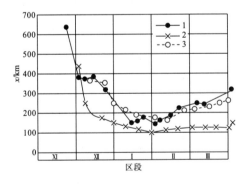

图 3.6   1981～1982 年冬季克拉斯诺亚尔斯克水电站下游清沟长度

1-实测数据 (维德涅夫全俄水利工程科学研究所的西伯利亚分所提供)；

2-不考虑电站热排放时的计算结果；3-考虑电站热排放时的计算结果

3.3　强降雪条件下电站下游的水-冰热力过程

已有原位研究表明,除地形、水文和气象因素外,降雪因素对水-冰热状况的形成也有着明显的影响[50,91]。

作为冰源的补充物质,雪能明显增加水流的冰量,以及堆积在冰盖边缘的冰花的厚度。由于冰花在冰盖边缘的水力稳定性较弱,其可潜入冰盖边缘下游,增加了形成冰塞的风险。

预测降雪影响下的水流冰情并提前采取工程措施,可以防止冰塞的形成。

强降雪条件下,电站下游水-冰热状况改进问题得到解决的基础是下游水-冰热力过程物理模型、典型基准线坐标和每一河段冰情状况的计算方法(图3.7)。

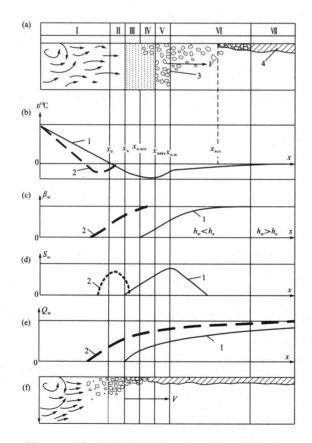

图 3.7　无降雪和有降雪条件下的下游水-冰热力过程

(a)无降雪条件下冰盖边缘的形成;(b)水温;(c)水面冰花覆盖率;(d)冰花形成强度;(e)冰花流量;(f)降雪条件下冰盖边缘的形成;1-无降雪;2-有降雪;3-冰花;4-冰

研究电站下游冰情状况计算方法时，雪作为额外的冷源均匀分布在下游整个面上，并在某一时间段 τ 内产生影响。降雪强度可根据单位时间的雪盖厚度确定：

$$I_{\text{сн}} = h_{\text{сн}}/\tau \tag{3.34}$$

其中，$h_{\text{сн}}$ 为时间段 τ 内形成的雪盖的厚度。新落下的雪形成的雪盖的密度为 200kg/m³。

下面讨论降雪对水-冰热状况要素、下游清沟长度和典型基准线的影响。

零温基准线以内河段的降雪。单位时间内随降雪进入单位长度水流的制冷量，可以以冷气储备方式计算，雪的温度在 0℃ 以下，实际上与气温一致，则有

$$q_{\text{сн1}} = \rho_{\text{сн}} b\, I_{\text{сн}} c_{\text{сн}}(-\vartheta) \tag{3.35}$$

由于相变，进入水中的制冷量为

$$q_{\text{сн2}} = \sigma\rho_{\text{сн}} b\, I_{\text{сн}} \tag{3.36}$$

其中，$\rho_{\text{сн}}$ 为雪的密度，kg/m³；$c_{\text{сн}}$ 为雪的比热容，J/(kg·K)；σ 为结冰的热值，J/kg；b 为水流宽度，m；ϑ 为气温，℃。

考虑到降雪产生的制冷量，水体冷却到 0℃ 河段的热平衡方程为

$$-c\rho Q\frac{\mathrm{d}t}{\mathrm{d}x} = \alpha_1 b\left(t - \vartheta_{\text{э}}\right) + \rho_{\text{сн}} b\, I_{\text{сн}}\left(\sigma - c_{\text{сн}}\vartheta_{\text{э}}\right) \tag{3.37}$$

其中，c、ρ 分别为水的比热容和密度；Q 为流量；α_1 为水-气热交换系数；$\vartheta_{\text{э}}$ 为等效气温。

方程(3.37)的无量纲形式解为

$$\Theta = \left(1 + \Pi_{\text{сн}}\right)\mathrm{e}^{-Mi} - \Pi_{\text{сн1}} \tag{3.38}$$

其中，$\Theta \equiv (t - \vartheta_{\text{э}})/(t_0 - \vartheta_{\text{э}})$；$Mi \equiv \alpha_1 bx/(c\rho Q)$；$\Pi_{\text{сн1}} \equiv \dfrac{\rho_{\text{сн}} I_{\text{сн}}(\sigma - c\vartheta)}{\left[\alpha_1(t_0 - \vartheta_{\text{э}})\right]}$；$t_0$ 为下游起始段(电站基准线)的水温。

当 $t = 0$ 时，借助公式(3.38)可得到零温断面 x_0 坐标：

$$x_0 = \frac{c\rho Q}{\alpha_1 b}\ln\frac{1 + \Pi_{\text{сн1}}}{\Theta_{t=0} + \Pi_{\text{сн1}}} \tag{3.39}$$

降雪对水流表层冰花含量 $\beta_{\text{ш}}$ 的影响取决于冰花形成河段的冰物质补充量。冰花流量变化方程为

$$\frac{\partial Q_{\text{ш}}}{\partial x} = \frac{\alpha_1 b\left(-\vartheta_{\text{э}}\right)}{\sigma\rho_{\text{ш}}}\left(1 - \beta_{\text{ш}}\right) + \frac{\rho_{\text{сн}}}{\rho_{\text{ш}}}\frac{I_{\text{сн}} b\left(\sigma - c_{\text{сн}}\vartheta\right)}{\sigma} = 2Vbh_{\text{н}}\beta_{\text{ш}}\frac{\partial\beta_{\text{ш}}}{\partial x} \tag{3.40}$$

其中，$\rho_{\text{ш}}$ 为冰花密度；V 为流速；$h_{\text{н}}$ 为边缘冰厚。

方程(3.40)的解为无量纲形式：

$$-\beta_{\text{ш}} - \left(\Pi_{\text{сн}} + 1\right)\ln\left(1 - \frac{\beta_{\text{ш}}}{\Pi_{\text{сн}} + 1}\right) = \Pi_x \tag{3.41}$$

其中，

$$\Pi_x = \frac{\alpha_1(-\vartheta_{\scriptscriptstyle 9})(x-x_0)}{2h_{\scriptscriptstyle H}\sigma\rho_{\scriptscriptstyle III}V}, \quad \Pi_{\scriptscriptstyle CH} = \frac{\rho_{\scriptscriptstyle CH}I_{\scriptscriptstyle CH}(\sigma-c_{\scriptscriptstyle CH}\vartheta)}{\alpha_1(-\vartheta_{\scriptscriptstyle 9})}$$

公式(3.41)中，参数 $\Pi_{\scriptscriptstyle CH}$ 体现了降雪及空气对河道水流制冷量之间的关系。分析公式(3.41)和 $\beta_{\scriptscriptstyle III}=f(\Pi_x,\Pi_{\scriptscriptstyle CH})$ 曲线图(图3.8)可知，更靠近坝的基准线降雪时更贴近 $\beta_{\scriptscriptstyle III}$。同时降雪强度越大，(其他类似条件的) $\beta_{\scriptscriptstyle III}$ 基准线更靠近电站。这样一来，降雪使下游 $\beta_{\scriptscriptstyle III}$ 参数增大，即冰花流量和冰花厚度增加。

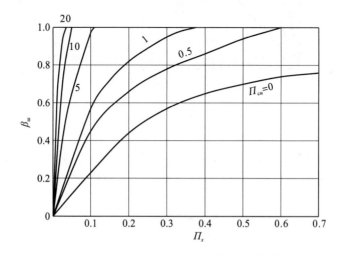

图 3.8　$\beta_{\scriptscriptstyle III}$ 参数与 Π_x 和 $\Pi_{\scriptscriptstyle CH}$ 系数的关系曲线图

冰花流量计算公式，可由积分方程(3.40)得到：

$$Q_{\scriptscriptstyle III} = \int_{x_0}^{x}\left[\frac{\alpha_1 b(-\vartheta_{\scriptscriptstyle 9})(1-\beta_{\scriptscriptstyle III})}{\sigma\rho_{\scriptscriptstyle III}} + \frac{\rho_{\scriptscriptstyle CH}}{\rho_{\scriptscriptstyle III}}\frac{I_{\scriptscriptstyle CH}b(\sigma-c_{\scriptscriptstyle CH}\vartheta)}{\sigma}\right]\mathrm{d}x \qquad (3.42)$$

方程(3.42)的无量纲形式为

$$\Pi_Q = 2\int_0^{\Pi_x}(1-\beta_{\scriptscriptstyle III})\mathrm{d}\Pi_x + 2\Pi_x\Pi_{\scriptscriptstyle CH} \qquad (3.43)$$

其中，$\Pi_Q \equiv Q_{\scriptscriptstyle III}/(bh_{\scriptscriptstyle H}V)$。

根据 $\Pi_Q = f(\Pi_x,\Pi_{\scriptscriptstyle CH})$ 关系图(图 3.9)和公式(3.43)分析发现，强降雪条件下河道冰量明显增加，其冰厚超过形成稳定冰盖时所需的冰厚 $h_{\scriptscriptstyle H}(\Pi_Q>1)$。在这种情况下，强降雪进入水流，河道水流通过能力降低[50,91]。

最大程度过冷却基准线位置和最大冰花形成强度的计算以热平衡微分方程为基础，若降雪强度为 $I_{\scriptscriptstyle CH}$[150]，则有

$$c\rho Q\frac{\mathrm{d}t}{\mathrm{d}x} = \alpha_1 b\left(t-\vartheta_\mathfrak{z}\right)\left(1-\beta_\text{ш}\right) - \sigma\rho_\text{ш}Vh_\text{н}\beta_\text{ш}^2 + I_\text{сн}\rho_\text{сн}b\left(\sigma-c\vartheta\right) \qquad (3.44)$$

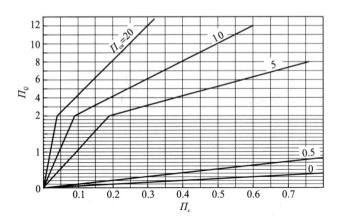

图 3.9 $\quad \Pi_Q = f\left(\Pi_x, \Pi_\text{сн}\right)$ 关系图

根据方程（3.44），当 $\mathrm{d}t/\mathrm{d}x =0$ 时[图 3.7(b)]，可得最大程度过冷却基准线上表面水层的冰花含量：

$$\beta_{\text{ш}.x_\text{макс}} = -\Pi_{x_\text{макс}} + \sqrt{\left(\Pi_{x_\text{макс}}+1\right)^2 - 1 + 2\Pi_\text{сн}\Pi_{x_\text{макс}}} \qquad (3.45)$$

其中，

$$\Pi_{x_\text{макс}} = \frac{\alpha_1 b\left(-\vartheta_\mathfrak{z}\right)}{2\sigma\rho_\text{ш}Vh_\text{н}}, \quad \Pi_\text{сн} = \frac{I_\text{сн}\rho_\text{сн}\left(\sigma-c\vartheta\right)}{\alpha_1\left(-\vartheta_\mathfrak{z}\right)}$$

最大冰花形成强度的基准线符合条件 $\dfrac{\mathrm{d}S_\text{ш}}{\mathrm{d}x}=0$，其中 $S_\text{ш}$ 为冰花形成强度[图 3.7(d)]。根据无降雪情况下的公式[150]，可以得到最大程度过冷却基准线表面水层冰花含量 $\beta_{\text{ш}.x_{\text{н.ш}}}$。

根据最大冰花形成强度的基准线位置 $x_\text{макс}$ 和 $x_\text{н.ш}$，并借助图 3.8，可确定基准线表面冰花含量 $\beta_{\text{ш}.x_\text{макс}}$ 和 $\beta_{\text{ш}.x_{\text{н.ш}}}$。

降雪的作用表现在以下几个方面。

(1)在其他条件相同的情况下，降雪导致河流水体更易冷却，零温基准线更接近电站[图 3.7(b)]。

(2)最大程度过冷却和最大冰花形成强度的基准线坐标，与零温基准线混合，即沿水流长度的水流温度分布曲线与无降雪情况下的水流温度分布曲线相比，显得被"压缩"了[图 3.7(b)～(e)]。

(3)降雪强度增大时，最大程度过冷却温度降低，最大程度过冷却基准线的释冷能力增强[图 3.7(b)和图 3.10]。

(4)降雪强度和参数 $\Pi_{\text{сн}}$ 增大时，$Q_{\text{ш}}$、$\beta_{\text{ш}}$、$h_{\text{ш}}$ 也相应增大[图 3.7(c)和(e)]。

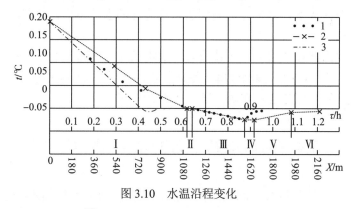

图 3.10　水温沿程变化

1-A. Ж. 如拉耶夫实验数据[47]；2-文献[150]中的方法实验数据和无降雪情况下的典型基准线坐标；
3-$\Pi_{\text{сн}} = 0.5$ 时的计算数据；Ⅰ～Ⅵ-常用冰热示意图河段编号(图 3.7)

降雪会对下游清沟长度产生影响。根据边缘上溯模式下 $x_{\text{к}}$ 位置的冰物质平衡方程可得

$$-h_{\text{н}}b\mathrm{d}x_{\text{к}} = Q_{\text{ш}}(x)\mathrm{d}\tau \tag{3.46}$$

其中，$Q_{\text{ш}}$ 为形成冰花的河段沿 x 方向变化的冰花流量。通过 $\Pi_{\tau} = f\left(\Pi_{x_{\text{к}}}, \Pi_{\text{сн}}\right)$ 关系图，可计算得到降雪时下游冰缘的位置，见图 3.11。这里 $\Pi_{\tau} = \dfrac{\alpha_1(-\vartheta_{\text{э}})\tau}{2h_{\text{н}}\sigma\rho_{\text{ш}}}$，$\tau$ 为计算的时间周期；$\Pi_{x_{\text{к}}} = \dfrac{\alpha_1(-\vartheta_{\text{э}})(x - x_0)}{2h_{\text{н}}\sigma\rho_{\text{ш}}V}$；$\Pi_{\text{сн}} = \dfrac{\rho_{\text{сн}}I_{\text{сн}}(\sigma - c_{\text{сн}}\vartheta)}{\alpha_1(-\vartheta_{\text{э}})}$。

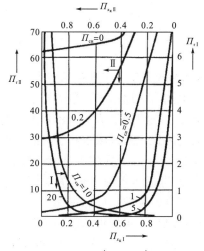

图 3.11　$\Pi_{\tau} = f\left(\Pi_{x_{\text{к}}}, \Pi_{\text{сн}}\right)$ 关系图

当 $\varPi_{\text{сн}}$ < 0.1 时，降雪对下游冰热状况的影响可不考虑。

边缘后退模式下，降雪会影响到达冰盖边缘的水的温度，并使冰缘后退速度减小。

水温、水面冰花覆盖率、冰花流量、清沟长度、降雪影响下典型基准线坐标等的计算关系式，可用于预测强降雪地区的电站下游水-冰热状况，以确定最危险的结冰河段，指导冰花堆积在电站下游的设计问题。

3.4　河口电站下游的水-冰热力过程

随着北方河流河口段能源利用的发展，人们对研究河口的水-冰热状况及海上、盐水和分层河口段的径流调节愈发感兴趣。河口附近水利工程设施的建设会引起设施附近的河段径流水力、盐分和热量状况明显改变。水电站的热力影响会扩散到滨海河口段，影响局部生态环境，并改变航行条件。

径流调节造成热影响的区域与库容有关。通常，水电站的径流年内重新分配会导致冬季下游河道流量增大和水温升高。因此，冬季热径流的增加，会在很大程度上对具有河水、海水相互作用的河口位置的热力和水力条件产生影响。河口处不同水体相互作用的特征与其温度、浓度和密度分层的类型有关。

建设径流调节设施不仅能改变河道流量和温度，还能改变河口类型，这一变化体现在水冷却、水内冰形成和冰盖形成的作用过程中。有关海水、河水相互作用的河口类型分为：分层河口、部分或全部掺混的河口。

在全部或部分掺混的河口处形成的水内冰，主要由淡水与盐水的混合物"集中"过冷却而形成[103]。在所有类型的河口中，同时受淡水和盐水相互作用形成水内冰和通过敞露水面的水与大气进行热交换导致水体冷却并产生冰是主要的作用过程，而在无海洋影响的河口敞露水面，水与大气进行热交换导致水体冷却是主要的作用过程。

在分层河口中，水内冰形成主要发生在盐跃层面[103]。冬季涨潮时，温度为 0℃以下的海水使河床冷却。退潮时，原海水位置的海水被温度接近于 0℃的河水替换。淡水接触到冷却的河床，在河底形成具有山丘形状的底冰。下一次的涨潮会进一步冷却河床和已形成的冰丘。河口咸水和淡水的楔形掺混模式见图 3.12。图中 l_0 为退潮时河口盐跃层长度，m；l 为涨潮时河口盐跃层长度，m；A 为涨潮时水位抬高幅度，m；$H_{\text{пр}}$ 为涨潮时的水深，m；$H_{\text{от}}$ 为退潮时的水深。Δl 河段内会发生周期性的淡水和咸水混合，使河口底冰增加。如果海水温度高于结冰温度，则在河底冷却的同时冰丘将融化。可根据盐跃层位置关系式确定河床表面与淡水和咸水接触的时间：$k = x / \Delta l$，其中 x 为楔形移动的长度(图 3.13)。河口段淡水和咸水混合变化的距离为 Δl。在 $k = 0 \sim 0.71$ 河段，河床多与咸水接触；相反，

在 $k = 0.71 \sim 1.0$ 河段，河床多与淡水接触。冰丘厚度 h_{π} 可根据如下公式计算：

$$h_{\pi} = \Delta S / (\sigma \rho F) \tag{3.47}$$

其中，ΔS 为河床土壤的制冷量，与涨潮-退潮周期内河床土壤活动层（厚度 h）的热含量相等，计算公式为

$$\Delta S = c_2 \rho_2 h \left(\overline{t}_{\text{пр}} - \overline{t}_{\text{от}} \right)$$

其中，$\overline{t}_{\text{пр}}$ 为涨潮时的平均水温，℃；$\overline{t}_{\text{от}}$ 为退潮时的平均水温，℃。

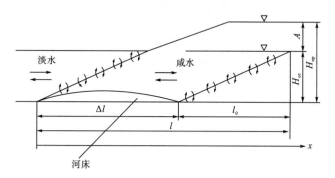

图 3.12　河口咸水和淡水的楔形掺混模式示意图

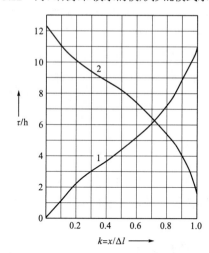

图 3.13　河床淡水和咸水接触的时间

1-淡水；2-咸水

　　河床土壤活动层厚度可根据河床土壤温度变化的深度确定。图 3.14 中展示了河床土壤活动层在 1 个和 8 个涨潮-退潮循环周期内沿楔形掺混长度的平均温度分布。随着涨潮-退潮循环周期的增加，河床土壤平均温度增加，涨潮和退潮时的温差与涨潮-退潮循环周期数关系不大。由于寒冷海水使河床冷却，河床形成的冰丘的总高度可达半米，形成时间达 5～6 个月。

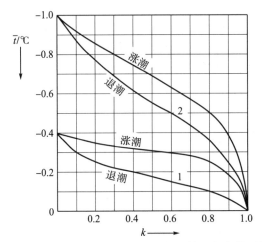

图 3.14　涨潮-退潮循环周期对河床土壤活动层沿楔形掺混长度的平均温度分布的影响

1-1 个周期；2-8 个周期

如果春季河水和海水在结冰温度上有差异，则形成的冰丘会融化。例如，流速为 0.5m/s 的淡水其温度与结冰温度相差 0.1℃时，会导致 $k = 0.6 \sim 1.0$ 河段的冰丘融化速度超过冰丘结冰速度；在 $k = 0 \sim 0.6$ 河段，过程却是相反的，这将导致冰丘结冰速度超过冰丘融化速度，因为冰丘在 $k = 0 \sim 0.4$ 河段会剧烈增长。这些作用过程影响着河流表面和底部的边界条件，继而影响水力状况、结冰作用过程和下游冰盖边缘的形成。盐跃层表面生成的初生冰晶的尺寸 r 和增长速度 $dr / d\tau$，取决于河水和咸水的温度，而且这些参数随河口长度的变化而变化。河流底部盐跃层表面的冰晶会形成不均匀界面，影响河水与咸水沿楔形掺混长度的热交换。

形成冰花的分层河口处可发展成淡水区域，冰花形成强度 $S_{\text{Ⅲ}}$ 取决于水流通过不受冰花影响的自由水面与大气的热交换、下垫面咸水层的热交换和质量交换。盐跃层对水-冰热状况的影响程度取决于河段 Ⅰ～Ⅶ 盐跃层的顶部位置。

图 3.15 中展示了不同位置的盐跃层沿程河流温度变化 t 和冰花形成强度 $S_{\text{Ⅲ}}$。

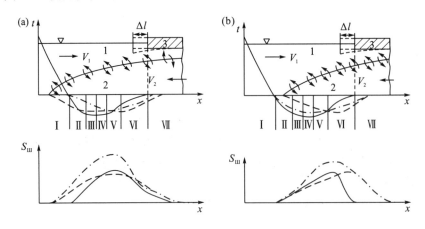

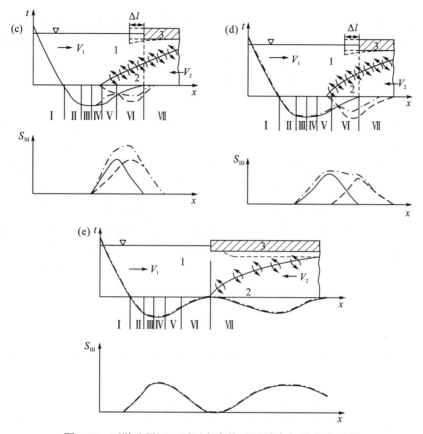

图 3.15   下游分层河口不同密度盐跃层顶端水-冰热力过程

(a)淡水冷却到 0℃的河段；(b)冰花过冷却并上浮的河段；(c)最大程度过冷却河段；(d)过冷却释放河段；(e)冰
盖下方；1-淡水；2-咸水；3-冰盖；Ⅰ~Ⅶ-A. И. 比霍维奇模型[102]典型水-冰热状况河段；

——— 淡水下游；   ----- 盐跃层表面过冷却并形成水内冰；   -·-··- 河口下游

　　一般河段下游的水-冰热力过程如下：水体冷却到 0℃，发生过冷却，之后产生
结晶而形成水内冰，水内冰上浮形成冰盖边缘。河口下游退潮时的情况与一般河段
下游有所不同，具有盐跃层表面水内冰形成的额外最大值。将淡水过冷却最大值与
盐跃层表面最大值和水内冰形成强度最大值组合，可确定河口下游水-冰热状况的
形成情况。

　　如果盐跃层顶部位于零温断面之前的敞露水面[图 3.15(a)]，则在整个淡水水
体中，由于与盐跃层寒冷表面接触而形成的水内冰开始在水温达到 0℃之前出现。
盐跃层边界额外形成的水内冰导致冰花形成强度最大值增加，过冷却最大值减小，
冰花形成河段的长度增加。因此，在最终计算中，冰花总量的增大会导致清沟长
度增加，影响水电站热区域。

　　当盐跃层顶部位于冰花形成河段的起点[图 3.15(b)]，冰花形成河段中部或冰

花形成河段末尾[图3.15(c)]时,冰盖下方[图3.15(e)]由于盐跃层表面不均匀结冰,将产生两个过冷却最大值且过冷却最大值有所增大。由于盐跃层分布在不同下游河段的不同位置,河段中冰花总量会增大。

大量冰花在冰盖边缘聚集,会导致冰塞的形成,使这一河段的水利工程设施由于强结冰作用而面临危险。

当盐跃层顶部被冰覆盖,第二次过冷却将导致冰厚增加,但不会导致淡水下游冰缘更快地掺混。

对于无潮汐单臂分层河口(最简单情况),可根据作者为淡水下游开发的计算方法[72,103]来确定水-冰热状况的影响因素和河口水电站下游影响区域,同时需要考虑对盐跃层表面水内冰形成强度的计算[103]。这一算法可近似为对给定功率热源在下游沿程不均匀分布的计算。对盐跃层表面水内冰形成温度和形成强度进行平均值计算时,可使用以河流热平衡方程为基础的算法,调节恒定功率热(冷)源长度平均有效分布[72,150]。在这种情况下,计算参数之一是 $\Pi_{\text{л}}$,即判定不同盐度水体之间界面处水内冰的形成强度:

$$\Pi_{\text{л}} = -\frac{\alpha \, t_{\text{пк}}}{\alpha_1 \, \vartheta_{\text{э}}} \tag{3.48}$$

其中, $t_{\text{пк}}$ 为盐跃层表面温度; α_1 为水-气热交换系数; $\vartheta_{\text{э}}$ 为等效气温; α 为淡水-盐跃层表面热交换系数。

综合上述分析,与淡水河流下游相比,水电站河口热力作用减小,但同时存在冰塞形成和水电站下游水位抬高的风险。通过预测水-冰热状况,能正确选择水电站基准线位置并制定冬季流量图表,同时能计算出会导致水下设施结冰的危险河段的长度,确定便于通航的设施和冰渡口。

3.5 人工喷雪对水库下游冰情的调节

调节水电站下游冰情和温度的方法包括从上游分层取水、在垂直方向上配置特殊引水设施、使用表面引水设施,也可在给定的冰缘沿水流方向运动的基准线上建造人造冰墙,目的是将热源或冷源引入水电站下游。下面详细说明使用喷雪机人造降雪缩短清沟长度的方法。

需要强调的是,降雪是一种自然现象,雪的生成是大气作用的结果,实际上不易受人控制。

可使用喷雪机调节水电站下游局部冷源,喷雪机的作用原理如下。

(1)向喷雪机提供压缩空气,同时气流绝热膨胀时冷却,使混合箱或喷雪机出口处的压力下降,从而形成雪。

(2)喷雪机吸入足够多的冷空气后形成雪。

根据第二个作用原理建造的喷雪机可用于调节水流的温度状况[72,98,164]。喷雪机的使用对下游水-冰热状况产生影响，且这种影响与喷雪机位于哪个冰热河段以及冷源临近水流中的哪条基准线有关。

维德涅夫全俄水利工程科学研究所冰热力学实验室于 1981 年设计、制作并测试了喷雪机的实验样品，其原理是喷雪机由于冷空气的进入而形成雪。喷雪机由喷管和喷口组成，喷管吸入空气，喷管内的喷口负责给水，雪在喷雪机喷出的气流中形成。当水从喷口流出并急剧膨胀时，从喷管中排出的冷空气与水滴可进行较强的热交换作用。

喷雪机的技术指标如下。

(1)水流量为 10L/s。

(2)水位差超过 70m。

(3)总长度为 660mm。

(4)喷口出水孔直径为 20mm。

(5)喷管直径为 64mm。

(6)喷雪机质量为 25kg。

根据制造消防喷水管的经验，喷雪机喷头吸入空气的量应为水体的 10 倍。研究人员研究了生成人造雪所需的喷雪机水力、空气动力、冰情参数。研究水力特点可确定喷雪机的工作特性，即喷雪机的水流量与水位差、水流喷射长度、液滴结构之间的关系。研究空气动力特点可确定空气吸入口孔径与喷口排气孔孔径的相对位置。研究冰情特点可确定喷雪机的造雪能力和所造雪的特性。水力和冰情特点的研究主要在位于季夫诺戈尔斯克市的维德涅夫全俄水利工程科学研究所西伯利亚分所的高压水力实验室进行。实验地点的选择以克拉斯诺亚尔斯克水电站恒定水压为条件，避开了高压水泵站建筑。1981~1982 年冬季用于实验的喷雪机的外形见图 3.16。水位差为 75m 时，喷出的水流长度为 40~50m。整个水流直径不超过 3mm，水沿水流长度发生液滴分离。对距喷雪机 15m 和 25m 绕水流轴的液滴结构的分析表明，10%的液滴直径小于 0.1mm，50%的液滴直径小于 0.4mm，液滴平均直径为 0.5mm。

对冬季喷雪机的冰情研究表明，喷雪机喷出的水流会发生高强度结冰，喷雪机在气流速度为 0.26m/s，雪层密实度为 0.50~0.75，气温为-20℃的条件下，可喷出填充密度为 500kg/m^3 的细雪并使细雪落到下垫面上。当气温为-30℃，气流速度为 0.48m/s 时，借助喷雪机得到的雪见图 3.17 和图 3.18。

空气动力研究的目的是精确喷雪机的设计参数。在空气动力装置实验条件下，吸气孔直接被放置在喷口处或喷口背后时能将空气吸入喷雪机内。可在距喷口排气孔 450mm 处的喷管长度上进行进一步研究，便于在这一距离上使气流填充喷管的全部截面，冷气可以被顺利吸入喷雪机里。

图 3.16　喷雪机外形

图 3.17　喷雪机喷出的积雪

图 3.18　用喷雪机喷出的积雪锯出的样本雪

喷雪机的有效工作温度范围可根据喷出液滴的温度变化计算得到。根据关系式[100]中的球体导热方程运算，可得喷出液滴的温度：

$$t = t_0 + \Theta\left(\vartheta - t_0\right) \tag{3.49}$$

其中，

$$\Theta = 1 - \left[\sin\left(\sqrt{3Bi}\,\eta\right)\Big/\eta\sqrt{3Bi}\right]\exp\left(-3Bi\,Fo\right), \quad Bi = \alpha R/\lambda, \tag{3.50}$$
$$Fo = a\tau\big/R^2$$

初始水温为 2℃时，喷雪机开始工作时的气温为 -7～-5℃；初始水温为 6℃时，喷雪机开始工作时的气温为 -15～-13℃。

使用喷雪机调节水力发电站下游冰情时，如果喷雪机位于河段 Ⅰ 零温断面之前，水温的降低将使得冷却及过冷却的河段长度变短，以及温度曲线发生收缩。受喷雪机的影响，冰盖边缘冰花流量将增加，清沟长度会减小[图 3.19(a)]。

当喷雪机分布在零温断面之前的河段时（河段 Ⅰ），喷雪机所在位置的温度 $t_{x_{S2}}$ 在基准线 x_S 上的温度变化方程为

$$c\rho Q t_{x_{S1}} + c_{\text{л}}\rho_c Q_c \vartheta - \sigma\rho_c Q_c = c\rho Q t_{x_{S2}} \tag{3.51}$$

其中，

$$t_{x_{S2}} = t_{x_{S1}} + \frac{c_c\rho_c Q_c}{c\rho Q}\left(\vartheta - \frac{\sigma}{c_c}\right) \tag{3.52}$$

其中，σ 为结冰的潜热，J/kg；$c_{\text{л}}$ 为冰的比热容，J/(kg·K)；c 为水的比热容，J/(kg·K)；ρ 为水的密度，kg/m³；ρ_c 为雪的密度，kg/m³；Q 为河水流量，m³/s；Q_c 为喷雪机的喷雪量，m³/s；$t_{x_{S1}}$ 为 $x = x_S$ 时雪落入水体之前的基准线上的水温 [图 3.19(a)]，其公式为

$$t_{x_{S1}} = (t_0 - \vartheta_{\text{з}})\mathrm{e}^{-\frac{\alpha_1 bx}{c\rho Q}} + \vartheta_{\text{з}} \tag{3.53}$$

根据以下公式可以得到清沟长度的减小值[图 3.19(a)]：

$$\Delta x_{S1} = \frac{c\rho Q}{\alpha B}\left[\ln\left(\vartheta_{_\Im} - t_{x_{S1}}\right) - \ln\left(\vartheta_{_\Im} - t_{x_{S1}} + \frac{c_{_\pi}\rho_{_c}Q_{_c}}{c\rho Q}\left(\vartheta - \frac{\sigma}{c_{_\pi}}\right)\right)\right] \tag{3.54}$$

　　喷雪机位于河段Ⅱ、Ⅲ时会增大水内冰形成强度，使最大程度过冷却的基准线更靠近建筑[图3.19(a)]。在这种情况下，过冷却的最大值小于正常情况下下游不调节冰情时的最大值[图3.19(b)，曲线3]。如果喷雪机功率很大，则最大值温度曲线可能会明显衰减，从基准线 x_S 立即开始发生过冷却[图3.19(b)，曲线2]，此时上游出现冰花。但由于早期敞露水面的水流已发生过冷却，冰花生成能力会降低，边缘冰花量变少，清沟长度将有所增加。当 x_S 基准线上的喷雪机造雪量与冰花量相等（$Q_{_\mathrm{m}} = Q_{_c}$）时，可使用图3.5确定表层冰花含量。

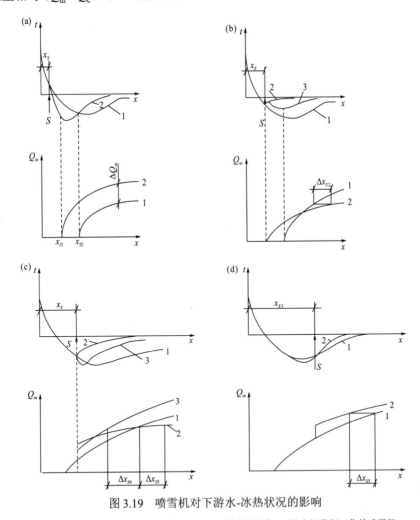

图3.19　喷雪机对下游水-冰热状况的影响

(a)在河段Ⅰ工作的喷雪机；(b)在河段Ⅱ、Ⅲ工作的喷雪机；(c)在河段Ⅳ工作的喷雪机；

(d)在河段Ⅴ、Ⅵ工作的喷雪机；1-不使用调节措施；2、3-使用喷雪机进行调节；S-喷雪机功率(生产率)

如果 $\beta_{ш.c} < \beta_{ш.макс}$（$\beta_{ш.макс}$ 为无降雪状态下水体过冷却达到最大值时的表层冰花含量），则水流将继续冷却直至其冷却程度达到结晶失热基准线以前的状态。根据文献[73]可确定 $\beta_{ш.макс}$ 的值。根据公式（3.52）可计算 $\beta_{ш} = \beta_{ш.макс}$ 时的基准线水温，其中冰花流量与冰缘温度 $t_{макс}$ 成正比。

考虑和不考虑喷雪机作用两种情况下的冰花流量参数为

$$\Pi_{Q1} = \frac{Q_{ш1}}{bVh_{н}} = \frac{c\rho Q t_{макс1}}{bVh_{н}\sigma\rho_{ш}},$$

$$\Pi_{Q2} = \frac{Q_{ш2}}{bVh_{н}} = \frac{c\rho Q t_{макс2}}{bVh_{н}\sigma\rho_{ш}} \tag{3.55}$$

其中，$t_{макс1}$、$t_{макс2}$ 分别为考虑和不考虑喷雪机作用两种情况下最大程度过冷却基准线上的水温。

根据图 3.5 可得到 Π_{Q1} 和 Π_{Q2}，其中 $\Pi_{x} = \dfrac{\alpha_{1}(-\vartheta_{э})(x - x_{н})}{2h_{н}\sigma\rho_{ш}V}$，由此可得到 Π_{x1} 和 Π_{x2}。以形成同样的冰花边缘所需的条件，可得到清沟长度的增加值：

$$\Delta x_{s2} = \frac{2\sigma\rho_{ш}h_{н}V(\Pi_{x1} - \Pi_{x2})}{\alpha_{1}(-\vartheta_{э})} \tag{3.56}$$

其中，$\rho_{ш}$ 为冰花密度。

如果 $\beta_{ш.c} \geqslant \beta_{ш.макс}$，则过冷却释放过程起始位置为喷雪机的基准线。根据公式（3.53）计算，这种情况下被认为是 $\beta_{ш.c} < \beta_{ш.макс}$，$\Pi_{Q2}$ 代替 $t_{макс2}$，水温 $x = x_{S}$。

如果位于河段Ⅳ的喷雪机的功率 S 很大，位于河段Ⅱ、Ⅲ的水流不会达到最大程度过冷却，则边缘冰花流量减小，清沟长度增大 Δx_{S3}[图 3.19（c），曲线2]。如果喷雪机功率小，则边缘冰花流量增加，清沟长度减小 Δx_{S4}[图 3.19（c），曲线3]。

如果喷雪量为 Q_{c}，且 $\beta_{ш} > \beta_{ш.макс}$，参照以上情景，则水温不会达到最大程度过冷却时的温度，并会引起边缘冰花流量减小与清沟长度增大。

如果 $\beta_{ш} < \beta_{ш.макс}$，同时形成冰缘的冰花流量相同，水温提前冷却到 $t_{макс1}$ 会导致清沟长度减小，根据公式（3.56）可计算清沟长度的减小值，其中用 $(\Pi_{x1} - \Pi_{x2})$ 代替 $(\Pi_{x2} - \Pi_{x1})$，不考虑降雪时参数 Π_{x1} 的值可根据 $\Pi_{Q} = f(\Pi_{x})$ 关系曲线图（图3.5）中参数 Π_{Q1} 的值得到。当 $\beta_{ш} = \beta_{ш.макс}$ 时，参数 Π_{x2} 的值也可根据 $\Pi_{Q} = f(\Pi_{x})$ 关系曲线图得到，其中 $\Pi_{Q2} = \Pi_{Q1} + \dfrac{\rho_{c}Q_{c}}{\rho_{ш}bh_{н}V}$。

在河段Ⅴ、Ⅵ使用喷雪机会导致更大程度的过冷却，从而导致冰花流量增加，清沟长度减小 Δx_{S5}[图 3.19（d），曲线 2]。清沟长度减小值可根据河段Ⅳ情况进行计算，其中喷雪机喷嘴位置在基准线 $\beta_{ш} < \beta_{ш.макс}$ 范围内。

分析上述例子后发现，使用喷雪机不总使清沟长度减小，因此使用这类调节方法时需要仔细研究，以及考虑合适的喷雪机功率，并选择基准线的分布位置。

3.6　溢洪道水内冰及水温变化的计算方法

3.6.1　任务提出

截至目前，掺气水流中水内冰作用过程与变化和水温变化问题还未被研究过。但一些水利枢纽下游的水-冰热状况，如托尔马乔夫梯级水电站(托尔马乔夫一号水电站下游有一个 4m 高的瀑布)的实际观测数据表明，这些问题对于保证水利枢纽冬季无故障运行有重要意义。

当大量冷空气进入水流而形成掺气水流时，水温明显降低，水体发生过冷却并形成大量水内冰。

为弄清楚这一问题，选取 3 种排水设施进行研究：带层叠式剖面溢洪室的陡槽或溢洪道、自由落水溢洪道、带层叠式剖面溢洪室和射水板的溢洪道。

需要解决的问题包括：确定水流形态特征，以及每种类型排水设施的充气参数；建立掺气水流水温变化和冰花流量的计算方法；确定掺气水流中形成的冰物质对下游河段水-冰热状况的影响。

3.6.2　冬季溢洪道水温变化和冰花流量的计算方法

计算掺气水流温度变化的方程为敞露水面水流的热平衡方程：

$$c\rho Q \frac{\mathrm{d}t}{\mathrm{d}\tau} = \frac{\alpha_1 (t-\vartheta_3) F_\text{п}}{\tau} + \frac{\alpha_\text{в} F_\text{в}(\vartheta-t)}{\tau} \tag{3.57}$$

其中，c 为水的比热容，$c = 4.19\times10^3\text{J}/(\text{kg}\cdot\text{K})$；$\rho$ 为掺气水流的密度，kg/m^3；Q 为流量，m^3/s；t 为水温，℃；τ 为时间，s；ϑ 为气温，℃；α_1 和 ϑ_3 分别为水-气热交换系数[$\text{W}/(\text{m}^2\cdot\text{K})$]及等效气温(℃)；$F_\text{п}$ 为水流与空气的接触面面积，m^2；$F_\text{в}$ 为掺气水流的气泡总表面积，m^2；$\alpha_\text{в}$ 为水中气泡边壁的水-气热交换系数[80]，$\alpha_\text{в} = 5\text{W}/(\text{m}^2\cdot\text{K})$。

当 $\tau=0$，$t=t_0$ 时，方程(3.57)的解为

$$t = (At_0+B)\mathrm{e}^{-\frac{A\tau}{c\rho Q}} - \frac{B}{A} \tag{3.58}$$

其中，$A = \alpha_1 F_\text{п} - \alpha_\text{в} F_\text{в}$，$B = \alpha_\text{в} F_\text{в}\vartheta - \alpha_1 F_\text{п}\vartheta_3$。

气泡总表面积可由下式计算：

$$F_{\text{B}} = nF_1 \tag{3.59}$$

其中，F_1 为平均直径为 5mm 的单个气泡的表面积，$F_1 = 7.85 \times 10^{-5} \text{m}^2$；$n$ 为水流中气泡的数量，其值为

$$n = W_{\text{a}}/W_{\text{п}} \tag{3.60}$$

其中，$W_{\text{п}}$ 为气泡的体积，m^3；W_{a} 为掺气河段掺入空气的总体积，m^3。

W_{a} 的计算公式如下：

$$W_{\text{a}} = W_0 S_0 \tag{3.61}$$

其中，W_0 为掺气河段的水流体积，m^3；S_0 为掺气河段的空气含量。

如果溢洪道水温满足过冷却条件 $t \leqslant 0\,℃$，则水内冰开始形成，其冰花流量的计算公式如下：

$$Q_{\text{ш}} = Q_{\text{ш}1} + Q_{\text{ш}2} \tag{3.62}$$

其中，$Q_{\text{ш}1}$ 为水流表面与空气热交换时形成的冰花的流量；$Q_{\text{ш}2}$ 为水流掺气形成的冰花的流量。

$$Q_{\text{ш}1} = \frac{\alpha_1 \left(-\vartheta_3 \right) F_{\text{п}}'}{\sigma \rho} \tag{3.63}$$

$$Q_{\text{ш}2} = \frac{-cQ\Delta t}{\sigma} \tag{3.64}$$

其中，σ 为结冰的潜热，J/K；$F_{\text{п}}'$ 为零温断面下游河段水体与空气热交换的表层水面积，m^2；c 为水的比热容，J/(kg·K)；Δt 为冷空气进入水流后时间 $\Delta\tau$ 内水体过冷却产生的温度变化：

$$\Delta t = \frac{\alpha_{\text{B}} F_{\text{B}} \vartheta \Delta \tau}{c \rho Q} \tag{3.65}$$

由于冷空气的掺入，水流发生过冷却并形成冰花，这会导致下游冰物质的增加并影响冰缘位置，使冰缘更靠近水电站。正如托尔马乔夫一号水电站观测到的情况，下游河床被冰填满，这是十分危险的。3 种溢洪道必须使用自己的方法计算水流的空气含量。

1. 带层叠式剖面溢洪室的陡槽或溢洪道

根据文献[117]中的条件可得到水流开始掺气的基准线位置 x_{a}，则有

$$V = V_{\text{н.a}} \tag{3.66}$$

其中，V 为陡槽(溢洪道)水流流速；$V_{\text{н.a}}$ 为水流开始掺气时的流速。

假设在不掺气的情况下，根据水流的水力特征进行深度为 h 的计算。在给定流量 Q 的条件下，根据线性定律，深度 h 沿着溢洪道 x 方向的坐标可表达为

$$h = h' + \frac{h_{\text{c}} - h'}{L} x \tag{3.67}$$

这时溢洪道纵向的流速变化为

$$V = \frac{Q}{\left(h' + \dfrac{h_c - h'}{L}x\right)b} \tag{3.68}$$

其中，$L = H/\sin\varphi$，为从溢洪道顶部到底部的陡槽长度，H 为大坝水位差，φ 为陡槽与地平线的夹角；h' 为溢洪道波峰高度；h_c 为不考虑掺气情况下的溢洪道底部压缩截面深度。

以上游水流相对下游底部总比能的计算[160]为基础，得到压缩截面深度。开始掺气时的速度 $V_{H.a}$ 可按文献[117]中的公式计算得到。

如果水流掺气满足条件：

$$\frac{\left(\dfrac{Q}{V_{H.a}b} - h'\right)}{h_c - h'} \leqslant 1 \tag{3.69}$$

则联合公式(3.66)和公式(3.68)可计算溢洪道的水流开始掺气的基准线位置 x_a、基准线的水流深度 $h_{H.a}$、掺气河段长度 $L - x_a$。

溢洪道掺气河段空气含量 S_0 可根据文献[117]和参数关系 (图 3.20) 得到，图中 k 的表达式为

$$k = 0.535 \cdot \cos\varphi \Big/ \sqrt{g\tilde{R} \cdot \tan\varphi}$$

其中，$\tilde{R}$ 为掺气水流层的水力半径。

公式(3.60)中掺气河段掺入空气的总体积(假设气水层深度为 $\tilde{h} = h_{H.a}$)约为

$$W_a = W_0 S_0 = (L - x_a)b h_{H.a} S_0 \tag{3.70}$$

公式(3.65)中陡槽掺气水流流动时间为

$$\Delta\tau = (L - x_a)/V_{H.a} \tag{3.71}$$

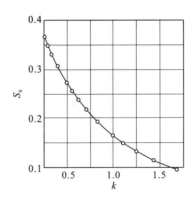

图 3.20　$S_0 = \hat{O}(k)$ 关系图

根据公式(3.59)和公式(3.60)可得到水流掺气部分气泡表面积 F_{B} [公式(3.65)]。

如果掺气水流不满足以上条件或水流并未掺气，也可计算出陡槽水温变化，并根据公式(3.58)得到当 $F_{\mathrm{B}}=0$ 时的下游水温。

2. 自由落水溢洪道

水流自由跌落，如下游高度为 H 的拱坝从顶部放水时，水温变化和冰花流量的计算需要满足公式(3.58)～公式(3.60)及公式(3.62)～公式(3.65)的条件。

公式(3.63)中可用 L 代替 $Q_{\mathrm{m}1}$，用水流下落的高度 H 计算。

公式(3.65)中的掺气部分气泡表面积为

$$F_{\mathrm{B}} = \frac{A\overline{F}_{\mathrm{c}}(H - z_H)}{W_{\mathrm{n}}} \tag{3.72}$$

其中，A 为根据文献[117]得出的掺气系数，$A \approx 0.3$；z_H 为掺气水流的长度，m；W_{n} 为气泡的体积，m^3；$\overline{F}_{\mathrm{c}}$ 为掺气水流横截面的平均面积，m^2。根据关系式可得

$$\overline{F}_{\mathrm{c}} = \frac{1}{H - z_H}\int_{z_H}^{H} \frac{Q}{\overline{V}_x}\,\mathrm{d}x \tag{3.73}$$

其中，$\overline{V}_x$ 为掺气水流的平均速度。$\overline{V}_x$ 可借助 H. Д. 柯杜阿[52]经验公式得出：

$$\overline{F}_{\mathrm{c}} = 0.8\frac{Qb_0}{\overline{V}_x(H - z_H)}\left(\mathrm{e}^{H/b_0} - \mathrm{e}^{z_H/b_0}\right) \tag{3.74}$$

其中，b_0 为跌落到下游的掺气水流的深度。根据公式(3.73)和公式(3.74)，联合计算可得

$$b_0 = \sqrt{\frac{Q}{(1 - A)\overline{V}_x(b_0)}} \tag{3.75}$$

$$\overline{V}_x = 1.25\overline{V}_0 \mathrm{e}^{\frac{1.1(H - z_H)}{b_0}} \tag{3.76}$$

其中，自由跌落水流的掺气部分长度 z_H，根据文献[52]，其计算公式为

$$z_H = 26h_0\sqrt{Fr} = 26h_0\sqrt{\frac{V_0^2}{gh_0}} \tag{3.77}$$

其中，h_0 为深度，m；V_0 为从射水板弹射出来的水流的速度，m/s。

下游水流速度为

$$\overline{V} = \sqrt{2gH} \tag{3.78}$$

水流掺气部分降落时间为 $\Delta\tau$，根据关系式可得

$$\Delta\tau = \frac{(H - z_H)^2}{\int_{z_H}^{H} \overline{V}_x \mathrm{d}x} = \frac{0.88(H - z_H)^2}{\overline{V}_0 b_0\left(\mathrm{e}^{\frac{1.1z_H}{b_0}} - \mathrm{e}^{\frac{1.1H}{b_0}}\right)} \tag{3.79}$$

通过公式(3.58)~公式(3.70)和公式(3.72)~公式(3.79)能计算出自由跌落水流中的冰花流量和下游水温。

3. 陡槽、带层叠式剖面溢洪室和射水板的溢洪道

从射水板前端射出的水流所形成的冰花的流量可根据以下两种方法得出：水流外表面与空气的热交换和水与水体内掺入气泡的热交换。

第一种方法的计算依据是公式(3.63)。此时水流与空气接触的热交换面积 F'_II 等于水流横截面面积 $\overline{F}_\mathrm{c}$，其与从射水板前端射出的水流的几何参数有关。这些参数在文献[11]、文献[176]和文献[177]中有详细介绍。在文献[177]中，论述了水流几何参数、水流横截面面积的算法。

从溢洪道中射水板前端射出的水流的过冷却过程公式为

$$\Delta t = \Delta t' + \frac{\alpha_\mathrm{B} F_\mathrm{B} \Delta \tau \left(\vartheta + t_0 - \Delta t' \right)}{c \rho Q} \tag{3.80}$$

其中，$\Delta t'$ 为根据公式(3.65)计算的溢洪道末端水流过冷却温度的变化；$\Delta \tau$ 为水流流经陡槽的时间。

掺气水流的气泡总表面积：

$$F_\mathrm{B} = \pi d^2 n \tag{3.81}$$

其中，$n = 6W_\mathrm{B} / (\pi d^3)$，$W_\mathrm{B}$ 为水流中所含空气的体积。

$$W_\mathrm{B} = n_1 W_a \tag{3.82}$$

$$n_1 = 1 - \rho / \rho_\mathrm{B} \tag{3.83}$$

根据图3.21，可得到掺气水流平均密度与水体物理密度的比值 ρ / ρ_B。

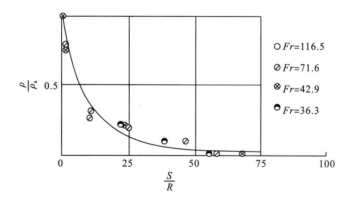

图3.21　从柱形射水板前端射出的水流的相对密度变化

从射水板前端射出的水流，其飞行时间的计算见公式(3.65)。长度为 l'_H 的河段水流飞行时间为 τ'，长度为 l''_H 的河段水流飞行时间为 τ''，那么总的水流飞行时

间 τ 可根据文献[176]和文献[177]计算得出：

$$\tau = \tau' + \tau'' \tag{3.84}$$

$$\tau' = \frac{V}{2g} = \frac{\varphi\sqrt{2gH}}{2g} = \varphi\sqrt{\frac{H}{2g}} \tag{3.85}$$

$$\tau'' = \frac{l_{\text{H}}''}{V_x} = \frac{L - l_{\text{H}}'}{V_0 \cos\alpha} \tag{3.86}$$

对布列亚水电站的计算结果表明，掺气时溢洪道的水温变化为 0.5～1℃，不掺气时为-0.1～0.2℃。由于掺气导致水流过冷却而产生的冰花其流量为总水流量的 1.0%，可导致下游清沟长度减小几千米。因此，当水电站下游清沟长度变小时，水流掺气可能成为形成冰塞的原因之一。

第4章 水库上下游的热力关系及冬季水库分层取水评估

4.1 水库上下游的热力关系

水利枢纽的径流调节对调节水流状况具有明显的作用,而水库上下游的热力关系是水利枢纽影响水流的因素之一。决定水库上下游热力关系的因素有如下几个。

(1) 水电站引水设施供水对水库水-冰热状况影响范围的大小。

(2) 从水库流至下游的水流问题。

(3) 与水电站工作状况有关的下游水-冰热状况要素(水温、流量及其在每日调节和每周调节时的变化,以及冰花浓度、冰流量、冰体积和清沟长度等)。

水电站引水建筑物对水库热力状况的影响受上游边界限制。在上游边界,河流水力状况向水库水力状况过渡,形成水库末端回水区。使用 3. 迈尔构建的水库流线图[190],并以下列物理模型为基础计算受影响的上游边界位置:流向高度为 h 的狭缝水平引水建筑物的平面二维稳态流,其水下最大水流深度为 h_1。自由水面和水底被认为是相互平行的水平面。

水库总深度为 H。水的流动空间受自由水面、水底和进水口所在的垂面限制。垂直断面上水体流动的空间是半无限的。纵向坐标为 z,横向坐标为 x。坐标起点位于库底与坝体上游面的交叉点。3. 迈尔算法以求解黏性、弱分层液体的运动方程、连续性方程和密度方程为基础:

$$\frac{\partial V_x}{\partial \tau} = -\frac{1}{\rho}\frac{\partial p}{\partial x} + \left(\frac{\partial^2 V_x}{\partial x^2} + \frac{\partial^2 V_x}{\partial z^2}\right)\nu_\tau \tag{4.1}$$

$$\frac{\partial V_y}{\partial \tau} = -g - \frac{1}{\rho}\frac{\partial p}{\partial z} + \left(\frac{\partial^2 V_z}{\partial x^2} + \frac{\partial^2 V_z}{\partial z^2}\right)\nu_\tau \tag{4.2}$$

$$\frac{\partial(\rho V_x)}{\partial x} + \frac{\partial(\rho V_z)}{\partial z} = 0 \tag{4.3}$$

$$\rho = \rho(\Psi) = \rho_1 + \Delta\rho\psi \tag{4.4}$$

流函数[190]的无量纲形式方程(4.1)~方程(4.4)的算法为

$$\psi(\xi,\eta) = \psi_\infty(\eta) + \sum_{n=1}^{\infty} \left[a_n \exp(d_{1n}\xi) \sin(\pi n\eta) \right] \tag{4.5}$$

或

$$\psi(\xi,\eta) = (V_1+2)\eta^3 - (V_1+3)\eta^2 + \sum_{n=1}^{\infty} \left[a_n \exp(d_{1n}\xi) \sin(\pi n\eta) \right] \tag{4.6}$$

其中，ψ 为水流无量纲函数，$\psi = \Psi / q$，Ψ 为水流函数，q 为单宽流量，m²/s；ξ 为无量纲坐标参数，$\xi = x/H$；$\eta = z/H$；τ 为时间；V_x、V_z 为 x 轴和 z 轴分速度；ν_τ 为紊流的运动黏度系数，m²/s。公式 (4.5) 中包含的系数，通过以下边界条件求得。

表 4.1　求解公式 (4.5) 中包含的系数时所涉及的边界条件

当 $\eta = 1$ 时		$\psi = 1$，$V_\eta = 0$
当 $\eta = 0$ 时		$\psi = 0$，$V_\eta = 0$
当 $\xi = 0$ 时	$\eta_2 \leqslant \eta \leqslant 1$	$\psi = 1$，$V_\xi = 0$
	$\eta_1 \leqslant \eta < \eta_2$	$\psi = f(\eta)$
	$0 \leqslant \eta < \eta_1$	$\psi = 0$，$V_\xi = 0$
当 $\xi \to 0$ 时		$\psi = \psi_\infty(\eta)$，$\dfrac{\partial \psi}{\partial \xi} \to 0$

注：V_η 为无量纲纵坐标上水流速度垂直 η 方向的分量；V_ξ 为无量纲纵坐标上水流速度水平 ξ 方向的分量。

根据文献 [190]，$\psi(\eta)$ 和 $\psi_\infty(\eta)$ 的函数形式如下：

$$\psi(\eta) = -\frac{\eta - \eta_1}{\eta_2 - \eta_1}，\quad \psi_\infty(\eta) = (V_1+2)\eta^3 - (V_1+3)\eta^2 \tag{4.7}$$

根据表 4.1 和公式 (4.7)，有

$$a_n = \frac{-2\left[\sin(\pi n\eta_2) - \sin(\pi n\eta_1) \right]}{\pi^2 n^2 (\eta_2 - \eta_1)} - \frac{4}{\pi^3 n^3} \left[(V_1+3) + (2V_1+3)(-1)^n \right] \tag{4.8}$$

$$d_{1n} = \frac{A - \sqrt{A^2 + 4\pi^6 n^6}}{2\pi^2 n^2} \tag{4.9}$$

其中，η_1、η_2 为引水建筑物下缘、上缘水平面的相对深度；V_1 为远离进水口的表面水流的无量纲速度，$V_1 = V_{\eta=1}/V_0$，$V_0 = q/H$；当存在冰盖时，水库表面 $V_1 = 0$。

公式 (4.9) 中的参数 A 与密度分层以及 Re 和 Fr 有关：

$$A = \frac{\Delta\rho}{\rho_1} \frac{Re}{Fr}，\quad Re = \frac{q}{\nu_\tau}，\quad Fr = \frac{q^2}{gH^3} \tag{4.10}$$

其中，ρ_1 为库底水体的密度，kg/m³；$\Delta\rho = \rho_1 - \rho_2$，为库底和表面水体的密度差，

kg/m³; ν_{T} 为紊流的运动黏度系数, m²/s, 可使用紊流导热之间的关系确定 λ_{T} 和 ν_{T}[152]。

$$\nu_{\mathrm{T}} = 0.642 \lambda_{\mathrm{T}} / (c\rho) \tag{4.11}$$

其中, c 为水的比热容, J/(kg·K)。

可由下面的 К. И. 罗斯辛斯基经验关系式得出导热系数:

$$\lambda_{\mathrm{T}} = 1.16\sqrt{1.3 \times 10^6 q^2 + 0.52 H^2} + 0.6 \tag{4.12}$$

从水电站到水库回水末端的距离, 可借助公式(4.5)~公式(4.10)计算:

$$L_{\mathrm{тp}} = \xi_{\mathrm{тp}} h \tag{4.13}$$

其中, $L_{\mathrm{тp}}$ 为满足水库全长条件下的回水长度, m。

$$\left. \frac{\partial \psi(\xi, \eta)}{\partial \eta} \right|_{0 \geqslant \eta \geqslant 1} \leqslant 0 \tag{4.14}$$

回水宽度, 可基于公式(4.6)和公式(4.7)并采用逐次渐进法计算, 计算条件如下。

(1)当 $\eta = 0$ 时, $V_1 = 0$;

(2)当 $\eta_1 = 1$ 时, $V_1 = 0$。

在长度为 Δx 的河段, 可根据给定的回水宽度计算 q, 同时可根据公式(4.6)和公式(4.7)与已知的水库垂向温度分布 t_z 计算泄水位置、水库中的环流区域位置和泄水区平均深度 $h_{\mathrm{тp}}$。根据泄水区平均深度 $h_{\mathrm{тp}}$ 可确定泄水区宽度, 基于公式(4.6)和公式(4.7)得到的水流运动图, 可确定水流函数 $\Psi = 0$ 和 $\Psi = 1$。由此可得到所计算的河段的水流宽度 $b_{\mathrm{тp}}$, 进而根据公式(4.6)和公式(4.7)计算水流函数沿 $\Psi(\eta)$ 的垂向分布。最后, 建立水流流线图, 确定边界和环流区域位置 $\eta = h_{\mathrm{тp}} / H$, 其中水流函数为 $\Psi = 0$。

图4.1中科雷姆斯卡耶水电站水库在冬夏季流量为350m³/s时的水流流线图是根据上述算法绘制的, 其中引水槽深度为90m。

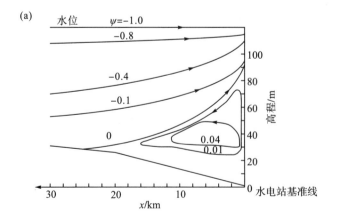

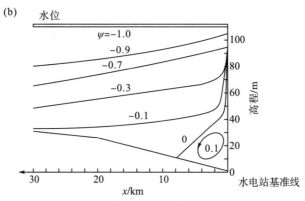

图 4.1　流量为 350m³/s 时计算得出的科雷姆斯卡耶水电站水库水流流线图

(a) 夏季；(b) 冬季

4.2　出库水温计算

计算水库热力和冰情时需要观察两个河段：位于发电站引水建筑物影响区域外的河段；位于发电站引水建筑物影响区域内的河段。

两个河段的水库水温计算方法在文献[124]中有详细论述。

水库水温算法以导热方程的解法为基础：

$$V\frac{\partial t}{\partial x} = a_{\text{т}}\frac{\partial^2 t}{\partial z^2} \tag{4.15}$$

其中，t 为水温，℃；$a_{\text{т}}$ 为水的紊动导温系数，m^2/s；V 为流速，m/s；纵坐标轴起点 z 位于水面。

由于水库在流动性、深度和季节等方面的分类不同，方程 (4.15) 的初始条件和边界条件差异非常大。

不同初始条件和边界条件下的水库水温计算公式和问题列表见表 1.3。

在引水建筑物影响区域内、外的水温计算中，$a_{\text{т}}$ 的取值是不同的：在引水建筑物影响区域外，水库整个长度上可采用相同的紊动导温系数；在引水建筑物影响区域内，水的运动及其紊流掺混条件在正常流动区和环流区是不同的，相应的系数也会有差异。$a_{\text{т}}$ 的计算方法以文献[108]、文献[120]和文献[149]中的水库水流流线图分析为基础 (图 4.2)。

水的紊动导温系数计算公式为

$$a_{\text{т}} = \lambda_{\text{т}}/(c\rho) \tag{4.16}$$

根据 К. И. 罗斯辛斯基的公式 (4.12) 可计算公式 (4.15) 中的紊动导温系数，其中 $q = q_{\text{тр}}$，为正常流动区中的单宽流量；$h = h_{\text{тр}}$，为根据水流流线图分析得出的泄水区深度。

图 4.2 中，$\eta_{1.0}$ 为水库水位以下温度为 t_0 的水层下边界的相对深度；$\eta_{2.0}$ 为水库水位以下温度为 t_0 的水层上边界的相对深度；$\eta_{1.\mathrm{тр}}$ 和 $\eta_{2.\mathrm{тр}}$ 分别为正常流动区下、上边界相对深度；F_{t_0} 表示长度为 $L_{\mathrm{тр}}$ 的河段在温度为 t_0 时的水层纵截面面积；$F_{\mathrm{тр}}$ 表示长度为 $L_{\mathrm{тр}}$ 的河段的流动区面积；η_1 为进水口下缘相对深度；η_2 为进水口上缘相对深度。

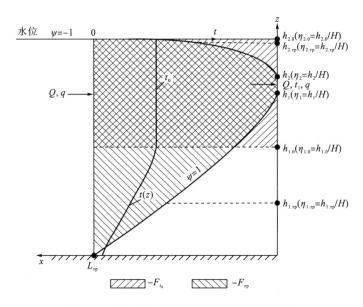

图 4.2   库表引水建筑物取水参数计算示意图

可使用公式(4.12)计算环流区导热系数，但环流区深度使用 h_{u} 代替 $h_{\mathrm{тр}}$，有

$$q_{\mathrm{u}} = \Delta\psi q \tag{4.17}$$

其中，$\Delta\psi$ 为所计算河段环流区径流无量纲函数最大值和最小值的差值。

此外，计算引水建筑物影响区域内水库不同深度的水温分布时，需要使用近似深度代替实际深度，因为不同深度水体的热物理性质不同，根据傅里叶数（$Fo_{\mathrm{тр}} = Fo_{\mathrm{u}1} = Fo_{\mathrm{u}2}$）可得到正常流动区和环流区的温度近似条件。

$$h_{\mathrm{тр}} = h_{\mathrm{тр}} + \left(H - h_{\mathrm{u}2} - h_{\mathrm{тр}}\right)\sqrt{\lambda_{\mathrm{r}}/\lambda_{\mathrm{u}1}} + \left(H - h_{\mathrm{u}1} - h_{\mathrm{тр}}\right)\sqrt{\lambda_{\mathrm{r}}/\lambda_{\mathrm{u}2}} \tag{4.18}$$

其中，$h_{\mathrm{u}1}$ 和 $h_{\mathrm{u}2}$ 分别为所计算的河段其循环区域下、上缘平均深度，m；$\lambda_{\mathrm{u}1}$ 和 $\lambda_{\mathrm{u}2}$ 分别为下、上循环区域水体的导热系数，W/(m·K)。

如果水电站有表面引水口，则不存在上循环区域，如图 4.1 所示，那么 $h_{\mathrm{тр}}$ 的计算公式相对简单：

$$h_{\text{тр}} = h_{\text{тр}} + \left(H - h_{\text{тр}} \right) \sqrt{\lambda_{\text{т}} / \lambda_{\text{л}}} \qquad (4.19)$$

在选取引水建筑物时，需要计算下游的水温 t_1，根据水库不同深度的温度分布计算泄水区垂向平均温度：

$$t_1 = \frac{1}{h_{\text{тр}}} \int_0^{h_{\text{тр}}} t_z \mathrm{d}z = \frac{1}{h_{\text{тр}}} \sum_{j=1}^n t_{z.j} \Delta z_j \qquad (4.20)$$

4.3　水库分层取水

水利枢纽上、下游热量关系的后续研究包括水电站分层取水的参数设计，这需要确定取水口流向水力机组的水流流量、水库水力特性以及水流分层强度。

水库采取分层取水可调节水电站下游水温、调节清沟长度，以及控制水电站的热影响区域。了解垂向取水口位置和水库死水位，可保护水质，维持水库清洁。以往在设计阶段未考虑过水库的生态问题，而现阶段应加以考虑。为了正确处理热力和冰情状况、水文化学状况等相关问题，必须在修建水电站之前考虑水库生态问题。

4.3.1　分层取水口分类

取水口热量分层的评估标准为热量分层指标 $k_{\text{c.т}}$，可根据如下关系式得到：

$$k_{\text{c.т}} = \left| \frac{t_1 - \bar{t}}{t_0 - \bar{t}} \right| \qquad (4.21)$$

其中，t_1 为下游水温；t_0 为入流水温；$\bar{t}$ 为水库近坝区垂向平均水温。根据热量分层程度（即指标数值），将水电站取水口前的热量分层类型分为未分层、小分层、中分层、大分层和全分层 5 种（表 4.2）。

在评估分层取水时，应考虑水利枢纽的工作状况、温度分层类型、水库是否存在冰盖等因素的影响及取水口指标 $k_{\text{c.т}}$，由此确定进水口的水温分层取水效果。某些现有水电站取水口的热量分层情况见表 4.3。

分析表 4.3 中的数据可知，全年热循环周期范围内的取水口分层变化与水库深度、几何形状、取水口水流流量等参数有关。

表 4.2　水库热量分层类型

分层类型	分层指标 $k_{\text{c.т}}$	AFo
全分层	$k_{\text{c.т}} = 1$	$AFo \geqslant 10^5$
大分层	$0.7 \leqslant k_{\text{c.т}} < 1$	$10^4 \leqslant AFo < 10^5$

分层类型	分层指标 $k_{c.т}$	AFo
中分层	$0.3 \leqslant k_{c.т} < 0.7$	$500 \leqslant AFo < 10^4$
小分层	$0.1 \leqslant k_{c.т} < 0.3$	$80 \leqslant AFo < 500$
未分层	$k_{c.т} \leqslant 0.1$	$AFo < 80$

表 4.3 中参数 A 的计算公式为

$$A = \frac{\Delta\rho}{\rho_{дн}} \frac{Re}{Fr} \tag{4.22}$$

其中，$\rho_{дн}$ 为库底水体的密度；$\Delta\rho$ 为库表水体与库底水体的密度差。

雷诺数：

$$Re = \frac{q}{\nu_т} \tag{4.23}$$

弗劳德数：

$$Fr = \frac{q^2}{gH^3} \tag{4.24}$$

其中，H 为近坝河段(计算区域)水库深度；q 为平均流量；$\nu_т$ 为紊流的运动黏度系数。

傅里叶数计算公式：

$$Fo = \frac{\lambda_т x_{тр}}{c\rho V_p h_{тр}^2} \tag{4.25}$$

其中，$\lambda_т$ 为长度为 x_p 河段的紊流导热系数；$c\rho$ 为水的体积比热容；$h_{тр}$ 为近坝河段的平均深度；V_p 为近坝河段水流速度。

4.3.2 分层取水调度

为保证水库分层取水效果，必须考虑以下条件。

(1)分层取水的温度误差：

$$k_t = \left| \frac{t_1 - t_0}{t_0} \right| < \frac{\Delta t}{t_0}$$

(2) $k_{c.т}$ 值必须符合所选取的热量分层类型(表 4.3)。

图 4.3 显示了撒萨彦-舒申斯克、乌斯季伊利姆斯克、克拉斯诺亚尔斯克等水电站取水口的数据处理结果。

可根据下游给定温度 t_0 及有温度损耗的流动参数得出坝面取水口所需宽度、水电站工作时流向下游的单宽流量 q 和总流量 Q。

表 4.3　运行中的水电站取水口热量分层类型

水电站名称, 河流	日期 (年-月-日)	水库近坝区域深度 H/m	水位线以下去水槽相对深度 $\eta_1 = (1 - H_1/H)$	单宽流量 $/(\text{m}^2/\text{s})$	$k_{\text{c.т}} = \dfrac{\lvert t_1 - \bar{t}\rvert}{\lvert t_0 - \bar{t}\rvert}$	热量分层类型
布赫塔尔马水电站, 额尔齐斯河	1961-12-20	65.0			$\left\lvert\dfrac{2.0-1.5}{0-1.5}\right\rvert \approx 0.33$	小分层
伏尔加水电站, 伏尔加河	1976-07-29	24.0			$\left\lvert\dfrac{21.9-21.9}{24.1-21.9}\right\rvert = 0$	未分层
维柳伊水电站, 维柳伊河	1971-01-26	59.3	0.53	5.3	$\left\lvert\dfrac{2.0-2.5}{0-2.0}\right\rvert = 0.25$	小分层
结雅水电站, 结雅河	1983-07-01	90.0	0.17	10.0	$\left\lvert\dfrac{4.5-5.5}{24.0-5.5}\right\rvert \approx 0.05$	未分层
科雷马水电站, 科雷马河	1992-06-30	104.0	0.86	3.5	$\left\lvert\dfrac{4.14-3.6}{4.5-3.6}\right\rvert = 0.60$	中分层
	1992-07-27	106.7	0.84	3.3	$\left\lvert\dfrac{15.05-7.9}{15.8-7.9}\right\rvert \approx 0.91$	大分层
	1992-02-15	103.0	0.86	3.5	$\left\lvert\dfrac{1.34-2.0}{0-2.0}\right\rvert = 0.33$	小分层
克拉斯诺亚尔斯克水电站, 叶尼塞河	1990-03-26	70.0	0.71	$\geqslant 10.0$	$\left\lvert\dfrac{1.85-1.78}{0-1.78}\right\rvert \approx 0.04$	未分层
马马坎水电站, 马马坎河	1964-01-10	41.0	0.26	1.0	$\left\lvert\dfrac{0.21-0.81}{0-0.81}\right\rvert \approx 0.74$	大分层
	1963-09-09	37.0	0.30	≈ 10.0	$\left\lvert\dfrac{9.5-7.5}{10.6-7.5}\right\rvert \approx 0.65$	中分层
	1963-07-24	35.0	0.31	≈ 10.0	$\left\lvert\dfrac{10.8-10}{13.4-10}\right\rvert \approx 0.24$	小分层
下诺夫哥罗德水电站, 伏尔加河	1976-07-31	17.0			$\left\lvert\dfrac{20.4-19.5}{20.7-19.5}\right\rvert = 0.75$	中分层
新西伯利亚水电站, 鄂毕河	1959-12-12	22.0			$\left\lvert\dfrac{0.65-0.74}{0-0.74}\right\rvert \approx 0.12$	未分层
撒萨彦-舒申斯克水电站, 叶尼塞河	1991-07-31	230.0	0.81	≈ 10.0	$\left\lvert\dfrac{10.4-7.2}{23.0-7.2}\right\rvert \approx 0.20$	小分层
谢列布良斯克水电站, 沃罗尼亚河	1973-04-24	58.0	0.82	≈ 10.0	$\left\lvert\dfrac{2.0-3.1}{0-3.1}\right\rvert \approx 0.35$	小分层
	1972-07-17	66.0	0.72	≈ 6.0	$\left\lvert\dfrac{10.5-5.6}{13.2-5.6}\right\rvert \approx 0.64$	中分层
乌斯季伊利姆斯克水电站, 安加拉河	1977-12-26	90.0			$\left\lvert\dfrac{2.0-2.2}{0-2.2}\right\rvert \approx 0.09$	未分层

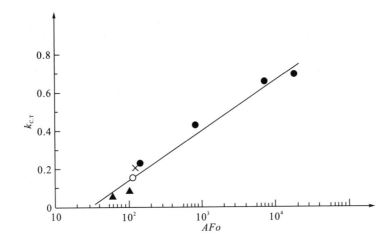

图 4.3 取水口热量分层指标 $k_{\text{с.т}}$ 与参数 AFo 的关系曲线

●撒萨彦-舒申斯克水电站；×乌斯季伊利姆斯克水电站；▲克拉斯诺亚尔斯克水电站；
〇维德涅夫全俄水利工程科学研究所西伯利亚分所的高压水力实验室

取水口工作流量按最大值考虑，如果流量较小，则由水库自动分层取水。选择的取水口工作状况（单宽流量、水深、取水宽度和取水口上、下缘深度）应与所采用的计算方法相适应。

4.4 水库水温垂向分布结构设计条件下的水位变化速度

为实现水库放水时取水口保持设计方案中的垂向温度分布，水库水位下降速度不得超过水库上层水温恢复初始分布的速度。可根据文献[26]得出这一温度分布形成的时间，通过傅里叶数进行计算：$Fo = a_{\text{т}}\tau/H^2$，其中 $a_{\text{т}}$ 为紊流导温系数，$a_{\text{т}} = \lambda_{\text{т}}/c\rho$；$H$ 为水库深度；$\lambda_{\text{т}}$ 为紊流导热系数。

为使在水库水位下降高度达到 ΔH 的时间内水温恢复到初始分布状况，需满足以下条件：

$$Fo = Fo_1 \tag{4.26}$$

其中，$Fo = \dfrac{a_{\text{т}}\tau}{H^2}$；$Fo_1 = \dfrac{a_{\text{т}}\tau_1}{(H-\Delta H)^2}$，$\tau_1$ 为放水时间。

根据公式(4.26)可推导出：

$$\tau_1 = \frac{(H-\Delta H)^2 Fo_1}{a_{\text{т}}} \tag{4.27}$$

水库水位下降速度为

$$\frac{\mathrm{d}H}{\mathrm{d}\tau} = \frac{\Delta H}{\tau_1} = \frac{\Delta H\, a_\tau}{\left(H - \Delta H\right)^2 Fo_1} \tag{4.28}$$

以允许范围内的速度通过上部取水口的水流流量为

$$\left| Q_{c6} - Q \right| = \frac{\mathrm{d}H}{\mathrm{d}\tau} F_{\text{пов}} \tag{4.29}$$

综合公式(4.26)～公式(4.28)得到:

$$\Delta Q = \frac{\Delta H a_\tau F_{\text{пов}}}{\left(H - \Delta H\right)^2 Fo_1} \tag{4.30}$$

其中, $F_{\text{пов}}$ 为水库的表面积。

另外有

$$a_\tau = 0.37 \frac{V_{\text{ср}}\left(H - \Delta H\right)}{c\rho}$$

考虑到 $V_{\text{ср}} = \dfrac{\Delta Q}{\left(H - \Delta H\right)B}$, 因此 $a_\tau = 0.37 \dfrac{\Delta Q}{c\rho B}$, 可以得到:

$$\Delta Q = 0.37 \frac{\Delta H\, F_{\text{пов}}\, \Delta Q}{\left(H - \Delta H\right)^2 Fo_1 c\rho B} \tag{4.31}$$

其中, B 为河宽, m。

然后可得最大放水深度:

$$\Delta H = H + \frac{0.185\, L}{Fo_1 c\rho}\left(1 \pm \sqrt{1 + \frac{10.8\, Fo_1 c\rho H}{L}}\right) \tag{4.32}$$

其中, L 为坝深为 H 的水库对应的回水长度。允许的水位下降速度为

$$\frac{\mathrm{d}H}{\mathrm{d}\tau} = 0.37 q \left[\frac{Fo_1 c\rho H - 0.185\, L\left(1 \pm \sqrt{1 + \dfrac{10.8\, Fo_1 c\rho H}{L}}\right)}{0.034\, L^2\left(1 \pm \sqrt{1 + \dfrac{10.8\, Fo_1 c\rho H}{L}}\right)^2}\right] \tag{4.33}$$

其中, q 为单宽流量, m²/s。

只要知道允许的水位下降速度, 便能确定水库的放水量, 从而保证按必要的条件进行分层取水。

第5章 抽水蓄能电站蓄水池的水温和冰情

5.1 蓄水池水温的变化特征

在预测蓄水池热力和冰情作用过程时，抽水蓄能电站水泵、水轮机昼夜循环混合运行模式下的水力计算是有差异的。

抽水蓄能电站工作时可分为几个阶段考虑：水泵和水轮机的运行时间，以及蓄水池在不同水位的停止时间。在计算中，一个蓄水池蓄水的同时，另一个蓄水池被排空，而且不同蓄水池输送的水温也在发生变化。同样地，在水力和热量状况变化的同时，蓄水池和放水管等各系统部分的表面冰也在不断融化或增加；由于水位不停变化，蓄水池侧壁和岸坡上的冰也在发生融化或增加。

抽水蓄能电站一日内完成一个工作循环并暂停两次的工况计算见表5.1。一个工作循环周期内抽水蓄能电站水池和放水管温度和冰情的计算，需要解决28个热量计算问题，其中14个为各系统部分的水温计算，其他问题为关于抽水蓄能电站各部分冰结冰边界热平衡方程的计算。

表 5.1 抽水蓄能电站一日内完成一个工作循环并暂停两次的工况计算

问题名称	水泵运行时工况	第一个抽水蓄能电站工作间隔期工况	水轮机运行时工况	第二个抽水蓄能电站工作间隔期工况
下部蓄水池水温计算	1.1	2.1	3.1	4.1
放水管水温计算	1.2	2.2	3.2	4.2
上部蓄水池水温计算	1.3	2.3	3.3	4.3
下部蓄水池表面冰的增长量计算	1.4	2.4	3.4	4.4
放水管冰的增长量计算	1.5	2.5	3.5	4.5
上部蓄水池表面冰的增长量计算	1.6	2.6	3.6	4.6
蓄水池侧壁冰的增长量计算	1.7	2.7	3.7	4.7

必须一个问题接着一个问题地连续计算，因为在计算水温时，上一个问题的计算结果是下一个问题的初始条件。冰厚计算也是如此。如果抽水蓄能电站有两个水轮机、两个水泵同时工作，且蓄水池有 4 个工作间隔期，则一个昼夜循环周

期的计算量将增加到 56 个。

当前我们正处于计算机时代，最好使用水力、热力和冰情状况的数值解法。在后面章节中，本书将以数字编号代替蓄水池、蓄水池侧壁和放水管在一个昼夜循环周期内的水力、热量和冰情状况变化。

5.2　蓄水池暂停工作时的水温变化

抽水蓄能电站达到死水位和正常蓄水位时，可根据水的热量变化计算水池温度，而水的热量受到水体与周围环境，如大气、浮动在水面的冰层、水库侧壁、库底等热交换的影响（表 5.1）。

蓄水池敞露水面与大气热交换的关系式为

$$
\begin{aligned}
c\rho W \frac{\mathrm{d}t}{\mathrm{d}\tau} = {} & \alpha_{\text{вода-возд}}\left(t - \vartheta_{\text{э}}\right) F \\
& + \sqrt{\frac{\lambda_{\text{г}} c_{\text{г}} \rho_{\text{г}}}{\pi \tau}}\left(t_{0\text{г}} - t_{\text{п}}\right)\left(F_{\text{дн}} + F_{\text{от}}\right) + S_{\text{дн}}\left(F_{\text{дн}} + F_{\text{от}}\cos\alpha\right)
\end{aligned}
\tag{5.1}
$$

如果水面存在冰盖，则有

$$
\begin{aligned}
c\rho W \frac{\mathrm{d}t}{\mathrm{d}\tau} = {} & \alpha_{\text{вода-лед}}\, tF \\
& + \sqrt{\frac{\lambda_{\text{г}} c_{\text{г}} \rho_{\text{г}}}{\pi \tau}}\left(t_{0\text{г}} - t_{\text{п}}\right)\left(F_{\text{дн}} + F_{\text{от}}\right) + S_{\text{дн}}\left(F_{\text{дн}} + F_{\text{от}}\cos\alpha\right)
\end{aligned}
\tag{5.2}
$$

其中，t 为水温，℃；τ 为时间，s；$\lambda_{\text{г}}$ 为河床土壤的导热系数，W/(m·K)；$c_{\text{г}}$ 为河床土壤的比热容，J/(kg·K)；$\rho_{\text{г}}$ 为河床土壤的密度，kg/m³；c 为水的比热容，J/(kg·K)；ρ 为水的密度，kg/m³；W 为蓄水池死水位和正常蓄水位之间的水量，m³；α 为水-气热交换系数，W/(m²·K)；$\vartheta_{\text{э}}$ 为等效气温，℃；$t_{0\text{г}}$ 为河床土壤的初始温度，℃；$t_{\text{п}}$ 为河床土壤的温度，与自然水温相等，℃；$F_{\text{дн}}$、$F_{\text{от}}$ 分别为蓄水池侧壁和底部的面积，m²；$S_{\text{дн}}$ 为河床的热通量，W/m²；F 为计算期间蓄水池表面的平均面积，m²。

考虑到蓄水池面积较小，在工作期结束时应计算蓄水池内的平均温度。

5.3　蓄水池蓄水时的水温变化

抽水蓄能电站水泵、水轮机同时工作时，根据水体的热量变化可计算出蓄水池温度状况。蓄水池的水体热量变化除了会受到水与周围环境（如大气、浮动在水面的冰层、侧壁表面和库底）的热交换影响外，还会受到通过抽水蓄能电站上部蓄水池或下部蓄水池进出水流的影响（表 5.1，工况 1.1、1.3、3.1 和 3.3）。

抽水蓄能电站敞露水面与大气热交换的关系式为

$$c\rho W \frac{dt}{d\tau} = \alpha_{\text{вода-возд}} \left(t - \vartheta_{\text{э}}\right) F + \sqrt{\frac{\lambda_{\text{г}} c_{\text{г}} \rho_{\text{г}}}{\pi \tau}} \left(t_{0\text{г}} - t_{\text{п}}\right) \left(F_{\text{дн}} + F_{\text{от}}\right) \tag{5.3}$$
$$+ S_{\text{дн}} \left(F_{\text{дн}} + F_{\text{от}} \cos \alpha\right) + c\rho Q_{\text{пр}} t_{\text{пр}}$$

如果蓄水池中有冰，则方程（5.3）变为

$$c\rho W \frac{dt}{d\tau} = \alpha_{\text{вода-лед}} \, t \, F + \sqrt{\frac{\lambda_{\text{г}} c_{\text{г}} \rho_{\text{г}}}{\pi \tau}} \left(t_{0\text{г}} - t_{\text{п}}\right) \left(F_{\text{дн}} + F_{\text{от}}\right) \tag{5.4}$$
$$+ S_{\text{дн}} \left(F_{\text{дн}} + F_{\text{от}} \cos \alpha\right) + c\rho Q_{\text{пр}} t_{\text{пр}}$$

其中，$Q_{\text{пр}}$ 为从本蓄水池流向另一蓄水池或从另一蓄水池流入本蓄水池的流量，m^3/s；$t_{\text{пр}}$ 为从本蓄水池流向另一蓄水池或从另一蓄水池流入本蓄水池的水体的温度，℃；其他变量同公式（5.1）和公式（5.2）。

流量 $Q_{\text{пр}}$ 的符号与输送方向有关。在水轮机工作状态下，计算上部蓄水池水温时，流量 $Q_{\text{пр}}$ 的符号为负（-），计算下部蓄水池水温时，流量 $Q_{\text{пр}}$ 的符号为正（+）。在水泵工作状态下，恰好相反，计算上部蓄水池水温时，流量 $Q_{\text{пр}}$ 的符号为正（+），计算下部蓄水池水温时，流量 $Q_{\text{пр}}$ 的符号为负（-）。

蓄水池水深及表面积与时间有关。

蓄水时蓄水池水深为

$$H = H_0 + k\tau \tag{5.5a}$$

放水时蓄水池水深为

$$H = H_0 - k\tau \tag{5.5b}$$

其中，H_0 为水轮机或水泵开始工作时的蓄水池水深，m；k 为蓄水池水位变化速度，m/s。

表面积和时间的关系与水深和时间的关系相似。

5.4 蓄水池水面及边坡冰的增长

根据给定的空气热通量 S_1 和冰下热通量 S_2，按照斯蒂芬-玻尔兹曼条件可计算蓄水池的表层冰厚：

$$S_1 - S_2 = \sigma\rho \frac{dz_{\text{к}}}{d\tau}$$

或

$$\lambda_{\pi} \frac{\partial t_1}{\partial z}\bigg|_{x=x_{\text{к}}-0} - \lambda_{\text{в}} \frac{\partial t_2}{\partial z}\bigg|_{x=x_{\text{к}}+0} = \sigma\rho \frac{\text{d}z_{\text{к}}}{\text{d}\tau} \qquad (5.6)$$

其中，$z_{\text{к}}$ 为结冰边界坐标(水面坐标起点)(表 5.1，工况 1.4、2.4、3.4 和 4.4，工况 1.6、2.6、3.6 和 4.6，工况 1.7、2.7、3.7 和 4.7)。

该方程的解法见恒定热量无量纲方程[100]:

$$\eta_{\text{к}} + \Pi_s \ln \frac{\Pi_s - 1 - \eta_{\text{к}}}{\Pi_s} + \Pi_L = 0 \qquad (5.7)$$

$$\Pi_L = \frac{S_2 \tau}{\sigma\rho h_t}, \quad \Pi_s = \frac{\lambda_1 (t_{\text{кр}} - t_2)}{S_2 h_t}, \quad \eta_{\text{к}} = \frac{h_{\pi}}{h_t}$$

其中，S_2 为从冰下水体中流出的热通量，W/m^2；τ 为水体停留的时间，s；$\sigma\rho$ 为相变体积热通量，$J/(m^3 \cdot K)$；h_t 为热阻，m；λ_1 为空气导热系数，$W/(m \cdot K)$；$t_{\text{кр}}$ 为水体的结晶温度，℃；t_2 为蓄水池中的水温，℃；h_{π} 为冰厚，m。

蓄水池侧壁和抽水蓄能电站设计：抽水蓄能电站运行时，蓄水池中的水位是变化的；向一个蓄水池注水时，另一个蓄水池会被放水；蓄水池注水和放水之间会有短暂时间间隔。

由石块堆砌而成的蓄水池侧壁有的铺设了钢筋混凝土层，有的则没有。水位变化时，侧壁既与空气接触，也与水接触。

水位变化时，侧壁上的每个点都会在某一时段与冷空气和附近水流相互作用。以图 5.1 为例，图中描述了侧壁与不同介质的相互作用，图中的数值表示抽水蓄能电站工作循环周期的个数。图 5.1(a)描述了一个抽蓄水池沿侧壁方向的水位变化；图 5.1(b)描述了在水位变化区域的侧壁上的每个点与大气和水接触的总时间。

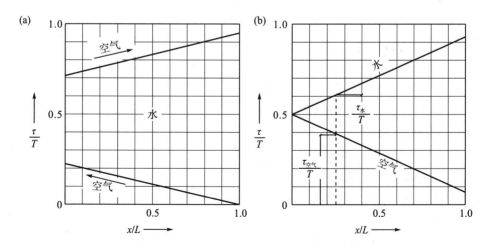

图 5.1　抽水蓄能电站蓄水池侧壁与大气和水相互作用的时间

冬季侧壁与大气接触使侧壁冷却，气温波动可穿透侧壁，对其内部造成影响。水位上升或水位达到很高时侧壁温度回升，但随着温度回升的同时，水面和侧壁表面会结冰。放水时水面结冰降落到侧壁上，由于寒冷大气的作用，冰黏结在侧壁上，侧壁本身也会结冰。下一次水位上升时侧壁升温，侧壁表面和水面的冰量会继续增加。冬季抽水蓄能电站工作时，其侧壁上会形成大量棱形冰柱，从而减少了蓄水池容量。

如果用钢筋混凝土或其他密实覆盖层代替石块堆砌，侧壁结冰以及冰量增加的物理图会有所变化。

当侧壁与大气接触时，侧壁覆盖层及下垫层冷却，温度波动穿透侧壁的深度与侧壁石块堆砌层下的泥土层的热阻有关。水位上升时，泥土与上升的水体接触后冷却到 0℃ 以下。由于侧壁与大气接触时积累了"冷气储备"，侧壁的泥土和石块表面的冰量增加，有时冰会填充到缝隙中。这时库表碎冰增加，下一次放水时碎冰附着在侧壁上，这在某种程度上隔离了侧壁与大气。放水时碎冰下沉并附着在侧壁上，填充了石块和泥土缝隙，从而使石块和泥土冷却。当碎冰继续填充缝隙，冰在侧壁上累积形成棱形冰柱并进行下一个循环。

无冰时侧壁与冷空气接触，侧壁石块的孔隙中会发生自由对流现象：孔隙中较暖的空气上升，冷空气补充到上升的暖空气原来的位置。在侧壁表面碎冰下也会发生自由对流现象。

每个部分积累的冷气含量，其计算公式为

$$S_1 = mc(t_0 - t_1) \qquad (5.8)$$

其中，t_0 为石块初始温度；t_1 为石块与大气接触后的温度。石块结冰时，温度从 t_1 变化为 t_2：

$$t_2 = t_1 + \theta(t_1 - t_{\text{кр}}) \qquad (5.9)$$
$$\theta = f(Fo)$$

并且石块表面冰量增加。

新的冷却循环开始时 $t_2 = t_0$，t_2 为初始温度，且使石块冷却的空气温度与侧壁上碎冰下表面温度一致。

水位上升以及放水过程中水向空气失热，可根据水流向石块侧壁的热平衡条件确定侧壁结冰边界：

$$S_{\text{вод}} = S_{\text{возд}} \qquad (5.10)$$

正常蓄水位下水面结冰，放水时冰落到侧壁表面，侧壁与空气接触时冰凝固在侧壁上，从而使冰在侧壁上堆积。侧壁与冰一起继续冷却结冰。温度波动穿透侧壁的深度与侧壁表层下的泥土层热阻有关。

侧壁与冷空气接触时积累的"冷气储备"，使得落到侧壁上的冰开始重复冻结，冰冻结从侧壁表面开始，然后是之前下沉并已冻结的冰。这时水面碎冰增加，放水时这些碎冰会降落到侧壁上。抽水蓄能电站下一个工作循环周期内，侧壁上将继续重复冰的堆积这一过程。

水面碎冰厚度计算方式与水库表面的冰厚计算方式相同，根据斯蒂芬-玻尔兹曼方程[公式(5.6)]进行计算。

放水时，水面冰层附着在初始孔隙度为 P_0 的侧壁上。下一蓄水和放水过程中，冰的孔隙度由于水位上升时夹层注水的部分冻结而发生变化。

我们假设，抽蓄水池侧壁上泥土的热量随着泥土空隙中的水结冰而变化，并且侧壁上的碎冰结冰与热平衡关系式有关：

$$\sigma\rho\Delta h = ch\Delta t \tag{5.11}$$

其中，$\sigma\rho$ 为相变体积热量，$J/(m^3 \cdot K)$；c 为冰的比热容，$J/(kg \cdot K)$；$\rho_\text{л}$ 为冰的密度，kg/m^3。

水体结冰增加了夹层中的冰量。由此孔隙度变化为

$$P = P_0 - \frac{\Delta h}{h_\text{л}} \tag{5.12}$$

其中，Δh 为孔隙中结冰的假定厚度；$h_\text{л}$ 为冰层总厚度。

冰夹层的导热系数可根据文献[43]计算得出：

$$\lambda_\text{пр} = \left(\frac{m}{\lambda_1} + \frac{1-m}{\lambda_2}\right)^{-1} \tag{5.13}$$

其中，m 为冰-水、水-气关系参数；下角标 1、2 代表冰-水、水-气系统。

上述层状系统的比热容和密度，根据权重加权可得

$$\begin{aligned} c_\text{пр} &= c_1 m + (1-m)c_2, \\ \rho_\text{пр} &= \rho_1 m + (1-m)\rho_2 \end{aligned} \tag{5.14}$$

蓄水池水位上升时，沿侧壁斜坡形成水和冰组成的层状系统，而水位下降时，沿侧壁斜坡形成冰和空气组成的层状系统。水轮机模式下放水时，蓄水池上部侧壁形成冰层和空气夹层组成的层状系统，蓄水池下部侧壁上水填充到空气夹层。水轮机工作模式下侧壁的热物理特性随着水位的变化而变化。

蓄水池侧壁与水和空气接触时的温度状况，可根据第一类边界条件的半平面导热方程进行计算。侧壁内部温度问题的算法见文献[100]：

$$\bar{t} = t_\text{н} + \bar{\Theta}(t_0 - t_\text{н}) \tag{5.15}$$

其中，$\bar{\Theta}$ 为平均温度无量纲参数。

放水时，由于"冷气储备"的积累，在侧壁上形成的堆积冰层的厚度为

$$\Delta h = \frac{ch_\text{л}\Delta t}{\sigma} \tag{5.16}$$

其中，Δt 为水泵或水轮机工作模式下侧壁内部温度变化。

上述堆积冰层的密度和比热容计算公式为

$$c = c_{\text{воз}} P + c_{\text{л}} (1 - P),$$
$$\rho = \rho_{\text{воз}} P + \rho_{\text{л}} (1 - P)$$
(5.17)

其中，P 为堆积冰层孔隙度。

蓄水池注水时，侧壁表面温度会突然发生变化。这时，根据侧壁的温度突变和上述提及的新特性，对与空气接触的侧壁的温度计算与冰的计算具有相似性。

在大气冷却条件下，凝结在冰棱柱上的冰层恰好能起到隔热作用，因此冰棱柱体积不会进一步增加。在正常蓄水时，冰层以漂浮形式存在，而在放水时被冰棱柱以支架形式支在空中，然后断裂，在侧壁上形成凸起的冰块，之后自动形成冰的堆积。

5.5 抽水蓄能电站管道的热量和冰情状况

对于计算抽水蓄能电站管道热力和冰情状况中时间间隔的规定，必须考虑电站工作状态的变化。抽水蓄能电站日常工作包括以下几个计算阶段：水轮机和水泵的工作周期、抽蓄水池不同水位情况下的电站停运时间。水沿管道输送时水温会发生变化。管道内表面上水力、热力和冰情状况形成的同时，也在不断发生结冰和融冰(表 5.1，工况 1.2、2.2、3.2、4.2、1.5、2.5、3.5 和 4.5)。

整个日循环计算由 8 个问题组成，其中 4 个为温度状况问题，需要使用不同单值条件导热方程求解，另外 4 个问题为冰的增长计算。

总体上非稳态管道内热交换计算的目的，是确定管道内壁水温范围并算出水-管道壁边界上的热通量。为此，需要研究液体的对流热交换(强迫对流或自由对流)作用过程以及管道壁上的导热作用过程，解决热量关系问题的计算。

抽水蓄能电站管道内结冰作用的分析，是根据抽水蓄能电站每个工作周期的准稳简化模型进行的，以下为假设条件。

(1) 轴对称。

(2) 管道内表面上水的结晶温度是不变的：

$$t_{\text{кр}} = -|m| p$$
(5.18)

其中，m 为考虑压强时的结晶温度下降系数($m = 8 \times 10^{-2} \, ℃/\text{MPa}$)；$p$ 为倾斜管道中的压强平均值，MPa。

(3) 结冰温度为平均水温，在这个水温下管道内壁开始结冰，根据管道内表面热平衡方程可得

$$\alpha_2 \left(t_{\text{л.о}} - t_{\text{кр}} \right) = \frac{t_{\text{кр}} - \vartheta}{\left(\dfrac{1}{\alpha_1 r_1} + \dfrac{1}{\lambda_{\text{c}}} \ln \dfrac{r_1}{r_2} \right) r_2} - S_{\text{R}} \frac{r_1}{r_2}$$
(5.19)

其中，下角标 1 代表外部环境(空气)，下角标 2 代表管道内壁；λ_c 为管道壁导热系数，W/(m·K)；α_1 为管道外表面热交换系数，根据经验表达式[122]可得

$$Nu = 0.032 Re^{0.63} \tag{5.20}$$

其中，$Nu = \dfrac{\alpha_1 r_1}{\lambda_1}$，为努赛尔数。

S_R 为管道面每平方米的太阳辐射，其表达式为

$$S_R = (Q+q)_0 \left[1-(1-k)n \right](1-a) - I_0 \left(1-cn^2\right) - 4\varepsilon\sigma T_\vartheta^3 \left(t_{c_1} - \vartheta \right) \tag{5.21}$$

其中，ε 为管道厚度(混凝土管道的 $\varepsilon = 0.55 \sim 0.44$m)；$t_{c_1}$ 为根据管道壁热量等式得到的管道外表面温度(管道壁上水流状态不变)，并有

$$\frac{t_{c_2} - t_{c_1}}{\displaystyle\sum_i \frac{1}{\lambda_i} \ln \frac{r_i}{r_i - 1}} = \alpha_1 r_1 \left(t_{c_1} - \vartheta - \frac{S_R}{\alpha_1} \right)$$

为整个管道柱形壁水流层 i 的等式。

非绝缘管道开始结冰时，有 $i=1$，$t_{c_2} = t_{\text{кр}}$，$\Delta r_{\text{л}} = 0$，则有

$$t_{c_1} = \frac{t_{\text{кр}} + \dfrac{\alpha_1 r_1}{\lambda_c} \ln \dfrac{r_1}{r_2} \left(\vartheta + \dfrac{S_{R_0}}{\alpha_1} \right)}{1 + \dfrac{\alpha_1 r_1}{\lambda_c} \ln \dfrac{r_1}{r_2}} \tag{5.22}$$

开始结冰时，根据公式(5.21)和公式(5.22)可求得

$$\begin{aligned}
S_{R_0} &= \Bigg\{ \left\{ (Q+q)_0 \left[1-(1-k)n \right](1-a) - I_0 \left(1-cn^2\right) \right\} \\
&\quad \times \left(1 + \frac{\alpha_1 r_1}{\lambda_c} \ln \frac{r_1}{r_2} \right) - 4\varepsilon\sigma T_\vartheta^3 (t_{\text{кр}} - \vartheta) \Bigg\} \times \frac{1}{1 + \dfrac{\alpha_1 r_1}{\lambda_c} \ln \dfrac{r_1}{r_2} + \dfrac{4\varepsilon\sigma T_\vartheta^3 r_1}{\lambda_c} \ln \dfrac{r_1}{r_2}}
\end{aligned} \tag{5.23}$$

将 S_{R_0} 代入公式(5.19)后，得到管道内开始结冰时的温度表达式：

$$t_{\text{л.о.}} = \frac{1}{\alpha_2} \left[\frac{t_{\text{кр}} - \vartheta}{\left(\dfrac{1}{\alpha_1 r_1} + \dfrac{1}{\lambda_c} \ln \dfrac{r_1}{r_2} \right) r_2} - S_{R_0} \frac{r_1}{r_2} \right] + t_{\text{кр}} \tag{5.24}$$

5.5.1　抽水蓄能电站停运周期(表 5.1，工况 2.2、4.2)

在冷却的管道内充水，并使水流不流动，水体和管道壁的温差会引起自由对流。用瑞利数描述自由对流时的热交换过程：

$$Ra = \frac{g\beta l^3 \Delta t}{\nu a}$$

其中，$\Delta t = \bar{t} - t_{c_2}$，为管道壁与水体的温度差，℃；$\bar{t}$ 为管道内水温，℃；t_{c_2} 为管道壁温度，℃；β 为水的体积膨胀系数，℃$^{-1}$；l 为管道长度，m；ν 为运动黏度系数，m²/s；a 为导温系数，m²/s。

当 $Ra > 2 \times 10^7$ 时，所研究的情况中出现自由对流临界状态，与紊流运动过程一致。临界状态下，失热强度与水体体积无关，当 $Pr \geqslant 0.5$ 时，关系式[66]为

$$Nu = 0.135 Ra^{1/3} \tag{5.25}$$

通过公式变形后，得到水向管道壁的热交换系数的计算公式：

$$\alpha_2 = 88(\Delta t)^{1/3}, \ W/(m^2 \cdot K) \tag{5.26}$$

为简化自由对流条件下复杂的掺混过程计算，仅研究瞬态热传导基本现象。引入等效导热系数概念：

$$\lambda_{\text{экв}} = \varepsilon_{\text{к}} \lambda \tag{5.27}$$

其中，$\varepsilon_{\text{к}}$ 为热传导过程中的对流影响系数，$\varepsilon_{\text{к}} = f(Ra)$。

当 $10^6 < Ra < 10^{10}$ 时，有

$$\varepsilon_{\text{к}} = 0.40 Ra^{0.2} \tag{5.28}$$

管道长度 l 值被确定后，测得管道截面内半径为 r_2。

抽水蓄能电站停运时的管道水温变化，可根据半径为 r 的圆柱体蓄水管道的导热方程计算：

$$c\rho \frac{dt}{\partial \tau} = \lambda_{\text{экв}} \frac{1}{r} \frac{\partial}{\partial r}\left(r \frac{\partial t}{\partial r}\right) \tag{5.29}$$

初始条件为 $t_{\tau=0} = t_0$，边界条件为

当 $r = r_2$ 时，

$$-\lambda_{\text{экв}} \frac{\partial t}{\partial r} = K'\left(t_{c_2} - \vartheta_{\text{экв}}\right)$$

当 $r = 0$ 时，

$$\frac{\partial t}{\partial r} = 0$$

其中，K' 根据准稳态作用过程的假设条件，通过管道壁向水中的热交换系数进行计算：

$$K' = \frac{1}{\dfrac{r_2}{\lambda_c}\ln\dfrac{r_2}{r_1} + \dfrac{r_2}{r_1}\dfrac{1}{\alpha_1}}$$

其中，r_1 为管道截面外半径，m；α_1 为从管道表面向大气的热交换系数，W/(m²·K)；λ_c 为雪的导热系数，W/(m·K)。

因此，该问题的关系式为

$$\Theta = \frac{t - t_0}{\vartheta_{_э} - t_0} = f(Fo, Bi) \tag{5.30}$$

其中，Θ 为无量纲温度参数；$Fo = \dfrac{\lambda_{экв}\Delta\tau}{r_2^2 c\rho}$，为傅里叶数；$Bi = \dfrac{K' r_2}{\lambda_{экв}}$，为毕奥数。

使用逐次渐进法计算方程(5.30)。首先确定初始温度 $\Delta\tau$，t_0 为上一工作模式（水轮机或水泵工作模式）下的水温分布计算结果。

5.5.2　管道壁上的结冰过程 (表 5.1，工况 1.5、2.5、3.5 和 4.5)

有效截面上的平均水温可根据导热方程(5.29)得出，其中初始条件为 $t_{\tau=0} = t_0$，边界条件为：当 $r = r_{_л}$ 时，$t = t_{кр}$；当 $r = 0$ 时，$\mathrm{d}t / \mathrm{d}r = 0$。

可根据关系式[100]确定无量纲平均温度值：

$$\bar{\Theta} = f(Fo)$$

其中，$Fo = \dfrac{\lambda_{экв}\Delta\tau}{r_{_л}^2 c\rho}$。

根据公式(5.21)和公式(5.23)计算管道表面太阳辐射 $S_{R_{_л}}$，同时考虑结冰半径，得出的公式为

$$\begin{aligned}
S_{R_{_л}} = &\left\{ \left\{ (Q+q)_0 \left[1 - (1-k)n \right](1-a) - I_0\left(1 - cn^2\right) \right\} \right. \\
&\times \left[1 + \alpha_1 r_1 \left(\frac{1}{\lambda_{_л}} \ln\frac{r_2}{r_{_л}} + \frac{1}{\lambda_c} \ln\frac{r_1}{r_2} \right) \right] - 4\varepsilon\sigma T_\vartheta^3 \left(t_{кр} - \vartheta \right) \right\} \\
&\times \frac{1}{1 + r_1 \left(\dfrac{1}{\lambda_{_л}} \ln\dfrac{r_2}{r_{_л}} + \dfrac{1}{\lambda_c} \ln\dfrac{r_1}{r_2} \right)\left(\alpha^2 + 4\varepsilon\sigma T_\vartheta^3 \right)}
\end{aligned} \tag{5.31}$$

由此，微分方程(5.23)中的半径 r_2 被替换为结冰半径 $r_{_л}$。

可将管道中的每一步水温计算结果与公式(5.24)中得出的水结冰温度相比较。如果 $\bar{t} > t_{_{л.o}}$，则不存在冰，在抽水蓄能电站停运时段内继续计算。当 $\bar{t} \leqslant t_{_{л.o}}$ 时，管道内表面形成碎冰，可根据斯蒂芬-玻尔兹曼方程确定其厚度。对于管道内柱形结冰表面，该方程的表达式为

$$-\sigma\rho_{_л}\frac{\partial r_{_л}}{\partial\tau} = \alpha_2\left(\bar{t} - t_{кр} \right) - \frac{t_{кр} - \vartheta}{r_{_л}\left(\displaystyle\sum_i \frac{1}{\lambda_{i-1}} \frac{r_i}{r_{i-1}} + \frac{1}{\alpha_1 r_1} \right)} + S_{R_{_л}}\frac{r_1}{r_{_л}} \tag{5.32}$$

管道内表面结冰厚度计算与抽水蓄能电站停运周期计算方法相似，可根据公式(5.34)确定热交换系数。

5.5.3　抽水蓄能电站工作周期

在水泵或水轮机工作模式下，水流从一个抽蓄水池向另一个抽蓄水池输送时，由于能量损耗，其大量失热。圆形管道中水流释放的热能的表达式为

$$D = \frac{2.52\rho Q^3 n^2}{\pi^2 r_2^{16/3} I} \tag{5.33}$$

其中，n 为管道壁粗糙系数（结冰管道：$n = n_{\text{л}} = 0.01$）；I 为热功当量，J；Q 为平均流量，m^3/s。

管道内水流的热力和冰情问题可借助自由对流条件下的假设情况解决，但水流导热系数和热交换系数的计算需要考虑紊流运动（表 5.1，工况 1.2 和 3.2）。

为得到紊流条件下水体向管道壁的热交换系数 α_1，需使用已知的经验关系式[65,80]：

$$Nu = \frac{\alpha_2 2 r_2}{\lambda} = 0.023 Pr^{0.4} Re^{0.8} \tag{5.34}$$

解决管道内运动水流的温度问题时，可假设内部热源能量损耗均匀分布于水体中。

根据叠加原理，该温度问题可通过文献[100]中的两个温度问题解法联合解决：其中一个是无内部热源，但给定了初始条件和边界条件的 t_1；另一个是有内部热源，但未给定初始条件和边界条件的 t_q。

$$t = t_1 + t_q \tag{5.35}$$

t_1 的解法已在前述方法中描述过（表 5.1，工况 2.2），可将自由对流热交换系数替换为紊流热交换系数[公式(5.34)]。t_q 的计算方法为

$$t_q = t_{\text{ад}} - t_t \tag{5.36}$$

其中，$t_{\text{ад}}$ 为内部热源，t_t 为边界条件。

管道绝热温度表达式为

$$t_{\text{ад}} = \frac{1}{c\rho} \int_0^{\tau_{\text{к}}} \frac{D}{F} \mathrm{d}\tau$$

其中，F 为管道内截面面积；D 为损耗函数；$\tau_{\text{к}}$ 为水轮机或水泵工作模式下的抽水蓄能电站工作周期持续时间。

所研究的情况中，因为内部热源是不变的，则有

$$t_{\text{ад}} = \frac{D\tau_{\text{к}}}{c\rho F}$$

管道中无内部热源，但外部热源温度变化时的水温 t_t 与边界条件有关：

$$t\Big|_{r=r_1} = \frac{1}{c\rho}\int_0^{\tau_{\rm g}}\frac{D}{F}{\rm d}\tau = k\tau$$

其中，$k = \dfrac{D}{c\rho F}$。

根据文献[100]得出的算法为

$$t_{\rm t} = t_0 + \Theta\frac{k\,r_1^2}{a_{\rm T}}$$

其中，$a_{\rm T}$ 为紊流导温系数，其计算公式为

$$a_{\rm T} = \frac{\lambda_{\rm T}}{c\rho}$$

而 Θ 为无量纲温度参数。

因此，所求的管道平均温度的表达式为

$$\bar{t} = \bar{t}_1 + t_{\rm ад} - \bar{t}_{\rm t}$$

管道壁表面温度表达式为

$$t_{c_2} = t_{1_{c_2}} + t_{\rm ад} - t_{t_{c_2}}$$

结冰管道温度为

$$t\Big|_r = t_{\rm кр}$$

因此，连续计算不同季节和全年热循环周期以及一日内抽水蓄能电站管道和蓄水池热量变化的所有问题，需要考虑抽水蓄能电站蓄水池和管道的热力和冰情。

第6章 潮汐发电站蓄水池的热力和冰情

6.1 潮汐发电站的冰情

尽管俄罗斯在多年以前就建立了第一个潮汐发电站——基斯洛古波斯克潮汐发电站，但距离大规模使用潮汐能作为发电能源还很遥远。潮汐发电站项目通常会参考鄂霍次克海的图古尔潮汐发电站和白海的梅津潮汐发电站的修建方案。坝址基准线会影响发电站规模，坝址选择应考虑能使发电站供应足够的工业用电。然而，坝址基准线位置、冬季严寒的气候、涨退潮时的水位差过小等因素使人们担心建设潮汐发电站获得潮汐能的费用会过高，实用性不强。研究冬季潮汐发电站工作效率，是最严峻的问题之一，需要预测蓄水池的热力和冰情，评估冰情对潮汐发电站运行的影响。从这一观点出发，对蓄水池清沟长度、流冰漂浮情况、管道中冰的下沉能力、泄水道结冰情况等进行预测研究是十分必要的。研究人员曾对图古尔和梅津潮汐发电站断面进行过此类计算和预测，计算时需考虑气候、水文和建筑物的结构特点。

涨潮和退潮时，潮汐发电站蓄水池的功能是不同的。涨潮时蓄水海域为上游，退潮时蓄水海域变成下游，即发电站蓄水池交替执行上下游的功能并具备相应的特点。涨潮时水轮机正向工作，退潮时水轮机反向工作。本章以图古尔和梅津潮汐发电站为例，说明潮汐发电站将来运行时将伴随复杂的热力和冰情状况。

最合理的修建潮汐发电站的位置是开阔海面的狭窄海湾，其特点是涨退潮幅度大。通常这些海湾位于江河汇流处，潮汐发电站将海湾分成两个水域——内港和蓄水海域，两个水域的冰情明显不同，各水域冰情取决于潮汐发电站的工作循环周期。

6.1.1 内港

内港冰情的特点是，涨潮时远海海冰不会随水流进入潮汐发电站基准线以内，退潮时内港冰也不会被海水带走。通常在自然条件下，内港达到结冰温度时，即开始结冰。

初冬涨潮时结冰强度为6~7，内港中的冰可排到潮汐发电站基准线以外，在内港背向潮汐发电站的位置堆积成冰丘并逐渐紧实，直到形成密实的冰原，冰原与岸边的窄冰带是分离的(冰原的温度条件是自然条件)。内港中形成清沟,初冬时清沟上形成冰花。从涨潮向退潮过渡期间海水流量较小,水体中的紊流掺混停止,内港表面形成一层薄薄的碎冰,覆盖整个水面。退潮时碎冰层破裂,未冻住的冰流到潮汐发电站基准线,覆盖清沟表面。

大小潮潮差,将造成蓄水池水面面积和冰层发生变化。在潮汐条件下,蓄水池中冰的分离和进一步压实,导致清沟长度和冰缘的冰流量增加。潮汐发电站连续发电,会促进蓄水池结冰。随着退潮,池水涌向潮汐发电站,并且原本在清沟中的薄冰缘因破裂而形成的小碎冰也向发电站移动。退潮时,蓄水池的清沟中已不存在薄冰缘,并开始形成冰花。潮汐发电站在涨潮时工作,上游(蓄水海域)接近结冰温度的海水流入内港(下游)。蓄水时,冰与岸分离,未冻实的冰从水力发电设施排走。潮汐发电站内港的清沟主要由于水流拖曳力与碎冰的相互作用而形成。

上述作用过程一直重复到冰缘不再靠近潮汐发电站,以及清沟长度稳定下来为止。这时起,清沟长度只会因为冰花的形成而变短。清沟表面的碎冰破裂,在水轮机反向工作(退潮)时,碎冰可能会落入水轮机管道,而在水轮机正向工作(涨潮)时,碎冰可能会流到蓄水池冰缘下[28]。

要注意大小潮对清沟长度的影响。大小潮会导致冰破碎和产生额外拉力(冰强度变小),因为蓄水池表面面积增加,相应的冰厚增加,受大、中、小潮潮差影响,蓄水池中水流速度增加。

清沟形成后冻结在蓄水池中的冰的厚度达到 $h_{\lim}$ 时,退潮时冰不会再向潮汐发电站一侧移动,冰厚 $h_{\lim}$ 的计算公式为

$$h_{\lim} = \rho g \frac{V_{\text{макс}}^2}{C_2} \frac{l_{\text{л}}}{[\tau]} \tag{6.1}$$

其中,$V_{\text{макс}}$ 为流到内港的水达到最大水量时的流速;$[\tau] = 30000\text{Pa}$,为碎冰的剪应力[49];$l_{\text{л}}$ 为冰块长度,m;C_2 为谢才系数,$\text{m}^{0.5}/\text{s}$;ρ 为水的密度,kg/m^3;g 为重力加速度,m/s^2。

从这时起,蓄水池内清沟不再变化,然后形成密实的冰盖。蓄水池中冰的密实度低于自然条件下冰的密实度,说明蓄水池内的冰量少于自然条件下的冰量。蓄水池内形成的大块浮冰与冰花层一起摆动,与狭窄的岸冰发生分离。

冬季中后期(通常从一月中旬开始),蓄水池边上的冰厚将与自然条件下的冰厚一致。蓄水池内冰的体积不超过自然条件中冰的体积,因为涨潮时不会从海上带来冰。

从春季开始直到密实冰盖破裂,蓄水池内的冰比自然条件中的冰融化得更缓慢。蓄水池内存在清沟,结冰强度未因太阳辐射减弱,水温可回升到 0.01~0.03℃,但如果水流到固定冰盖下,则迅速冷却[102,120],直到水温降到结冰温度。蓄水池内冰受热量的影响发生融化,但只受太阳辐射的热量影响,当中并不存在来自水

内的热量影响。这一情况一直持续到冰的密实度发生改变。太阳辐射[79]导致冰强度衰减的计算表明，图古尔潮汐发电站的块冰从五月底、六月初开始减少。蓄水池内的冰破裂后形成冰块，随后这些受太阳辐射影响且密实度逐渐减小的冰块开始漂流。这些冰的融化速度与自然条件下的冰融化速度相等。由于淡水与咸水混合会形成冰花，与自然条件下排除浮冰相比，蓄水池内完全排除浮冰的时间会延长。从水中浮起的冰花冻结在冰原下表面，使冰厚增加，但不明显。

6.1.2 蓄水海域

蓄水海域中的冰情与自然条件(无清沟的情况)下的冰情相似。退潮时水流拖曳力与碎冰相互作用，造成冰原掺混，由此可确定清沟长度。

蓄水海域中的清沟和内港中的清沟一样，在潮汐发电站工作时形成冰花，而涨退潮期间通过潮汐发电站的水量不会降到 0。从这时起，不再形成冰花，清沟中形成碎薄冰，在涨退潮期间水轮机工作时水量增加，碎薄冰厚度发生变化。涨潮时水位上升，碎冰与冰花和漂浮在海湾中的冰一起破裂，并冲向潮汐发电站。

从蓄水海域流向水力发电机组的冰花量与从内港流向水力发电机组的冰花量差别不大。但由于在涨退潮循环时蓄水海域中的清沟可能会消失，冰缘将向潮汐发电站移动，所以需要考虑蓄水海域的冰对潮汐发电站的作用。

由于潮汐发电站附近在涨潮初期和中期均存在清沟，如果潮汐发电站区域内有碎冰，则碎冰会被引向排水管道和水轮机排水孔。在一定条件下(管道内水深和管道宽度足够大)，碎冰将通过管道流到内港。

不排除蓄水海域中冰会下沉到水轮机引水管中的情况，这取决于一系列因素，正如实际条件和排水设施实验室模型研究所示，只有在上游深水中冰才会被吸入深孔中。

6.2. 图古尔和梅津潮汐发电站蓄水池的热力和冰情预测

图古尔潮汐发电站规划大坝基准线将图古尔湾围起 18km，其中 11km 为发电机组，7km 为暗坝。潮汐发电站选址的特点是冬季流冰期长，每日重复两次涨退潮周期，水位变化最大幅度为 8m；年平均气温为-3.5℃，日最低气温为-47.0℃。

图古尔潮汐发电站蓄水池整体冰情状况见图 6.1。

图古尔潮汐发电站蓄水海域的冰情与自然条件无清沟情况下的冰情相似。退潮时水流拖曳力与碎冰的相互作用，造成冰原掺混，可据此确定清沟长度。清沟长度预测结果见图 6.1。

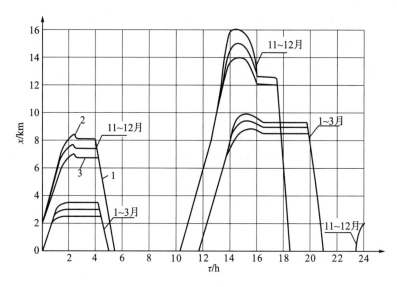

图 6.1　中潮条件(图中 1)、大潮条件(图中 2)、小潮条件(图中 3)下的图
古尔潮汐发电站蓄水海域一侧清沟长度

涨潮时蓄水海域冰花流量和体积见表 6.1。

如计算结果所示，内港的清沟长度不超过 12km。每月末内港清沟长度、退潮时从内港流向水力发电机组的冰花的流量与体积见表 6.2。

梅津潮汐发电站内港冰情与图古尔潮汐发电站内港冰情有很大差别。沿梅津河和库洛伊河流到梅津湾的冰继续流入内港海域，此时梅津潮汐发电站内港冰情受这些河流中淡水和咸水相互作用的影响显著。根据不同盐度水体相互影响的特点，可得到淡水和咸水边界的稳定程度和内港冰量。

表 6.1　涨潮时图古尔潮汐发电站蓄水海域冰花流量和体积

冰花流量和体积	月份														
	11 月			12 月			1 月			2 月			3 月		
	中潮	大潮	小潮	中潮	大潮	小潮	中潮	大潮	小潮	中潮	大潮	小潮	中潮	大潮	小潮
冰花流量 /(m³/s)	227	239	217	450	470	426	327	340	310	262	277	250	177	185	169
冰花体积 /(10⁶m³)	4.0	4.3	3.9	8.1	8.4	7.6	5.8	6.1	5.5	4.7	5.0	4.5	3.2	3.3	3.0

表6.2 图古尔潮汐发电站内港清沟长度及退潮时从内港流向水力发电机组的冰花的流量和体积

月份	冰情要素			
	月末清沟长度/km		冰花流量/(m³/s)	冰花体积/(10⁵m³)
	平均值	考虑大潮期与小潮期时的平均值		
11月	11.5	11.7	48.0	8.2
12月	6.7	6.9	45.5	8.3
1月	5.4	5.6	31.6	5.8
2月	4.8	4.9	20.3	3.7
3月	4.5	4.2	12.0	2.3

如计算结果所示，梅津潮汐发电站运行时平均冰花流量为 1000m³/s，不同盐度的水域盐跃层边界条件稳定，可形成高浓度的冰花。

涨退潮平均循环周期中的水轮机反向工作末期，淡水层厚度 h_1 沿梅津潮汐发电站蓄水池长度 x 的变化见图6.2。可以明显地看出，随着淡水从梅津河河口向潮汐发电站基准线移动，蓄水池中的淡水层厚度从 0.84～0.94m 减小到 0.01m。长期条件下冰下可形成冰花层，其厚度随着水流向梅津河和库洛伊河河口靠近而增加。

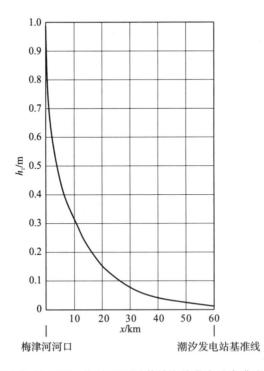

图6.2 退潮末期(涨退潮平均循环周期)梅津潮汐发电站内港淡水层厚度变化

11 月，在自然条件下蓄水池内开始结冰。涨潮时，在发电站运行状态下，排冰从内港尾部开始，冰凌变得密实且发生壅塞，形成冰原，而形成的冰原与岸边冰带是分离的。内港潮汐发电站附近，易形成清沟。当清沟中水流速度超过 0.3m/s 时，一个周期为 12h 的涨退潮循环中，有 8h 在产生冰花。在潮汐发电站空转状态下，冰花被水冲到冰缘而逐渐变得密实，促使冰缘向潮汐发电站移动，退潮时潮汐发电站运行，冰从水轮机管道流入梅津湾。其余 4h，当清沟中的水流速度小于 0.3m/s 时，潮汐发电站从一个工作状态向另一个工作状态过渡，紊流掺混强度降低，清沟中不再形成冰花，但会形成厚度为几厘米的可覆盖在清沟表面的冰壳(薄冰层)。流量增加导致水位变化时，薄冰层破裂，在水轮机空转状态下冰缘薄冰层变密实后向潮汐发电站建筑物移动，退潮时水轮机反向工作，薄冰可从水轮机管道排到梅津湾。

冬季由于清沟中的冰、水与冷空气进行热交换，或是由于不同盐度的水相互作用，形成的冰花的体积为 $1.2km^3$。由于考虑了冰、水与冷空气进行的热交换，这将导致冰盖增加的体积达到 $3.56km^3$。

内港中首次结冰的时间比自然条件下的结冰时间早，因为内港中水的盐度较低，其紊流扰动程度较弱。由于内港中水与冷空气热交换和盐跃层边界形成冰花的影响，冰厚将进一步增加，直到形成密实的冰原。

冰厚 h_n 未达到最大值 h_{lim} 之前，内港中的冰会一直移动。梅津潮汐发电站内港冰厚最大值 h_{lim} 可根据文献[82]得出，$h_{lim} = 0.34m$。通过对水文条件的多年观测，一般在 11 月第 1 周冰层厚度可达到最大值。这时，内港内水体形成密实冰盖，与岸冰分离，并且中间有裂纹。这是因为梅津湾浮冰受到的作用力更小，冰盖密实度小于自然条件下的冰盖密实度，但由于淡水径流的存在，冰的流动性相对较强。

5 月上半月内港汇入梅津河与库洛伊河的洪水，其水温为 0.2～1.5℃，使远离潮汐发电站边缘部分的冰开始大量破裂。基准线附近的内港冰开始破裂的时间是 4 月底，比自然条件下的破冰时间稍晚，并且在未排离基准线之前使开始破裂。

5 月，内港中心部分的冰开始破裂，同时破冰区融化，洪水流经的冰带最先融化。蓄水海域其他部分的冰由于与大气发生热交换而开始融化。到 6 月，内港冰完全被排除。

在清沟范围外的流向梅津潮汐发电站的海水与普通海水差别不大。梅津潮汐发电站蓄水海域冰情要素见表 6.3。

潮汐发电站水轮机反向工作时，冰从潮汐发电站排走。一个涨退潮周期内从海上向潮汐发电站移动的冰花的最大体积为 $2.6×10^5m^3$。

清沟表面冰形成的条件是海水流速小于冰花形成的速度。潮汐发电站空转时清沟中的薄冰层与冰花一起漂浮在梅津湾上，与冰原和碎冰同时流向发电设施。此外，来自蓄水海域的冰冲击潮汐发电站的持续时间为 1.5～3.0h。

表 6.3 梅津潮汐发电站蓄水海域冰情要素

冰情要素	月份					
	11 月	12 月	1 月	2 月	3 月	4 月
冰开始移动时的速度 V_{min}/(m/s)	0.58	0.65	0.69	0.78	0.81	0.80
潮汐发电站排冰时间/h	5.0	4.8	4.7	4.5	4.4	4.5
蓄水海域一侧清沟长度/km	16.1	14.5	13.4	13.2	13.9	15.8
清沟中的冰花流量/(m³/s)	82.5	135.0	171.0	153.0	100.0	38.0
冰从蓄水海域流至潮汐发电站所用的时间/h	4.5	4.2	4.2	3.1	3.0	3.0
冰冲击发电设施的持续时间/h	1.5	1.8	1.8	2.9	3.0	3.0

第7章　水库气候变化及对冰情的影响

7.1　水库建成后的气候变化预测方法

新型水利枢纽的运行经验说明，水利枢纽所在区域中与季节有关的气候变化特征有空气湿度增加、气温升高，它们影响着冰情出现的日期。目前所使用的预测气候特征(气温、绝对湿度)变化的计算方法，主要以夏季水库周围环境的气候特征变化为基础。

我们修改了该问题的提法：建立一种新方法来确定水库气候变化的特点。水电站建成后其初期的气候变化，可由在此期间水利枢纽所在区域形成的气候特征进行确定。研究发现，水库对周围环境影响最大的季节不是夏季，而是冬季。冬季大量积蓄在水库中的接近 0℃ 的水体会对水库造成影响，水面有碎冰层覆盖。此外，下游敞露清沟也会影响气候变化。水利工程建筑设计、勘测研究局列宁格勒分局专家 A. Я. 米尔扎耶夫和 O. Г. 阿夫拉缅科创建了以逐次渐进法计算气候参数为基础的算法。

水库会引起水域和沿岸陆地上的局部气候变化。水库对气温的影响，主要表现在水面和沿岸空气的温差方面，而对绝对湿度的影响，主要表现在随温度增加后的水面与沿岸的湿度差方面。

局部气候变化评估参数主要有：气温、空气绝对湿度、风速与风向、云量、降水量、薄冰含量、蒸发雾的形成概率等。

除气候参数之外，还应考虑库表水温和垂向温度分布、水电站下游水温、水电站下游清沟长度、水电站冰厚和冰面温度。

第一步，使用基于水电站影响范围内的气象站数据得到的气候特征作为初始条件。根据文献[102]、文献[120]、文献[124]和文献[151]中的算法可得到这些特征，并将这些特征用于计算水电站各水域完整的水-冰热状况，以及确定水面温度 $t_\text{п}$ 和冰面温度 $t_{\text{п}_\text{л}}$ (冰封期)。根据文献[118]中的方法，使用水面温度 $t_\text{п}$ 和冰面温度 $t_{\text{п}_\text{л}}$ 可计算气温变化 $\Delta\vartheta$ 和蒸气压变化 Δe，并确定第二步计算中的初始气候参数。然后，重复第一步的整个计算过程。

计算步数取决于给定的水库影响区域外允许的偏差值。容许计算相对误差为 ε_1 (%)，在这种情况下，如果得到的 $\Delta\vartheta$ 和 Δe 值比气温和蒸气压的偏差值小，则认为气候变化的计算已完成。

需要强调的是，水库对气候特征的热影响在冬季尤其明显，但之前未研究和计算过这一方面。如果将冬季水库对气候特征的影响考虑在内，那么水利枢纽各水域全年的气候参数与冰情的计算周期就完整了。

7.2 气候参数变化的计算方法

根据区域气候特征，以位于水库附近 30～50km 的典型气象站的气象参数为基准，选取不超过 30 年的连续观测数据，观测数据不受水库影响。

沃耶伊科夫地球物理总观象台和水利工程设计院[118]共同制定了水库水域和下游空气温度和蒸气压变化时间段的计算周期平均值。

根据这一算法，气流从水体向陆地过渡时的空气温度和蒸气压变化计算公式为

$$\Delta \vartheta = \left(t_{\text{п}} - \vartheta'\right)\left(1 - F_{\text{т}}\right)\varphi_{\text{т}}, \quad \vartheta = \vartheta' + \Delta \vartheta \tag{7.1}$$

$$\Delta e = \left(e_0 - e'\right)\left(1 - F_e\right)\varphi_e, \quad e = e' + \Delta e \tag{7.2}$$

其中，ϑ、e 分别为在水库水边线顺风向的陆地上一定距离内的预测气温及蒸气压（℃，mbar[①]）；ϑ'、e' 分别为水库影响范围之外的陆地上的空气温度及蒸气压（℃，mbar）；$t_{\text{п}}$、e_0 分别为水（冰）面温度及这一温度下的饱和蒸气压（℃，mbar）；$F_{\text{т}}$、F_e 分别为反映水体与大气的热量和水分交换特征函数（℃，mbar）；$\varphi_{\text{т}}$、φ_e 分别为反映陆地与大气的热量和水分交换特征函数（℃，mbar）。

水库（下游）空气温度和蒸气压变化计算公式为

$$\Delta \vartheta = \left(t_{\text{п}} - \vartheta'\right)F_{\text{т}} \tag{7.3}$$

$$\Delta e = \left(e_0 - e'\right)F_e \tag{7.4}$$

函数 $F_{\text{т}}$ 和 F_e，以及函数 $\left(1 - F_{\text{т}}\right)\varphi_{\text{т}}$ 和 $\left(1 - F_e\right)\varphi_e$，是以大气横向非均匀边界条件下的方程算法为基础，可根据反映热量和水分交换的解析算法进行求解。方程数值与文献[118]一致，受气流通道平均长度 x (km) 的影响，水面气流通道长度 l (km) 与陆地上从水边线到指定点的顺风距离有关。

气流通道平均长度计算公式为

$$x = \frac{\Omega}{B} \tag{7.5}$$

其中，Ω 为水库面积，m^2；B 为垂直风向上水库最大宽度，m。

由于岸线的切割性，计算气流典型路径时需单独计算水库各段的情况，然后得出平均值 x：

---

① 1bar=10^{5}Pa。

$$x = \frac{1}{n} \sum_{i=1}^{n} x_i \tag{7.6}$$

其中，n 为需要计算的段数。

计算水库"峡谷状"河段气候受影响区域的大小时，必须考虑沿岸地带陡坡的大小，沃耶伊科夫地球物理总观象台微气候实验室得出的公式为

$$L = h_u / \tan \xi \tag{7.7}$$

其中，h_u 为循环过程的垂直高度，m(通常 $h_u \approx 200m$)；L 为中间循环影响的水平距离，m；ξ 为斜坡倾斜度，(°)。

借助气温 $\vartheta = \vartheta' + \Delta\vartheta$、空气蒸气压 $e = e' + \Delta e$ 及查询干湿变化表，可得出水库及沿岸空气相对湿度的估计值。

预测风向变化时，需考虑从水体流向陆地的均匀气流，在与岸线相交时是向左倾斜的。而从陆地流向水体的均匀气流，在与岸线相交时是向右倾斜的，倾斜角度一般为 0°～22°。

采用气温 ϑ'、相对湿度 E 和水面温度 t_n，可预测水体蒸发形成蒸发雾的概率。

蒸发雾的形成概率可借助图 7.1 中的线列图查询。

图 7.1 中，横坐标轴表示水面温度为 0℃条件下的空气温度 ϑ'，纵坐标轴表示空气相对湿度。有直线交叉点的区域可确定是否会在水面上形成蒸发雾，如果形成蒸发雾，起雾程度如何。

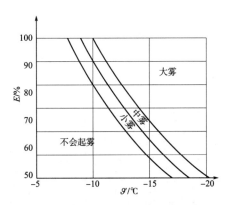

图 7.1　蒸发雾[118]形成的气象条件

当水面温度 t_n 超过 0℃时，横坐标轴上温差为 $\vartheta' - t_n$。

根据给定的水面温度 t_n 并使用图 7.1 可计算出气温 ϑ'，在该气温下开始形成蒸发雾。通常，$t_n - \vartheta' = 10 \sim 12℃$ 时最易形成蒸发雾。此外，秋冬季在未封冻的水库水域或迎风海岸上形成蒸发雾需要具备以下条件：陆地上或冰上的气流冷却，然后与开阔水面掺混；微风风速(小于 6～7m/s)；初始空气相对湿度大于 75%。

7.3 水库上下游水-冰热力状况的预测方法

修建水利枢纽时，预测气候变化必须考虑水面和冰面的温度数据及其在每一计算步骤中的变化。本章中，这一方法用于水利枢纽设计和施工时，其中的气候变化计算还必须考虑水体热力和冰情。对于正在运行的水利枢纽，这些数据可通过现场观测得到。此外，还可使用水库的模拟数据[120,124]。

7.3.1 水库表面温度计算

根据文献[100]，敞露水面的温度计算公式为

$$t_n = t_0 + \Theta\big|_{\eta=0} \frac{SH}{\lambda_\tau} \tag{7.8}$$

其中，t_0 为计算初期水温，最好在水库等温期开始计算，℃；H 为水库深度，m；S 为水-气热通量，W/m^2；λ_τ 为水的素流导热系数，W/(m·K)；Θ 为无量纲温度参数。

无量纲温度参数 Θ，可根据 $\Theta(Fo, \eta=0)$ 线形图（图7.2）得到。

傅里叶数：

$$Fo = \frac{\lambda_\tau \tau}{c\rho H^2} \tag{7.9}$$

其中，τ 为计算周期持续时间，s；$c\rho$ 为水的体积比热容，通常采用 $c\rho = 4.19\times10^6$ J/(m^3·K)。

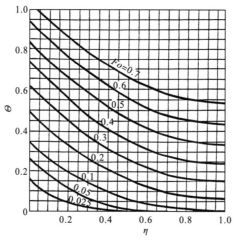

图7.2 $\Theta = f(Fo, \eta)$ 线形图[100]

横坐标轴上分布着的无量纲参数 $\eta = z/H$，η 从水面 z 一直向下计算。

如果不在同温期进行水温计算，则参数 Θ 的计算条件为

$$Fo = \frac{\lambda_{\mathrm{т}}\tau}{c\rho H^2} + Fo^*$$ (7.10)

其中，Fo^* 考虑了计算初期垂向水温分布特点。

7.3.2　冰盖表面温度计算

计算冰盖表面温度时，需要确定冰盖温度是否稳定。

冰盖温度稳定状态下，冰盖表面温度符合傅里叶数 $Fo_{\mathrm{л}} \geqslant 0.4$；冰盖温度不稳定状态下，冰盖表面温度不符合傅里叶数 $Fo_{\mathrm{л}} < 0.4$，其中，$Fo_{\mathrm{л}} = \dfrac{a_{\mathrm{л}}\tau}{h_{\mathrm{л}}^2}$。

冰厚计算公式为

$$h_{\mathrm{л}} = -\frac{\lambda_{\mathrm{л}}}{\alpha_3} + \sqrt{\left(h_{\mathrm{л.o}} + \frac{\lambda_{\mathrm{л}}}{\alpha_3}\right)^2 - \frac{2\,\vartheta_{\text{э.л}}\,\tau\,\lambda_{\mathrm{л}}}{\sigma\rho} - \frac{S_{\mathrm{в}}\tau}{\sigma\rho}}$$ (7.11)

其中，$\lambda_{\mathrm{л}}$ 为冰的导热系数，$\mathrm{W/(m\cdot K)}$；$\sigma\rho$ 为单位体积结冰潜热，$\mathrm{J/m^3}$；α_3 为水-冰热交换系数，$\mathrm{W/(m^2\cdot K)}$；$\vartheta_{\text{э.л}}$ 为冰上的等效气温，℃；$h_{\mathrm{л.o}}$ 为冰的初始厚度，m；$S_{\mathrm{в}}$ 为冰下从水流向冰的热通量，$\mathrm{W/m^2}$。

冰下从水流向冰的热通量 $S_{\mathrm{в}}$ 的计算公式为

$$S_{\mathrm{в}} = \lambda_{\mathrm{т}}\frac{t_{\text{дн}}}{H}$$ (7.12)

其中，H 为水库深度，m；$t_{\text{дн}}$ 为根据公式(7.8)和 $\Theta(Fo, \eta=1)$ 线形图(图7.2)得到的库底水温。

冰盖温度稳定时，冰盖表面温度(冰盖上有积雪)可根据如下公式[100]得到：

$$t_{\mathrm{п}} = \vartheta_{\text{э.л}}\frac{Bi_{\mathrm{c}} + Bi_{\mathrm{л}}}{1 + Bi_{\mathrm{c}} + Bi_{\mathrm{л}}}$$ (7.13)

其中，

$$Bi_{\mathrm{c}} = \frac{\alpha_3\,h_{\mathrm{c}}}{\lambda_{\mathrm{c}}}, \quad Bi_{\mathrm{л}} = \frac{\alpha_3 h_{\mathrm{л}}}{\lambda_{\mathrm{л}}}$$

其中，λ_{c} 为雪的导热系数，$\mathrm{W/(m\cdot K)}$。雪的导热系数和导温系数与其密度的关系见表7.1。

表 7.1　雪的导热系数和导温系数与其密度的关系

雪的密度$\rho_{\mathrm{c}}/(\mathrm{kg/m^3})$	雪的导热系数$\lambda_{\mathrm{c}}/[\mathrm{W/(m\cdot K)}]$	雪的导温系数 $a_{\mathrm{c}}/(\mathrm{m^2/s})$
$\rho_{\mathrm{c}} \leqslant 350$	$2.85\times10^{-6}\rho_{\mathrm{c}}^2$	$1.35\times10^{-9}\rho_{\mathrm{c}}$
$\rho_{\mathrm{c}} > 350$	$3.56\times10^{-6}\rho_{\mathrm{c}}^2$	$1.68\times10^{-9}\rho_{\mathrm{c}}$

冰盖温度不稳定时，冰盖表面温度计算公式为

$$t = t_1 + t_2 \tag{7.14}$$

$$t_1 = \Theta_1 \left(Fo_1, \eta = 1 \right) t_{\text{п.0}} \tag{7.15}$$

其中，$t_{\text{п.0}}$ 为计算初期冰（雪）面温度。

$$Fo_1 = \frac{a_{\text{л}} \tau}{h_{\text{л}}^2 \left(1 + \dfrac{h_{\text{c}}}{h_{\text{л}}} \sqrt{a_{\text{л}}/a_{\text{c}}} \right)^2} \tag{7.16}$$

其中，h_{c} 为雪的厚度，m；a_{c} 为雪的导温系数。

$$t_2 = \vartheta_{\text{з.л}} \Theta_2 \left(Fo_2, \eta = 0, Bi_2 \right) \tag{7.17}$$

其中，

$$Fo_2 = \frac{a_{\text{л}} \tau}{h_{\text{л}}^2} , \quad Bi_2 = \frac{\alpha_{\text{з}} h_{\text{л}}}{\lambda_{\text{л}}}$$

无量纲温度参数 Θ_1 和 Θ_2，可根据图 7.3 和图 7.4 这两个线形图得到，计算公式见第 1 章。

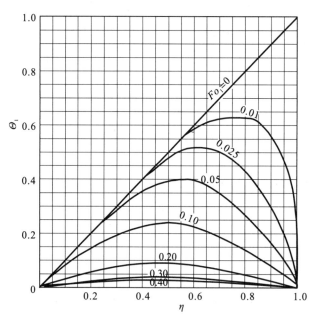

图 7.3　$\Theta_1 = f \left(Fo_1, \eta \right)$ 线形图[100]

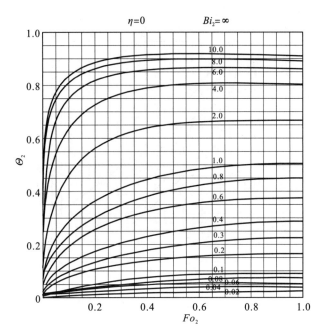

图 7.4　$\Theta_2 = f\left(Fo_2, \eta = 0, Bi_2\right)$ 线形图[100]

7.3.3　水电站下游河道水面温度计算

水电站下游河道水面温度的计算公式为[120]：

$$t = \left(t_0 - \vartheta_3\right) \mathrm{e}^{-\dfrac{\alpha_1 bx}{c\rho Q}} + \vartheta_3 \tag{7.18}$$

其中，α_1 为水-气热交换系数，$\mathrm{W/(m^2 \cdot K)}$；ϑ_3 为敞露水面的等效温度，℃；b 为水流宽度，m；x 为水流长度坐标(坐标起点位于水电站)，m；Q 为流量，$\mathrm{m^3/s}$；t_0 为水库出库水温，℃。

温度 t_0 的计算方法如下。

水库水面敞露时：

$$t_0 = t_{\text{дн}} + \overline{\Theta}_1 \frac{SH}{\lambda_{\text{т}}} \tag{7.19}$$

$$\overline{\Theta}_1 = f\left(Fo + Fo^*\right), \quad Fo = \frac{a\tau}{H^2} \tag{7.20}$$

库表存在冰盖时：

$$t_0 = t_{\text{дн}} \overline{\Theta}_2 \tag{7.21}$$

其中，$\overline{\Theta}_2$ 可根据图 7.5 得到。

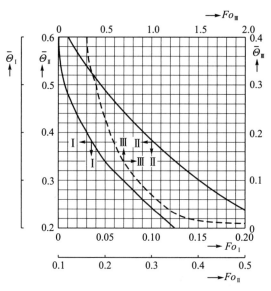

图 7.5　冰下水流 $\bar{\varTheta}_2 = f(Fo)$ 线形图[100]

参数 Fo^* 考虑了初始温度随深度的分布。

冬季形成冰花的河段，长度为

$$l_{\text{Ⅲ}} = x_{\text{к}} - x_0 \tag{7.22}$$

其中，$x_{\text{к}}$ 为下游清沟长度，m；x_0 为零温断面坐标，其表达式为

$$x_0 = \frac{c\rho\, Q}{\alpha_1\, B} \ln\left(1 - \frac{t_0}{\vartheta_3}\right) \tag{7.23}$$

形成冰花的河段水面温度为 0℃。

下游冰盖表面温度可根据上述水库冰盖表面温度计算方法进行计算，但当冰盖下水温 $t_{\text{в}}$ 在 0℃以上时，来自水中的热通量为

$$S_{\text{в}} = 2640\, V t_{\text{в}} \tag{7.24}$$

其中，V 为冰盖下水流速度，m/s。

7.4　水-冰热力状况预测的修正及长期气候变化

调整气候参数需要使用递推方法，即通过重复预测气候参数等方式来推测水面温度。

计算时可选择精确或粗略调整条件。精确调整可通过水温和冰情参数来实现。

若对气候参数进行精确调整，则需要大量计算周期，因为气候参数对水面和冰盖表面温度十分敏感。

气候参数、热力和冰情的相互调整方式有如下几种。

(1) 选择参数(如水面温度)进行调整,调整误差: $\Delta t_{\mathrm{n}} = t_{\mathrm{n},i} - t_{\mathrm{n},i-1}$,其中 $t_{\mathrm{n},i}$ 和 $t_{\mathrm{n},i-1}$ 为第 i 步开始和结束时的水面温度。

(2) 根据自然条件下气候参数(气温、绝对湿度、风速、风向、云量)多年的平均值,考虑水文特点(水流流量、流速)和形态特点(水库和下游的宽度与深度),计算水利枢纽下游水面、冰面温度以及水电站下游清沟长度(第一步)。

(3) 根据第一步的参数再计算气候参数和冰盖表面、水面温度(第二步)。

预测参数误差和精确度的计算步骤如下。

(1) 计算相对误差 ε_1 (%);

(2) 预测精确区间为 κ,可根据表 7.2 计算因子系数 t_κ。

表 7.2　因子系数 t_κ

κ	0.99	0.95	0.90	0.50	0.20	0.10
t_κ	63.70	12.70	6.31	1.00	0.32	0.16

计算绝对误差的公式为

$$\Delta = \frac{(p_{i-1} + 273.16)\varepsilon_1}{100\%} \tag{7.25}$$

其中, p_{i-1} 为第 i 步计算初期参数值。

根据误差和精确度,计算第 i 步参数开始和结束时的最大差值:

$$|\Delta p| = \Delta / t_\kappa \tag{7.26}$$

如果计算结果 $|\Delta p_p| = p_i - p_{i-1} \leqslant |\Delta p|$,则算出的参数差值和精确度在允许范围内,不再计算;如果 $|\Delta p_p| > |\Delta p_i|$,则需要继续计算。

水文参数的调整涉及清沟长度、水温、冰厚;而气候参数的调整,涉及空气温度和绝对湿度。

通过最终结果计算得到的清沟长度、气温变化幅度、温度最大值和最小值的变化,可确定水库对周围环境影响区域的大小、潮湿度和风力状况。

7.5　库区气候变化计算结果的检验

库区气候变化程度,主要体现在 3 个指标上:①空气温度与绝对湿度的初始值;②库区水面温度及相应的最大空气湿度;③库容及水库和沿岸空气稳定(分层)条件。这 3 个指标是预测水电站建成后库区和沿岸气候的主要指标。水面温度是用于确定水库与大气相互作用过程的主要指标之一。局部气候变化预测的准确性首先取决于冰情预测的准确度和可靠性,尤其是水利枢纽冰面和水面温度的预测。

　　为计算气候与水温-冰情因素相互影响的程度,以及评估水利枢纽周围气候和水温-冰情变化预测的准确度,研究人员检验了结雅水电站周围气候和热力-冰情变化的计算结果。

　　使用建设水力发电站之前 1955～1964 年的观测结果(保证率 50%),作为气象要素和冰、水温度计算的初始数据,气象站信息见表 7.3,气候指标见表 7.4。

表 7.3　气象站信息

气象站名称	运行时段	海拔/m	水库分区	距水库、河流距离/km
博姆纳克	1909～1990 年	357	库尾	0.10
丹布基 (修建水电站之前)	1911～1975 年	265	库中湖泊区	0.10
别列戈瓦亚 (修建水电站之后)	1976～1990 年	352	库中湖泊区	0.40
毕康 (修建水电站之前)	1910 年至今	234	下游河段	0.35
结雅 (修建水电站之后)	1966～1990 年	230	下游河段	1.00

表 7.4　结雅水电站建设之前 1955～1964 年的气候特点

参数		月份											
		1 月	2 月	3 月	4 月	5 月	6 月	7 月	8 月	9 月	10 月	11 月	12 月
博姆纳克	日均气温/℃	−31.9	−24.3	−13.7	−2.6	7.8	14.1	17.4	15.7	8.3	−3.3	−18.7	−29.5
	蒸气压/mbar	0.4	0.6	1.4	2.7	5.4	10.3	14.6	14.3	8.6	3.4	1.3	0.5
	云量/成	3.3	3.3	4.8	6.4	6.9	7.2	7.1	7.0	6.9	5.4	5.3	4.4
	风速/(m/s)	0.5	1.1	1.8	2.8	3.0	2.7	2.4	2.1	2.3	1.8	1.3	0.8
丹布基	日均气温/℃	−30.9	−25.2	−15.4	−2.6	8.1	14.6	17.8	16.0	8.2	−3.2	−18.4	−28.8
	蒸气压/mbar	0.4	0.5	1.3	2.8	5.7	11.2	15.7	14.9	8.8	3.4	1.2	0.5
	云量/成	2.9	3.2	4.4	6.0	6.5	6.9	6.8	6.8	6.8	4.9	4.8	4.2
	风速/(m/s)	1.4	1.4	1.4	2.0	2.0	1.2	0.8	0.7	1.2	1.5	1.7	1.3
毕康	日均气温/℃	−29.5	−23.9	−14.0	−1.4	9.0	15.3	18.6	16.4	8.8	−2.8	−17.8	−27.3
	蒸气压/mbar	0.4	0.7	1.5	3.9	6.1	11.8	16.4	15.4	9.0	3.1	1.3	0.6

续表

参数		月份											
		1月	2月	3月	4月	5月	6月	7月	8月	9月	10月	11月	12月
毕康	云量/成	3.4	3.6	4.9	6.3	6.7	7.4	7.0	5.4	6.7	5.2	5.1	4.9
	风速/(m/s)	1.5	1.8	2.1	3.0	3.2	2.6	2.2	2.1	2.3	2.3	1.9	1.6

在计算水利工程方面，可基于月均气温、绝对湿度和风速进行[118]，采用维德涅夫全俄水利工程科学研究所的方法计算冰水表面温度[98,120,124,151]。

计算分为两个步骤，并且第一步得到的气候参数计算结果将作为第二步的初始数据。

由于结雅水库结构、形态、水文气象状况和物理、地理条件复杂，选取以下典型分区进行计算：库尾、库中湖泊区、近坝区、下游河段 5km 内区域。

计算中，采用朝向气象站的风向。

计算结果分析表明，库区空气温度和绝对湿度的最大变化发生在库区、下游和沿岸等靠近水边线的地方，与实际情况相符。

在水库所有河段，可追踪到气温变化的某些趋势：春夏期间水库冷却，秋冬期间水库回暖。空气蒸气压 e 的实际数据可参考湖泊区和近坝区河段第二步的计算结果。这时 Δe 的值比气象站得到的数据要小。别列戈瓦亚气象站观测到湖泊区河段从 4 月到 8 月其空气蒸气压降低，而计算结果显示从 6 月到 7 月其空气蒸气压降低。

气候变化预测方法的准确性可通过结雅水电站下游近坝区河段热力和冰情指标进行检验。冬季清沟长度和水温计算所得数据与观测数据的对比见表 7.5，其对于第一步和第二步计算都有体现。

表 7.5　冬季清沟长度、水温计算所得数据与观测数据

参数		月份				
		12月	1月	2月	3月	4月
水温	观测数据/℃	2.6	1.8	1.4	1.2	
	第一步计算结果（月中旬）/℃	2.8	2.2	1.9	1.6	
	第二步计算结果（月中旬）/℃	2.8	2.1	1.7	1.3	
	计算相对误差/%（第二步）/℃	7.7	14.0	18.0	7.7	
清沟长度	观测数据/km		54	52	58	63
	第一步计算结果（月中旬）/km		20	17	20	29

参数		月份				
		12 月	1 月	2 月	3 月	4 月
清沟长度	第二步计算结果 （月中旬）/km		62	52	55	60
	计算相对误差/% （第二步）/km		15.0	0.0	5.2	5.0

第二步清沟长度和水温最大计算相对误差不超过 18%，而第一步这一误差为65%。

第二步中，从观测数据中得到的空气温度和蒸气压计算值误差表明，在验证计算结果时需要考虑更多的计算步骤；考虑热力作用的不稳定性，以及热力作用对冰及积雪的影响；统计更精确的地形、风向，收集更详细的实际数据，并将实际数据与计算结果进行对比。

基于对气象站气象要素变化的参考，第二步的计算结果与气象站参考数据的对比见表 7.6。分析后发现，库区气候变化不仅会对沿岸地区造成明显影响，也会影响更远的区域（库区 20km 以内）（表 7.7）。如夏季观察结果所示，这时气温变化绝对值达到 5.4℃，空气蒸气压变化达到 1.5mbar。

遗憾的是，新建水库并未评估这些影响。这极有可能造成严重的安全隐患。例如，在多年冻土区施工可能会导致气候变暖，影响已建水利枢纽的稳定性；在这样的条件下可以推测，建设多个水利枢纽会对水电站周边的气候造成不良影响。

表 7.6　结雅水利枢纽周围气候变化计算结果的验证

月份	计算结果与气象站参考数据的差值					
	Δt/℃	Δe/mbar	Δt/℃	Δe/mbar	Δt/℃	Δe/mbar
	博姆纳克水库尾部区域		丹布基-别列戈瓦亚 水库湖泊区		下游毕康-结雅河段 （近坝区 0～5km）	
1 月	0.0	0.0	4.9	0.2	3.3	0.1
2 月	−0.2	0.1	4.0	0.3	3.9	0.2
3 月	−0.1	−0.1	2.0	0.1	3.3	0.3
4 月	−1.0	0.1	−1.8	−0.1	0.2	0.0
5 月	0.2	0.2	−1.0	−0.5	0.9	0.0
6 月	0.0	0.0	−1.4	−1.5	0.5	−0.5
7 月	0.4	0.4	0.0	−0.9	1.1	−0.1
8 月	0.4	0.2	0.2	−0.6	1.6	0.2
9 月	0.5	0.3	0.8	0.1	1.8	0.1
10 月	0.2	0.2	0.9	0.2	2.3	0.4

续表

月份	计算结果与气象站参考数据的差值					
	Δt/℃	Δe/mbar	Δt/℃	Δe/mbar	Δt/℃	Δe/mbar
	博姆纳克水库尾部区域		丹布基-别列戈瓦亚水库湖泊区		下游毕康-结雅河段(近坝区 0~5km)	
11 月	0.7	0.0	3.4	0.4	3.7	0.3
12 月	1.0	-0.1	5.4	0.1	4.0	0.1

表 7.7 结雅水库湖泊区迎风河岸空气月平均气温和空气蒸气压变化计算结果的验证

月份	在距水边线不同距离条件下计算结果与气象站参考数据的差值															
	0m		0.1m		0.5m		1.0m		5.0m		10.0m		20.0m		50.0m	
	Δϑ	Δe	Δϑ	Δe	Δϑ	Δe	Δϑ	Δe	Δϑ	Δe	Δϑ	Δe	Δϑ	Δe	Δϑ	Δe
1 月	3.2	0.2	2.9	0.1	1.5	0.0	1.2		0.6		0.4		0.3		0.0	
2 月	0.3	0.0	0.3	0.0	0.2		0.1		0.0							
3 月	-0.6	0.0	-0.6	0.0	0.2		0.0									
4 月	-1.3	0.2	-1.2	0.1	0.5	0.0	-0.4		-0.2		0.0					
5 月	-2.6	0.1	-1.9	0.1	0.8	0.0	-0.0		-0.2		0.0					
6 月	-4.9	1.2	2.4	-0.6	1.1	-0.5	-0.8	-0.1	-0.2	0.0	0.0					
7 月	-2.0	0.1	1.0	-0.0	0.4		-0.3		-0.1		0.0					
8 月	1.1	2.5	0.6	1.2	0.2	0.3	0.1	0.1	0.0							
9 月	2.7	2.5	2.0	1.7	1.0	0.4	0.8	0.2	0.4	0.1	0.3	0.0	0.2			
10 月	3.8	1.9	2.8	1.3	1.5	0.3	1.1	0.1	0.6	0.1	0.4	0.0	0.3		0.1	
11 月	6.2	1.4	5.8	1.2	3.0	0.3	2.4	0.2	1.3	0.1	0.8	0.0	0.9		0.0	
12 月	5.3	0.4	4.9	0.4	2.6	0.1	2.0	0.0	1.1		0.7		0.4		0.0	

注：Δϑ、Δe 的单位分别为℃和 mbar。

第8章 冰在流量调节时对水体矿化的影响

8.1 水电站上下游水质控制设计和管理中水力及冰情参数的选择

评估水库和河道的水质时，需要考虑水的矿化影响。水的矿化是自然条件变化(包括结冰、融冰、蒸发、降水)和人为污染共同作用的结果。人为污染产生了一个基本背景，在这个背景下发生的自然条件变化将改变水体全年循环周期内的矿化情况。北方区域水库和河道中的积冰融水是下游的纯净水源之一；冰量、冰中杂质以及冰融净水与一定水位下水库中的冰水混合物浓度有关。显而易见，调节径流和修建水库会改变冰量和冰下水量之间的关系。这种改变越大，对水体矿化形成所需自然条件的破坏就越大。

图 8.1 示意性地展示了水中矿物质含量在一年循环周期内的变化。在冬季，随着水面冰盖增长，矿物质会从相变边界转移到水中[图 8.1(a)中的 AB 线]。这将导致冰下水体矿物质浓度 ξ_B 增大。在下一阶段(BC 线)春季冰雪消融，水中矿物质浓度会被稀释到 ξ_C。紧接着，由于水面的水蒸发，水中矿物质浓度增加到 ξ_D。然后，由于降雨造成的洪水导致水中矿物质被稀释，其浓度下降到 ξ_E (DE 线)。最后一段 (EA' 线)对应于秋冬季结冰情况，水中矿物质浓度 $\xi_{A'}$ 与下一年初水库的状态相符。

洪水强度和水量对水中矿物质含量有明显影响。当高强度洪水通过时，洪水量越大，水中矿物质浓度降低越明显[图 8.1(b)中的 B_1C_2 线]，而夏季水分蒸发、降雨形成洪水和冰盖开始增厚等多个过程均发生在低浓度时段，这使得有理由期望可在来年春季到来前降低水体矿物质浓度，进一步地，在此期间清理水库。

径流调节使得河流被划分为几个水域。水域内单位体积水体的冰物质含量由于一系列因素发生变化，如清沟扩大、冰厚增加，同时与河流条件相比，水库表面冰盖面积将有所增加，其形态也会发生改变。

水库或河道中 $1m^3$ 水所含的冰量用含冰率表达，即含冰率为冰体积与冰冻期水库平均库容的比值。表 8.1 中介绍了俄罗斯一些大型河流的水库含冰率。

一般情况下，自然水流的含冰率高于表 8.1 中径流调节后的水库含冰率。大部分河流冰厚为 1～2m，河流深度达到 10m，其含冰率为 0.1～0.4，而径流调节后含冰率可能会降低到原来的 1/20～1/10，这样就会影响对水质的判断。

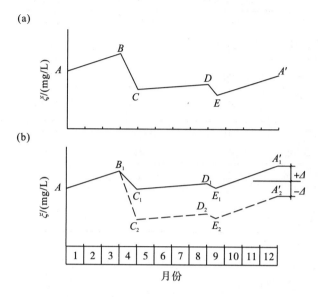

图 8.1　不同水库全年水中矿物质浓度的变化特点

(a)水中矿物质浓度全年变化；(b)汛期径流调节对水中矿物质浓度全年变化的影响

　　判断洪水影响水质的另一指标为自净系数，可采用斯特里特尔计算公式[141]得到：

$$K_{co} = \frac{2.3}{\Delta\tau}\ln\frac{\xi_0}{\xi_\tau} \tag{8.1}$$

其中，$\Delta\tau$ 为洪水期持续时间，d；ξ_0 为洪水初期矿物质浓度；ξ_τ 为洪水末期矿物质浓度。

表 8.1　水库含冰率

水库名称		库表面积/km²	水库体积/km³	最大冰厚/m	含冰率
伏尔加河 (2700km)	伊万科夫斯基	325	2.40	0.43	0.058
	乌格利奇	250	1.30	0.45	0.086
	雷宾斯克	4550	25.40	0.53	0.095
	下诺夫哥罗德	1570	8.70	0.55	0.099
	切博克萨雷	2300	14.20	0.50	0.081
	日古廖夫斯克	6448	58.00	0.50	0.056
	伏尔加	3117	31.45	0.56	0.056

水库名称		库表面积/km²	水库体积/km³	最大冰厚/m	含冰率
安加拉河 (1385km)	布拉茨克	5470	169.30	1.00	0.032
	乌斯季伊利姆斯克	1873	59.40	1.00	0.031
	博古恰内	2325	58.20	1.00	0.040
叶尼塞河 (830km)	撒萨彦-舒申斯克	633	31.30	1.00	0.020
科雷马河 (346km)	科雷马	441	14.60	1.50	0.045
	乌斯季中坎	265.4	5.44	1.50	0.073
其他	新西伯利亚 (205km)	1070	8.8	1.00	0.120
	结雅 (205km)	2400	68.4	1.20	0.042

伏尔加河梯级水库的 K_{co} 计算结果见表 8.2。使用离子总量随时间的变化关系作为 K_{co} 计算的初始数据。

表 8.2　伏尔加河梯级水库洪水期水体自净系数

检测点		洪水初期矿物质浓度 ξ_0 /(mg/L)	洪水末期矿物质浓度 ξ_τ /(mg/L)	洪水期持续时间 τ/d	自净系数 K_{co}
伊万科夫斯基水库	别斯博罗多沃村	375(3 月 1 日)	160(3 月 31 日)	31	6.32×10^{-2}
	杜布纳市	300(3 月 1 日)	180(3 月 31 日)	31	3.78×10^{-2}
乌格利奇水库	卡利亚津市	310(3 月 3 日)	175(4 月 4 日)	32	4.10×10^{-2}
	乌格利奇市	290(3 月 1 日)	190(4 月 3 日)	32	3.00×10^{-2}
乌格利奇水电站下游	梅什基诺镇	325(3 月 1 日)	210(3 月 31 日)	31	3.24×10^{-2}
雷宾斯克水库	中心海角	240(5 月 3 日)	160(6 月 26 日)	55	1.69×10^{-2}
下诺夫哥罗德水库	契卡洛夫斯克市	225(3 月 15 日)	100(5 月 3 日)	48	3.88×10^{-2}
	乌尔科沃村	225(3 月 15 日)	125(4 月 27 日)	43	3.14×10^{-2}
伏尔加河	阿斯特拉罕市 (1935~1955 年,径流调节前)	375(4 月 15 日)	190(6 月 15 日)	61	2.56×10^{-2}
	阿斯特拉罕市 (1959~1980 年,径流调节后)	350(5 月 15 日)	265(8 月 31 日)	108	5.92×10^{-3}

注: 括号内日期为矿物质浓度测量日期。

为评估径流调节对水库自净能力的影响，必须确定日常情况下和径流调节后的自净系数。如果自净系数在径流调节时降低，则必须制定综合方法改善水流状态。从阿斯特拉罕市的数据来看，径流调节使水中矿物质浓度下降为原来的1/4，同时洪水在9月才到达阿斯特拉罕市。

8.2　水化性质的调控

分析公式(8.1)得出如下结论：改善河道和水库水化性质的问题主要是如何缩短汛期洪水具有浓度差的持续时间及减小汛期结束时的杂质浓度值。这些问题可通过三方面的调节措施解决：提高水库系统的过水速度、减少污染、适当增加含冰量。

有一系列提高水库系统过水速度的方法，但这些方法的使用必须考虑水库用户的利益。方法包括：在水库设计阶段选择合适正常的蓄水位，限制水中杂质最大浓度；保证水库下游在汛前放水期和夏季枯水期时的水流达到最大流速；春季水库蓄水时，提高表面水层流速使洪水迅速通过。

减少污染的措施包括：调节汛前放水的深度；建立水库水质调节设施，并为其在水库梯级中选择一个合适的位置；修建新的净化设施；采取分层取水的过水措施。

水库放水深度越大，汛期结束时的杂质浓度越低。这是因为污水从水库排出，剩下了清洁淡化的冰。放水深度越大，污水所占的相对体积越小，水库蓄水后杂质的浓度越低。

含冰量增加导致汛期结束时杂质浓度降低。必须完成整套补偿措施后才能采取这些措施。适当调节含冰量的方法有制作块冰，以及利用自然冷气、结冰水体修建专用的造冰池。可调节主流的含冰量，也可调节支流的含冰量。

选定合适正常的蓄水位，限制水中杂质最大浓度时需使用 $W(h)$ 关系式，即 $W = W_{nn}$，其中：

$$W_{nn} = \frac{Q_{\text{ГЭС}}\xi_{\text{д}} - Q_{\text{пр}}\xi_{\text{пр}}}{\xi_{nn} - \xi_{\text{д}}}\tau \tag{8.2}$$

其中，W 为水库容积，m^3；W_{nn} 为汛前放水时的水库蓄水量，m^3；ξ_{nn} 为汛前放水时水库中的杂质浓度，%；$\xi_{\text{пр}}$ 为随支流一起汇入水库的杂质的浓度，%；$\xi_{\text{д}}$ 为杂质的容许浓度，%；τ 为水库蓄水时间，s；$Q_{\text{пр}}$ 为水库入库流量，m^3/s；$Q_{\text{ГЭС}}$ 为水库出库流量，m^3/s。

在梯级水库中 W_{nn} 及正常蓄水位的计算需要逐级考虑各个水库，并统计汇入水库的杂质的浓度。

　　必须经过专业的水力、热力-冰情和水化状况计算后，才能调控水库系统的工作状态和流量。水流速度越快，水流越清洁，淡化后的洪水通过越快，其他条件相同的情况下水体自净能力越高。因此，可同时调控水库系统的过水量，降低污染程度。表述水库中水体矿物质浓度变化的公式为

$$\overline{\xi} = \xi_0 + P_D \frac{GB}{D_\tau H} \tag{8.3}$$

$$P_D = Fo_D$$

其中，$Fo_D = \dfrac{D_\tau \tau}{B^2}$，为傅里叶扩散准数；$G$ 为沿岸受污染径流的单宽流量，m^2/s；D_τ 为紊动扩散系数，m^2/s；B 为水流宽度，m；H 为深度，m。

　　已知水库基准线内矿物质浓度值，根据公式(8.3)能够确定受污染径流的单宽流量。

　　从调节水质的角度来看，使洪水沿梯级水库再分配最有效的方法就是在灌注模式下向水库蓄水。完成这一模式下的蓄水需要水库在汛前大量放水，使污水与积冰融化形成的水流之间的界线保持稳定。这会降低汛前水库杂质的平均浓度。对某些水体进行汛前放水可以作为降低污染程度的手段。

　　汛期水质清洁程度的关系式为

$$\frac{\xi_{cm}}{\xi_0} = \frac{K_0}{K_1\left(1 - \dfrac{\xi_{пp}}{\xi_{cm}}\right) + K_0} \tag{8.4}$$

其中，$\dfrac{\xi_{cm}}{\xi_0}$ 为杂质的相对浓度；$\dfrac{\xi_{пp}}{\xi_{cm}}$ 为水流的相对浓度；$K_1 = \dfrac{Q_{пp}\tau}{W}$，为入库径流量与库容的比值；$K_0 = \dfrac{W_{пп}}{W}$，为水库汛前放水系数。

　　汛期水质清洁程度与汛前放水量、入流浓度（$\xi_{пp}$）和入库洪水量有关。

　　图 8.2 描述了汛期结束时水库杂质相对浓度 $\xi_{пп}/\xi_0$ 与汛前水库放水系数 $K_0 = W_0/W$（其中，W_0 为汛前放水量；ξ_0 为汛期杂质初始浓度）之间的关系。由此可知，需要在水电站设计阶段考虑水库水化性质的调控问题。

　　采用备用水库净水调节设施调节各梯级水库的污染程度是必要的。水库库容应达到足够调节下游梯级水库的水量。水库调节设施的水体质量必须符合地表水的保护要求，其污染程度较其他梯级水库而言，必须被控制在相对较低的范围。水库调节设施应位于主流上，可使用周围自然水体作为主流。水库由冰雪融水补充水源，与主要梯级无关，由淡水补充受污染的流段。可以建设几个与水库梯级无关的水库。

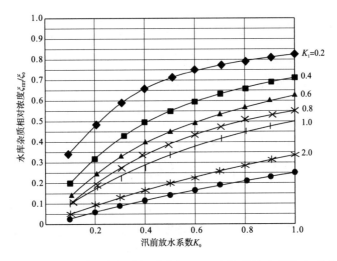

图 8.2　汛期结束时水库杂质相对浓度 ξ_m / ξ_0 与汛前放水系数 K_0 的关系

推荐利用旁通河道将梯级水库转化为备用水库，减少人为活动对水库产生的影响。

8.3　水污染的局部调节

调节水质，尤其是使用冰调节水质时，需要详细考虑污水进入河道的流量。

污水进入河道的特点：在河岸一侧或两侧单一集中排放；在河岸一侧或两侧的局部河段集中排放；多点污染源分布的组合。

调节局部水质的任务包括借助冰减缓杂质积累的速度，保持一定河段的杂质浓度不变，防止当地污染源扩散，通过调节流量缩短水体在各个基准线之间的流动时间以降低杂质初始浓度，引入清洁水源（备用净水库、清洁支流、块冰、污水净化池等）；监控污水排放位置和水流调节装置；在水利枢纽上合理选定正常蓄水位和死水位。

综合使用这些方法，可解决水质局部调节问题。

8.4　水流中离子总含量沿程变化的数学模型和计算

计算离子总含量时，需要考虑河床土壤的组成、大气降水的化学组成、汇入水库的自然水流和工业污水等因素。根据这些条件预测杂质含量时，应使用一维或二维数学模型。

静态二维模型用于紊动扩散的情况： $Fo_D \geqslant 2$ ，其中 $Fo_D = \dfrac{D_\tau \tau}{B^2}$ ，为傅里叶扩散准数； D_τ 为紊动扩散系数， $\mathrm{m^2/s}$ ； τ 为时间， s ； B 为水流宽度， m 。当 V 为常数时，基本的扩散方程为

$$V \frac{\partial \xi}{\partial x} = D_{\tau y} \frac{\partial^2 \xi}{\partial y^2} \text{ 或 } V \frac{\partial \xi}{\partial x} = D_{\tau z} \frac{\partial^2 \xi}{\partial z^2} \tag{8.5}$$

静态三维模型的应用情况为 $Fo_D < 2$ 。初始偏微分方程为

$$V \frac{\partial \xi}{\partial x} = D_{\tau y} \frac{\partial^2 \xi}{\partial y^2} + D_{\tau z} \frac{\partial^2 \xi}{\partial z^2} \tag{8.6}$$

其中， $D_{\tau y}$ 为沿水流宽度的紊动扩散系数； $D_{\tau z}$ 为沿水流深度的紊动扩散系数。

方程(8.5)在运算时所需的沿水流宽度的单值条件(y 轴)见表 8.3，沿水流深度的单值条件(z 轴)见表 8.4。

表 8.3　不同情况下随污水汇入主流的杂质的浓度沿水流宽度的计算模型

编号	杂质源情况	计算示意图及边界条件	计算关系式	备注
1	污水不从两岸排放，杂质浓度沿程初始分布为 $\xi_0 = A^* y^2 + B^* y$	当 $x=0$ 时， $\xi_0 = A^* y^2 + B^* y$ ； 当 $y=B/2$ 时， $\partial \xi / \partial y = 0$ ； 当 $y=-B/2$ 时， $\partial \xi / \partial y = 0$	$\xi = B \sum\limits_{n=1}^{\infty} \dfrac{(-1)^n}{4n^2\pi^2}\left(A^* B + 2B^*\right)$ $\times \cos\dfrac{2n\pi y}{B} \exp\left(\dfrac{-D_{\tau y} 2\pi n x}{BV}\right)$	
2	河岸一侧的单一集中杂质源	当 $x=0$ 时， $\xi = \xi_0$ ； 当 $0<x<x_1$ 时， $\xi = \xi_0$ ； 当 $\left.\begin{array}{l} x=x_1 \\ y=B \end{array}\right\}$ 时， $D_{\tau y} = \dfrac{\partial \xi}{\partial y} = G_1$ ； 当 $\left.\begin{array}{l} y=0 \\ x=x_1 \end{array}\right\}$ 时， $-D_{\tau y} = \dfrac{\partial \xi}{\partial y} = 0$	当 $x \geqslant x_1$ 时， $\xi = \xi_0 + P_1(\eta, Fo_D)\dfrac{G_1 B}{D_{0y} h}$ ， $Fo_D = \dfrac{D_{\tau y}(x - x_1)}{B^2 V}$ ， $\eta = \dfrac{y}{B}$	$P_1(\eta, Fo_D)$ 可根据图 8.3 得到

续表

编号	杂质源情况	计算示意图及边界条件	计算关系式	备注
3	河岸两侧的单一集中杂质源	 当 $x=0$ 时，$\xi=\xi_0$； 当 $x=x_1$、$x=x_2$ 时，$-D_{\tau y}\dfrac{\partial\xi}{\partial y}=G_1$，$-D'_{\tau y}\dfrac{\partial\xi}{\partial y}=G_3$； 当 $y=0$、$x=x_2$ 时，$-D_{\tau y}\dfrac{\partial\xi}{\partial y}=G_2$	当 $x_1\leqslant x<x_2$ 时， $\xi=\xi_0+P_1(\eta,Fo_D)\dfrac{G_1 B}{D_{\tau y}h}$； 当 $x_2\leqslant x<x_3$ 时， $\xi=\xi\big|_{x=x_2}+P_1\big[(1-\eta),Fo_{D_1}\big]\dfrac{G_2 B}{D'_{\tau y}h}$， $\eta=\dfrac{y}{B}$，$Fo_D=\dfrac{D_{\tau y}(x-x_i)}{B^2 V}$， $Fo_{D_1}=Fo_D+Fo_D^{\bullet}$； 当 $x>x_3$ 时， $\xi=\xi\big|_{x=x_3}+P_1(\eta,Fo_D)\dfrac{G_3 B}{D'_{\tau y}h}$	①函数 P_1 可根据图 8.3 得到； ② $Fo_D^{\bullet}-Fo_D$ 的准数值，其杂质浓度分布的条件为 $x=x_2$，可根据图 8.3 得到
4	河岸一侧长度为 l 的局部河段集中杂质源	 当 $x=0$ 时，$\xi=\xi_0$； 当 $0<x\leqslant l$、$y=0$ 时，$-D_{\tau y}\dfrac{\partial\xi}{\partial y}=G(x)$； 当 $0<x\leqslant l$、$y=B$ 时，$-D_{\tau y}\dfrac{\partial\xi}{\partial y}=0$； 当 $x>l$ 时，$-D_{\tau y}\dfrac{\partial\xi}{\partial y}=0$	当 $0<x\leqslant l$ 时， $\xi_1=\xi_0+P_1(\eta,Fo_D)\dfrac{BG(x)}{D_{\tau y}h}$； 当 $x>l$ 时，解法同编号 1； 若 q 为常数，则 $G(x)=ql$； 若 $q=q_0 x$，则 $G(x)=\dfrac{q_0 l^2}{2}$； 若 $q=q_0\sqrt{x}$，则 $G(x)=\dfrac{2}{3}q_0 l^{3/2}$； $r=\dfrac{y}{B}$，$Fo_D=\dfrac{D_{\tau y}x}{B^2 V}$	P_1 可根据图 8.3 得到

续表

编号	杂质源情况	计算示意图及边界条件	计算关系式	备注
5	河岸两侧交错分布的局部河段集中杂质源	当 $x=0$ 时，$\xi=\xi_0$； 当 $0<x\le l_1$ 时，$y=B$，$-D_{\tau y}\dfrac{\partial\xi}{\partial y}=G(x)$， 而 $y=0$，$-D_{\tau y}\dfrac{\partial\xi}{\partial y}=0$； 当 $l_1<x\le l_2$ 时，$y=B$，$-D'_{\tau y}\dfrac{\partial\xi}{\partial y}=0$， 而 $y=0$，$-D'_{\tau y}\dfrac{\partial\xi}{\partial y}=G_2(x)$； 当 $l_2<x\le l_3$ 时，$y=B$，$-D''_{\tau y}\dfrac{\partial\xi}{\partial y}=G(x)$， 而 $y=0$，$-D''_{\tau y}\dfrac{\partial\xi}{\partial y}=0$； 当 $x>l_3$ 时，$-D''_{\tau y}\dfrac{\partial\xi}{\partial y}=0$	当 $l_1\le x<l_2$ 时，解法同编号 4，但将 Fo_D 替换为 Fo'_D， 而 $Fo'_D=\dfrac{D''_{\tau y}x}{B^2V}+Fo^*_D$； 当 $l_2\le x<l_3$ 时，解法同编号 4，但将 Fo_D 替换为 Fo''_D， 而 $Fo''_D=\dfrac{D''_{\tau y}x}{B^2V}+Fo^{**}_D$； 当 $x>l_3$ 时，解法同编号 1， 则 $G_1(x)=\displaystyle\int_0^{l_1}q_1\mathrm{d}x$， $G_2(x)=\displaystyle\int_{l_1}^{l_2}q_2\mathrm{d}x$， $G_3(x)=\displaystyle\int_{l_2}^{l_3}q_3\mathrm{d}x$	Fo^*_D 为 $x=l_1$ 时的杂质浓度分布； Fo^{**}_D 为 $x=l_2$ 时的杂质浓度分布； Fo^*_D、Fo^{**}_D 可根据图 8.3 得到

表 8.4 不同情况下随污水汇入主流的杂质的浓度沿水流深度的计算模型

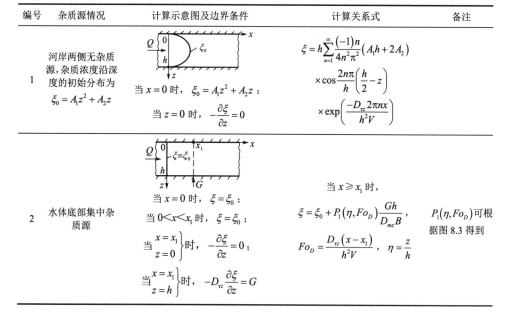

编号	杂质源情况	计算示意图及边界条件	计算关系式	备注
1	河岸两侧无杂质源，杂质浓度沿深度的初始分布为 $\xi_0=A_1z^2+A_2z$	当 $x=0$ 时，$\xi_0=A_1z^2+A_2z$； 当 $z=0$ 时，$-\dfrac{\partial\xi}{\partial z}=0$	$\xi=h\displaystyle\sum_{n=1}^{\infty}\dfrac{(-1)n}{4n^2\pi^2}(A_1h+2A_2)$ $\times\cos\dfrac{2n\pi}{h}\left(\dfrac{h}{2}-z\right)$ $\times\exp\left(\dfrac{-D_{\tau z}2n\pi x}{h^2V}\right)$	
2	水体底部集中杂质源	当 $x=0$ 时，$\xi=\xi_0$； 当 $0<x<x_1$ 时，$\xi=\xi_0$； 当 $\left.\begin{array}{c}x=x_1\\z=0\end{array}\right\}$ 时，$-\dfrac{\partial\xi}{\partial z}=0$； 当 $\left.\begin{array}{c}x=x_1\\z=h\end{array}\right\}$ 时，$-D_{\tau z}\dfrac{\partial\xi}{\partial z}=G$	当 $x\ge x_1$ 时， $\xi=\xi_0+P_1(\eta,Fo_D)\dfrac{Gh}{D_{mz}B}$， $Fo_D=\dfrac{D_{\tau z}(x-x_1)}{h^2V}$，$\eta=\dfrac{z}{h}$	$P_1(\eta,Fo_D)$ 可根据图 8.3 得到

续表

编号	杂质源情况	计算示意图及边界条件	计算关系式	备注
3	水体底部局部集中杂质源	 当 $x=0$ 时，$\xi=\xi_0$； 当 $\left.\begin{array}{l}0<x\leqslant l\\ z=0\end{array}\right\}$ 时，$\dfrac{\partial \xi}{\partial z}=0$； 当 $\left.\begin{array}{l}0<x\leqslant l\\ z=h\end{array}\right\}$ 时，$-D_{\tau z}\dfrac{\partial \xi}{\partial z}=0$； 当 $x>l$ 时，$\dfrac{\partial \xi}{\partial z}=0$	当 $0<x\leqslant l$ 时， $\xi=\xi_0+P_1(\eta,Fo_D)\dfrac{hG(x)}{D_{\tau z}B}$； 当 $x>l$ 时，解法同编号 1； 若 q 为常数，则 $G(x)=ql$； 若 $q=q_0 x$，则 $G(x)=\dfrac{q_0 l^2}{2}$； 若 $q=q_0\sqrt{x}$，则 $G(x)=\dfrac{2}{3}q_0 l^{3/2}$； $\eta=1-\dfrac{z}{h}$，$Fo_D=\dfrac{D_{\tau z}x}{h^2 V}$	P_1 可根据图 8.3 得到
4	水面（降水）局部集中杂质源	 当 $x=0$ 时，$\xi=\xi_0$； 当 $\left.\begin{array}{l}0<x\leqslant l\\ z=0\end{array}\right\}$ 时，$-D_{\tau z}\dfrac{\partial \xi}{\partial z}=0$； 当 $\left.\begin{array}{l}0<x\leqslant l\\ z=h\end{array}\right\}$ 时，$\dfrac{\partial \xi}{\partial z}=0$； 当 $x>l$ 时，$\dfrac{\partial \xi}{\partial z}=0$	解法同编号 3，但 $\eta=\dfrac{z}{h}$	
5	交错分布的水体表面和底部局部集中杂质源	 当 $x=0$ 时，$\xi=\xi_0$； 当 $0<x\leqslant l_1$ 时，$z=0$， $-D_{\tau z}\dfrac{\partial \xi}{\partial z}=G_1(x)$， 而 $z=h$，$\dfrac{\partial \xi}{\partial z}=0$； 当 $l_1<x\leqslant l_2$ 时，$z=0$，$\dfrac{\partial \xi}{\partial z}=0$， 而 $z=h$，$-D'_{\tau z}\dfrac{\partial \xi}{\partial z}=G_2(x)$； 当 $l_2<x\leqslant l_3$ 时，$z=0$， $-D''_{\tau z}\dfrac{\partial \xi}{\partial z}=G_3(x)$，而 $z=h$，$\dfrac{\partial \xi}{\partial z}=0$； 当 $x>l_3$ 时，$\dfrac{\partial \xi}{\partial z}=0$	当 $0\leqslant x<l_1$ 时，解法同编号 4； 当 $l_1\leqslant x<l_2$ 时，解法同编号 3， 但 Fo_D 替换为 Fo'_D， 而 $Fo'_D=\dfrac{D'_{\tau z}x}{h^2 V}+Fo_D^*$； 当 $l_2\leqslant x<l_3$ 时，解法同编号 4， 但 Fo_D 替换为 Fo''_D， 而 $Fo''_D=\dfrac{D''_{\tau z}x}{h^2 V}+Fo_D^{**}$； 当 $x>l_3$ 时，解法同编号 1	Fo_D^* 为 $x=l_1$ 时的杂质浓度分布；Fo_D^{**} 为 $x=l_2$ 时的杂质浓度分布

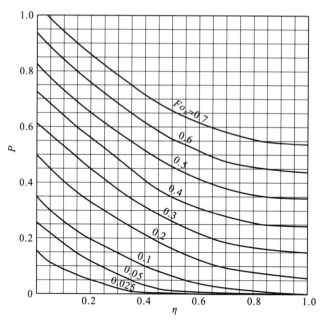

图 8.3 $P = f(Fo_D, \eta)^{[100]}$ 函数关系图

如果考虑三维问题，如弱流动性深水库，则每个点的杂质浓度计算可使用叠加法：

$$\xi = \xi_y(x) + \xi_z(x) \tag{8.7}$$

浓度 $\xi_y(x)$ 和 $\xi_z(x)$ 可由表 8.3 和表 8.4 中的算法计算得到，并且计算 $\xi_y(x)$ 时可使用紊动扩散系数 D_{ry}，宽度坐标轴 y，水流宽度 B，沿宽度的流速分布 $V(y)$，以及污水与 y 轴平行流入河道后沿 y 轴的杂质浓度初始分布。

8.5   增加水中冰含量的方法

通过生成水面冰和大气冰的方式增加冰含量时应注意，水库中增加的冰和冻结的无杂质净水会留在水库中，污水则以一定速度排走。水库中冰含量越高，水库中的水在洪水结束后越洁净。

增加水体冰含量的方法见表 8.5。

大量低温冻结且不含杂质的净水以块冰的形式堆积。块冰可放置在水库或河道附近的专用废弃场地内，也可直接放置在浅水区。用于研究的典型块冰的体积为 $1 \times 10^6 \text{m}^3$，底面积为 $250\text{m} \times 400\text{m}$ 或 $300\text{m} \times 333\text{m}$，高度为 10m。水体分层冻结。温度转到 0°C 以上时，块冰以规律或不规律的状态融化。结冰和排冰示意图为专门的线列图,其考虑了下垫层(冰或土壤)形成时间的长短,以及水层灌注和结冰所用的时间。这种方式的净化能力为 275m³/h,净化一个冰区的时间为 5 个月。块冰个数根据场地大小和冬季水体的储备量确定。制成 6~8 个块冰区所需的平均水流量为 0.5m³/s,块冰区高度根据当地自然冷空气资源确定。

表 8.5　增加水体冰含量的方法

水面冰冻结	水内冰冻结	大气冰冻结
在水库附近废弃土地上制造块冰	将冷空气输入蓄水池中制造冰花	
在水库中制造块冰	采用造冰机在蓄水池中生成冰花	向水中投入喷雪机喷出的人造雪晶体
在支流上建造冰库	向蓄水池中输入冷空气和冷冻剂来生成冰晶	

在水库中可借助季节性冷却设备冷冻水体,制作块冰区。通常使用的是蒸气型季节性冷却设备,无需额外管道。季节性冷却设备的运行原理是将冷冻水体的热量释放到大气中,通过寒冷空气将热量载体冷却。

季节性冷却设备由冷冻柱组成,入水时水在其周围结冰而形成冰柱体。配置冷冻柱时水沿冰区外侧结冰,一个个闭合的冰柱体形成紧凑的块冰区,每个冰柱体之间相距 1~2m。可使用任意类型的季节性冷却设备制作块冰区:气体型、液体型、汽-液型。可使用冰点低、比热容高、体积膨胀系数大的液体作为工作液体。工作物质可以是常规制冷装置中的冷冻剂——氮、氨、丙烷、氟利昂。冷冻柱的工作物质呈两相状态:蒸气占据冷冻介质的中心部分;液体是蒸气凝结而成的水,以薄水膜的形式沿冷冻柱内壁流动。

制作块冰需要建立浮桥和浮筒系统,旨在安装冷却装置。将季节性冷却装置的安装单元拖运到安装地点并固定。安装单元大小为 20m×50m,块冰区体积为 $1×10^6m^3$,若结冰深度为 20m,则冷却装置需要由 50 个安装单元组成;若结冰深度为 25m,则冷却装置需要由 40 个安装单元组成。

需要建立冰库来积累支流中的冰。可根据河流斜面、冰丘厚度和大小确定冰库容量。洪水期随水流漫过拦河大坝的冰融化,净水径流量增加。

拦河大坝将蓄冰池与水库分离。从蓄水池近底部通风设备或低压压缩机涌出寒冷气流。冰晶留在蓄冰池中,近底层杂质下沉使水质得到净化。

新研究提出并解决了水电站各水域水质预测的问题。其结论是,必须在水利枢纽规划阶段考虑水质维护的问题。维护水质要从了解正常蓄水位和死水位、汛前放水量、发电站运行状态、水库蓄水放水类型开始,同时要考虑人为和工业排污的强度和特点,以及调节冰含量、修建备用水库等补偿措施的可行性和必要性。

净水以冰的形式积累会对周围环境的温度和湿度产生影响,但这无须作为影响气候的因素进行研究,因为融冰时间相对较短。

第9章　冰坝与冰塞及其防治措施

9.1　冰坝与冰塞形成的机理及分类

　　冰坝形成和溃决的作用过程如下：春季气温上升，积雪开始消融；河流水量增加，水位抬高，冰破裂后脱离河岸；随着水位升高，河流宽度也增加，浮起的冰盖边缘与河岸之间出现净水带，即岸边融冰，岸边融冰的出现进一步促进了积雪融水的侵蚀作用，融水从河岸边坡直接流向河流。

　　在暖气流和太阳辐射的共同影响下，河流冰盖强度降低。当水流拖曳力大小达到能使冰盖断裂为若干块大型可移动块冰时，质量很大的块冰会撞击河岸或互相撞击，从而再度断裂为单独的块冰，春季凌汛便开始了。

　　移动的冰块可能会遇到未开冻的河段，河段上的冰盖密实坚固，形成流冰障碍物。冰盖边缘的流冰移动速度减缓，然后暂停移动。在流冰的压力下，处于静止的冰盖边缘的冰开始逐渐破裂，冰互相挤压，聚集在一起[78]。一些边缘破裂的碎冰随水流流走，而较大的冰块潜入冰缘下方，这样就形成了冰坝坝头。各种狭窄型河道也会阻碍流冰移动，如岛、浅滩、急剧收缩的河道、急弯等。冰块滞留可能会导致河流由于流速降低而突然变宽。通常，冰坝出现在秋季封冻期有冰流动并发生冰塞的地方。

　　新的冰块流向滞留的冰，冰坝形成时可能会将冰缘顶起，或使冰缘停留在水面上。在这些压力下，冰开始壅塞，偶尔移动。河面开始聚集大小不一的碎冰。碎冰使水流横截面急剧收缩，河水水位抬高。水位高过收缩位置，形成回水带。回水带流速降低，向上浮动的冰的运动能量也随之降低，逐渐地，冰不再壅塞，冰坝的形成过程停止。冰坝纵剖图见图9.1。

　　冰坝在形成过程中，其结构、形状和大小也在发生变化。如果表面流速超过0.8m/s，则流冰会潜入封冻冰缘之下，冰坝厚度和深度均将有所增加。水流速度较小时，冰坝主要是沿长度增加[140]。

　　维德涅夫全俄水利工程科学研究所与全俄民防与紧急情况科学研究院共同划分了冰坝类型并制作了图9.2和表9.1[77,78]。该图和表的内容，包括冰坝的分类和形成的主要特征、位置形态、壅塞特征、与汛期之间的关系、壅塞水位、破冰状态、壅塞程度及形成机理等。

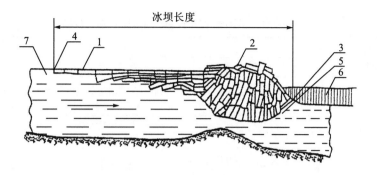

图 9.1　冰坝纵剖图[78]

1-坝尾(尾部)；　2-坝头(头部)；3-冰坝下缘(下边界)；4-冰坝上缘(上边界)；5-冰坝截水墙；6-封冻冰区；7-敞露水面

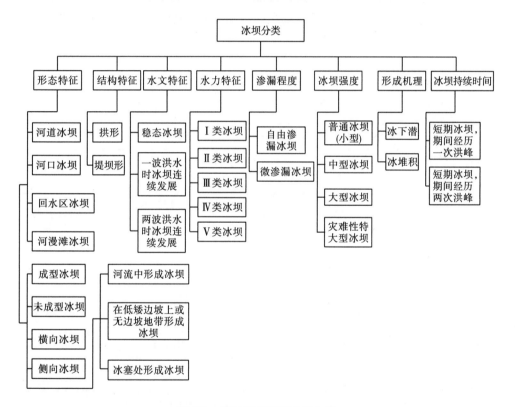

图 9.2　俄罗斯河流的冰坝分类

表9.1 不同类型冰坝在不同阶段的水力特征

冰坝类型	冰坝形成时间	水力特征	不同阶段的水力特征描述		
			开始形成冰坝	冰坝成型	冰坝溃决
I	秋季	水位	冬季最低水位 $h_{\text{мин}}$	$h_{\text{мин}}<h\leqslant h_{\text{макс}}$，上升至最高水位线	长期保持高水位 $h_{\text{макс}}$，到春季时逐渐下降
		流量	最小流量 $Q_{\text{мин}}$	流量随着冰坝融化和冲刷逐渐增大	Q 为常数
		K_3	$K_{3,\text{мин}}$ 水位开始上升的日期	缓慢增加	K_3 为常数且小于1
II	春季	水位	$h_{\text{мин}}$ 水位上升起点	形成冰坝 8~10d 后水位达到峰值	水位逐渐降低
		流量	流量微变，Q 为常数	流量微变，Q 为常数	流量微变，Q 为常数
		K_3	$1>K_3>K_{3,\text{мин}}$	达到 $K_{3,\text{мин}}$ 的日期与达到 $h_{\text{мин}}$ 的日期一致	$K_3<1$
III	春季	水位	$h_{\text{мин}}$ 水位上升起点	$h_{\text{мин}}<h\leqslant h_{\text{макс}}$，上升至 $h_{\text{макс}}$ 后缓慢下降	冰坝破裂，水位迅速下降
III	春季	流量	Q 为常数	下降至 $Q_{\text{мин}}$	流量增加
		K_3	$1>K_3>K_{3,\text{мин}}$	达到 $K_{3,\text{мин}}$ 的日期与达到 $h_{\text{макс}}$ 的日期一致	—
IV	春季	水位	$h_{\text{мин}}$ 水位上升起点	上升至 $h_{\text{макс}}$ 后缓慢下降	水位下降的程度大于流量减小的程度
		流量	Q 为常数	流量在最大凌汛水位稳定后增大	
		K_3	$1>K_3>K_{3,\text{мин}}$	达到 $K_{3,\text{мин}}$ 的日期与达到 $h_{\text{макс}}$ 的日期一致，然后 K_3 缓慢增大	K_3
V	春季	水位	$h_{\text{мин}}$ 水位上升起点	$h_{\text{мин}}<h\leqslant h_{\text{макс}}$，上升至 $h_{\text{макс}}$ 后缓慢下降	水位下降
		流量	Q 为常数	下降至 $Q_{\text{мин}}$	流量增大的程度大于水位上升的程度
		K_3	$1>K_3>K_{3,\text{мин}}$	达到 $K_{3,\text{мин}}$ 的日期与达到 $h_{\text{макс}}$ 的日期一致，然后 K_3 缓慢增大	—

冰坝的构造通常分为3部分(图9.1)。

(1)冰坝截水墙由支撑在封冻区边缘的大块冰组成。

(2)冰坝本身或坝头由无序分布的冰分层堆积组成,由于冰块之间相互壅塞挤压，该处堆积了大量的冰块。

(3)坝尾是上游碎冰在回水区堆积而成。

坝头长度通常是河流宽度的 3～5 倍。在这一河段冰堆积的最大厚度为 3～5m 到 10～12m。大型河流中冰坝连同坝尾一起的整体长度可达数千米，此时坝头长度约为整个冰坝的 1/100。

冰坝破裂或溃决是河流流量和水头突然增大或暖空气、冰雪融水共同作用的结果。

冰坝溃决会导致河流水面线纵剖面的重建，如冰坝尾部水位抬高后下降，形成水浪，对居民生活和经济造成威胁。冰坝移动速度可达 2～5m/s，但在下游形成新的堆积的可能性不大，因为冰坝溃决时冰盖受到破坏而不再坚固[78]。

开河时，冰坝的形成机理受水位抬升、周围环境回暖等多种因素的影响。

根据冰坝的形态特征来看(图 9.2)，冰坝有可能在河道、河口三角洲支流、回水区、河漫滩处形成，同时堆积的冰可能会占据整个河床断面(如堤坝形或拱形冰坝)。而冰坝形成的机理，主要为冰的下潜和堆积，通常这两种作用会同时发生。

根据水力特征，将冰坝分为 5 种类型(表 9.1)。这些类型的区别在于流量变化、冬季冰坝形成期间的流量系数和水位变化。

冬季冰坝形成期间的流量系数，为河道在同一水位条件下冬、夏季流量的比值：

$$K_3 = \left.\frac{Q_3}{Q_\text{л}}\right|_{z=\text{const}}$$

各类型冰坝均从冬季最低水位时开始形成。

在第 I 类冰坝中，由于 K_3 缓慢增加，流量增大，从而水位上升到最高水位。流量增加的速度超过 K_3 增加的速度。在冰坝破裂阶段观察到水位居高不下，春季到来后水位逐渐下降。

在第 II 类冰坝中，由于 K_3 降到最小值 $K_{3,\text{мин}}$，冰坝形成的整个过程中流量稳定，水位上升。冰坝破裂时水位逐渐下降，K_3 增大。

在第 III 类冰坝中，由于 K_3 降到最小值 $K_{3,\text{мин}}$，水位上升，$K_{3,\text{мин}}$ 出现的日期与水位上升到最大值、通过冰坝的水的流量降到最小值的日期一致。冰坝破裂时水位剧烈下降，流量增大。

第 IV 类冰坝开始形成时，在流量稳定后，水位由于 K_3 降到最小值 $K_{3,\text{мин}}$ 而上升。冰坝破裂阶段水位下降，流量急剧减小。

第 V 类冰坝是第 III 类冰坝中的一种，由于 K_3 降到 $K_{3,\text{мин}}$，水位上升到最大值。冰坝破裂时水位下降，这时的流量增速比稳定水位的流量增速更快。

9.2　冰坝与冰塞引起的冰凌洪水预测及凌害控制

由于冰坝的主要危害在于明显抬高河流水位，水流漫过河岸，淹没周边区域，冰坝的影响程度通常可通过洪水传播方法来预测得知[9,17,39,86,126,155,156]。

现有的河段冰坝目录[51]已经过时，需要补充新的数据。

预测冰坝的主要目的在于确定最高冰坝水位及其形成日期，提前预测冰坝形成的可能性，从而确定易形成冰坝高危河段，水位上升的概略标注（高度）及冰坝的复现率。

最高冰坝水位的预测，是对冰坝各形成因素综合统计的结果。

根据冰坝最高水位线，可在地形图上确定淹没区。无论是否存在水文气象观测数据，都可预测冰坝的形成。

目前，没有统一的方法可对俄罗斯境内受冰坝威胁的河段进行水位预测，但是对于某些河段存在特定的方法。例如，托木斯克市的托木河每年都会形成冰坝，水位在 497～1103cm 范围内变化。预估这一水位变化，可使用公式[9,78]：

$$\Delta h_{\text{макс}} = 12.1\sqrt{\sum \Theta_-} + 5.48i + 2.76h_\text{c} - 71.4\frac{\sum \Theta_{+H}}{\sum \Theta_{+B}} - 7$$

其中，$\Delta h_{\text{макс}}$ 为水位上升后再次上升的高度；$\sum \Theta_-$ 为从封冻期开始到 1 月 31 日期间气温的总和；h_c 为冰面雪层高度；i 为冰开始移动之前水位上升程度；$\dfrac{\sum \Theta_{+H}}{\sum \Theta_{+B}}$ 为开河之前融冰期单位水面上冰盖附近暖气流与洪水区暖气流的比值；H 为开河时的水位。

该河段平均预报期为 4d[9]。

最高冰坝水位的预报为短期预报。预报期通常为 1～2d 到 8～10d。预报的准确度尚可[140]。预报只适合用于冰坝形成的稳定区域。

目前，无法准确预测因冰坝壅塞而导致的洪水现象、非稳定冰坝的形成情况和凌汛情况[78]。

为提高预报质量，需要增加观察站点，广泛使用远程监控设备（卫星等），积极研究每一种具体的受冰坝威胁河段的预报方法。

冰坝预警和防治措施系统见图 9.3。根据这一系统，有必要获取冰坝形成条件的原始信息，包括冰坝形成区的水文气象条件、河段形态、河流流速。所有数据均为观测统计数据。此外，在这些数据的基础上，可预测研究能稳定形成冰坝的河段及受冰坝影响的河段和区域，并预测洪水灾害。制定冰坝防治措施，包括：利用太阳辐射、使用化学物质或切割冰盖来降低冰盖强度继而使水流通过，以及通过引水设施、隧道或壕沟来引走河道水流。

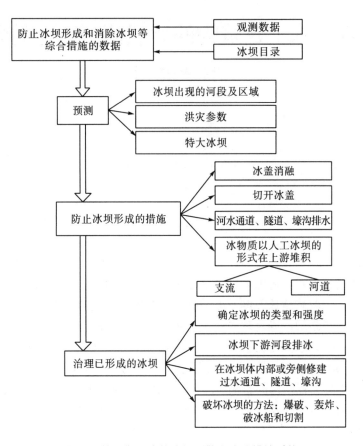

图 9.3　俄罗斯河流的冰坝预警和防治措施系统

　　有效防治冰壅塞的方法之一是，在不会被淹没的安全区域或支流以人工方式来进行冰堆积，推迟主流冰壅塞发生的时间，减少进入主流的冰量以及进入冰坝位置的冰量。治理已形成的冰坝，需采取的必要措施包括：确定冰坝的类型和强度，冰坝下游河段排冰，降低冰坝高度，避免因冰的壅塞而再产生新的冰坝；也可使用水力方法，借助破冰船或炸弹破冰[54]。对于长期存在的冰坝，建议使用强力气压装置破冰[31]。

第10章 水工建筑物的冰载荷与冰盖的强度和承载能力

10.1 概 要

实际情况中，冰会以各种方式影响水工建筑物的运行。大部分情况下，冰会对水工建筑物的载荷和冰强度的确定产生影响。但冰或冰盖因受外部影响，自身也会存在荷重，这对冰强度的计算具有重要意义。文献[129]提出了几种计算建筑物载荷的建议。本章讲述的方法目前还未被广泛使用，但可能对载荷的计算有所帮助，包括：获取载荷计算的原始数据，建立冰的强度和温度的关系；测试冰的抗压强度和抗弯强度；确定冰对水工建筑物固结部分的影响；根据冰道和冬季道路的载荷量，统计水工建筑物第一、二类载荷。

20世纪60年代俄罗斯已经规定了水工建筑物冰载荷的定额，同时 K. H.科尔扎维恩的《冰对工程结构的影响》问世[61]。冰载荷及其影响的主要问题在之后50年内被一系列规范文件系统化，这些问题也被各种相继出现的规章不断完善。2012年，俄罗斯颁布了相关规范 CП 38. 13330—2012[129]。

最早，水工建筑物冰载荷的计算方法以变形速度相对较快的脆性断裂概念为基础。但是近年来发现，冰的最大强度(相应的最小冰载荷)与脆性断裂无关，而与变形速度相对较慢的塑性断裂向脆性断裂过渡的值有关。

从塑性断裂向脆性断裂过渡时，冰最大强度可作为在极限平衡理论框架下新的国内外水工建筑物冰载荷计算的依据。极限平衡理论在现代研究低速加载的冰载荷量的方法中十分重要。同时，它对海洋水工建筑物研究也有着特殊意义。

极限平衡理论是冰强度和建筑物冰载荷量现代计算方法的基础。

建筑物冰载荷现代计算方法的其他特点是规定了冰的强度特征。除了变形速度，还应考虑冰的结构、水化成分、对水工建筑物产生影响的冰原的热状态等。而将冰结构和水化成分与变形速度一并考虑是实验中研究出的特别方法。

10.2　计算冰载荷的初始数据设置

计算海洋水工建筑物的冰载荷时，可使用以下初始数据：冰的盐度和温度、冰原的移动速度和厚度、建筑物周边的积冰高度、冰的标准压缩强度、风速、水的盐度和流速。

冰载荷的最终计算结果取决于冰强度特征的计算准确度，而冰的强度特征是气温变化和冰温分布的直接结果，因此计算冰载荷时冰温结果具有关键作用。在计算之前的一段时间内，温度随时间变化的过程对冰的强度特征有显著影响。通常认为，冰的强度特征是固定不变的，但其实际上在自然条件中却是不固定的。因此，需要确定具体情况下的冰温状态，因为这会对冰的强度特征和冰载荷有显著影响。

关于冰的强度特征抽样计算，需从分析温度状态开始。

在冰原温度不变的情况下，温度 $t_{\text{л}}$ 沿冰原厚度分布的计算公式为

$$t_{\text{л}} = (t_{\text{u}} - t_{\text{з}})z_i + t_{\text{з}} \tag{10.1}$$

其中，t_{u} 为空气-冰（或雪）界面的冰温，℃，其表达式为

$$t_{\text{u}} = (\vartheta - t_{\text{з}})\frac{h_{\text{л}}/\lambda_{\text{л}} + h_{\text{s}}/\lambda_{\text{s}}}{1/\alpha_t + h_{\text{л}}/\lambda_{\text{л}} + h_{\text{s}}/\lambda_{\text{s}}} \tag{10.2}$$

其中，$t_{\text{з}}$ 为冰-水界面处的冰温，℃，与水工建筑物周围水体结冰的温度一致；z_i 为从冰-水边界到 i 层冰原厚度中部的距离，m；ϑ 为气温，℃；$h_{\text{л}}$ 为冰原厚度，m；h_{s} 为雪盖厚度，m；$\lambda_{\text{л}}$、λ_{s} 分别为冰和雪的导热系数，W/(m·K)；α_1 为冰-气热交换系数，W/(m²·k)，可根据如下公式[162]计算：

$$\alpha_1 = Kw \tag{10.3}$$

其中，K 为根据表 10.1 查知的外部环境气温为 ϑ（℃）时的系数；w 为风速，m/s。

表 10.1　公式 (10.3) 中系数 K 的值

ϑ /℃	-40	-30	-20	-10	0
K/[J/(m³·K)]	7.12	6.88	6.67	6.48	6.27

根据图 10.1 所示条件下的导热方程，可计算得出冰原处于不稳定状态时温度 t 沿冰原厚度的分布。根据叠加法计算得到：

$$t = t_1 + t_2 \tag{10.4}$$

$$t_1 = t_{\text{з}} + \Theta_1 \Delta t \tag{10.5}$$

$$t_2 = t_{\text{з}} + \Theta_2 (t_0 + t_{\text{з}}) \tag{10.6}$$

其中，t_0 为根据公式(10.2)开始计算时的冰面温度，℃；Θ_1、Θ_2 均为无量纲参数[100]，其表达式为

$$\Theta_1 = \sum_{n=1}^{\infty} A_n \cos\left[\mu_n(1-\eta)\right]\exp\left(-\mu_n^2 Fo\right),$$

$$\mu_n = (2n-1)\frac{\pi}{2}, \quad A_n = \frac{2}{\mu_n^2}, \quad Fo \equiv \frac{a\tau}{h^2}, \quad \eta \equiv \frac{x}{h};$$

$$\Theta_2 = \sum_{n=1}^{\infty} A_n \cos\left[\mu_n(1-\eta)\right]\exp\left(-\mu_n^2 Fo\right),$$

$$\mu_n = (2n-1)\frac{\pi}{2}, \quad A_n = (-1)^{n+1}\frac{2}{\mu_n}, \quad Fo \equiv \frac{a\tau}{h^2}, \quad \eta \equiv \frac{x}{h}$$

此时，可根据给定的无量纲坐标 $\eta = z_i$ 确定参数 Θ_1，参数 Θ_2 的无量纲坐标为 $\eta = 1 - z_i$。

需要注意的是，用于确定冰载荷的计算公式通常包括冰(在冰原厚度范围内)的平均强度，但在实际中通常用平均冰温(在冰原厚度范围内)的强度来代替。一般情况下，这两个概念应明确区分。

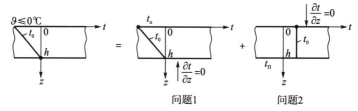

图 10.1　不稳定状态下沿冰原厚度的温度分布计算图

还应注意，最大设计载荷对应于最低温度下最大冰原的影响。在自然条件下，达到最低气温与最大冰厚的时间并不一致：冬季结束时便达到最大冰原，但最低气温却出现在 12 月到次年 1 月。

必须使用合理的方法来计算冰原温度。尤其是在不利的气象条件下，可使用稳定状态算法来计算达到稳定状态之后的情况。根据傅里叶导热方程 Fo，可计算冰原温度达到稳定状态所需的时间。在稳定状态三角形分布条件下 $Fo = 0.5$，冬季稳定期的温度沿厚度呈线性分布，而春季稳定期的温度沿厚度则呈均匀分布。

表 10.2 中给出了冬季期间不同厚度冰原的温度达到稳定状态的时间。

实际中，低温期时间可能比表 10.2 中的时间更短。计算冰载荷时，需要注意不稳定温度状态的计算结果。

表 10.2　不同厚度冰原的温度达到稳定状态的时间

冰厚 h/m	0.5	0.75	1.0	1.5	2.0
达到稳定状态的时间 τ_s/d	1.3	2.2	4.8	11.5	20.4

当冰原表面的气温在 0℃以上时，冰原温度沿冰原厚度将趋于均匀分布。冰原温度达到均匀分布的时间为

$$\tau = \tau_0 + \tau_1 \tag{10.7}$$

其中，τ_0 为冰温、气温和风速的初始函数。

图 10.2 为无降雪且冰面温度回升到 t_3 时，傅里叶数 Fo 与毕奥数 Bi 和温度参数 Θ 的关系曲线图。根据已知的冰原厚度 h 和气象特征可得到 Fo，然后是时间：

$$\tau_0 = Foh^2 \big/ a_л \tag{10.8}$$

其中，$a_л$ 为冰的导热系数。

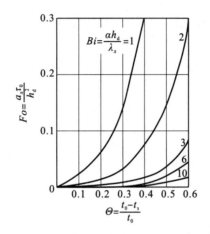

图 10.2　无降雪且冰面温度回升到 t_3 时，傅里叶数 Fo
与毕奥数 Bi、温度参数 Θ 的关系曲线图

随后进入稳定状态，傅里叶数 $Fo = 0.5$[100]，由此可得时间：

$$\tau_1 = 0.5 h^2 \big/ a \tag{10.9}$$

若 t_3 发生改变，在进行冰原温度达到均匀分布状态的时间计算时，建议使用春季流冰期的冰强度。

值得注意的是，上一计算周期的气温变化对平均冰温有重要影响。

普遍认为，冰的温度和载荷可根据对冰实施作用力之前 3～6d 的平均气温确定[132]。此时，应保证冰原表面温度与气温进行充分的作用。为更准确地计算冰载荷，需要在冰温计算时考虑气象条件，并考虑冰温分布和计算前相应阶段的冰强度。

10.3　冰载荷计算方法的特点

计算水工建筑物的冰载荷时，主要使用抗压强度 R_c 和抗弯强度 R_f 来表示冰

载荷的强度特征。根据冰的强度实验数据，可计算冰的单轴悬臂抗压强度和抗弯强度。

尽管单轴压缩和弯曲实验相对简单，但相同的实验可能产生大于 1 个数量级的差异。这不仅仅与冰的不均匀特性有关，也与研究人员每次实验的主观因素有关。主观因素包括样本的提取方法和形式、所选取的实验机器的刚度和加载速度。

只有采用标准方法进行实验，这些因素对单轴压缩、弯曲及其他载荷等的极限强度测量结果的影响才是相同的。因此，实验方法的标准化十分必要。

所有一年生天然海冰都可以根据晶体结构分为纤维冰和粒状冰[95]。纤维冰具有纤维、细杆和针状的晶体结构，其横截面尺寸为 1~10mm。具有纤维晶体结构的冰通常出现在北极海域及其入海口河段。粒状冰具有明显的立体形状晶体结构，通常出现在冰原表层。

从力学性质上看，粒状冰是均质的，而纤维冰是非均质的。虽然这只是一种简单分类，但在实际应用中已经够用。更详细的冰分类见文献[157]。

从取样到进行样品实验期间，要注意太阳辐射对冰的作用，因为太阳辐射会使晶体之间的联结变弱，使冰的强度降低。为避免样本冰升华和再冻结，需要将样本冰存放在塑料袋中并保持低温。当温度高于-22.9℃（海盐中 NaCl 的共晶温度）时，盐溶液会从样本冰中流出。例如，温度为-15℃时样本冰每日会损失约 10%的盐溶液[209]。因此，需要尽量将取样到进行实验的时间间隔压缩至最短。

当温度为-22.9℃时，液态 NaCl 在天然海冰中所剩无几。当温度达到约-54℃时，液态 NaCl 完全消失。通常一年生天然海冰的盐度变化范围为 3%~6%，河口三角洲附近海域冰的盐度为 1%~2%。

如果冰的单轴压缩和弯曲实验遵守以下要求，其实验结果不受比尺效应的影响[209]:

$$b_0/\overline{d}_c > 15 \qquad\qquad (10.10)$$
$$h_0/b_0 = 2\sim3 \qquad\qquad (10.11)$$

其中，b_0 为样本冰宽度（直径）；$\overline{d}_c$ 为样本冰平均横截面尺寸；h_0 为样本冰压缩高度。

在塑性断裂向脆性断裂过渡区，当 $b_0/\overline{d}_c > 10$ [24,75]，$h_0/b_0 = 1\sim3$ [33]时，实际实验结果与比尺效应无关。然而，在满足公式(10.11)的情况下，实验给出的强度值与抗压强度和抗弯强度的实际值相近。

应变率-冰载荷关系曲线图见图 10.3。

单轴压缩实验是最重要、最直接的获取冰力学特性的实验。实验结果有助于理解冰的力学特性，并根据提出的问题选择相应的计算模型。

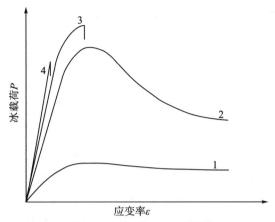

图 10.3　应变率-冰载荷关系曲线图

$\dot{\varepsilon}_1 < \dot{\varepsilon}_2 < \dot{\varepsilon}_3 < \dot{\varepsilon}_4$；1、2-塑性断裂；3-脆塑性断裂；4-脆性断裂

　　弯曲实验是间接进行的。但是，通过弯曲实验，可以从理论上的断裂力学-应力角度来评估伸缩关系。这种判断伸缩关系的方法可用于冰工程学[37,199]、岩石力学[200]等。

　　根据冰与水工建筑物之间的相互作用，冰单轴压缩和弯曲的实验方法主要有以下形式。

　　(1) 所研究的冰原的厚度不小于建筑物尺寸的 60%。可从冰原第 N 层(每层厚度相同)中选择样本冰，使其长轴垂直于冰晶增长的方向，注意这里 $N \geqslant 3$，每层样本冰数量 $n \geqslant 5$。

　　(2) 单轴压缩实验的样本冰为四棱柱或圆柱体，高与宽的比值为 2.5，弯曲实验的样本冰为四棱柱，长与宽的比值为 10。两种样本冰的宽度不得超过其横截面尺寸的 10 倍[129]。

　　(3) 样本冰平均大小的偏差(数量上)不得超过 ±1%。样本冰表面必须平滑，且无裂纹、缺口、凹陷、毛刺等缺陷。

　　(4) 实验机器能够自动记录弯曲载荷-应变率,保证载荷测量误差不超过 ±5%。

　　(5) 样本冰的保留时间不得超过 1h。根据冰原温度沿厚度分布的实验数据，计算得到温度 $t_л$，并在温度为 $t_л$ 的环境下实验。如果没有实验数据，则根据公式 (10.1)~公式 (10.6) 计算得到实验温度。

　　单轴压缩实验中,样本冰以某一应变率 $\dot{\varepsilon}_c$ 沿长轴压缩,计算得到的应变率 $\dot{\varepsilon}_c$ 见表 10.3。

表 10.3　计算得到的应变率与冰温的关系

$t_л$ /°C	−2	−10	−15	≤−23
$\dot{\varepsilon}_c$ /$(10^4 \mathrm{s}^{-1})$	0.5	1.5	2.0	3.0

每个样本冰的断裂应力(极限强度)为 C_j (MPa),其计算公式为

$$C_j = (P_{max})_j / f_0 \tag{10.12}$$

其中,$(P_{max})_j$ 为根据应变率-冰载荷关系曲线图(图10.3)得到的 j 样本冰的最大断裂载荷,MN;f_0 为样本冰横截面的初始面积,m^2。

每一层样本冰的抗压强度为

$$C_i + \Delta_i$$

其中,C_i 为第 i 层样本冰单轴压缩的极限强度,MPa;Δ_i 为实验结果偶然误差的置信界限,MPa,可根据给定置信概率 α 和平行测定次数 n(样本实验次数)并采用数学统计法得出。

计算II、III级建筑物冰载荷时,冰实验结果置信概率为 $\alpha = 0.95$,而I级建筑物中的置信概率更高,但不超过 0.99。

冰的抗压强度为 R_c (MPa),其计算公式为

$$R_c = \sqrt{\frac{1}{N}\sum_{i=1}^{N}(C_i + \Delta_i)^2} \tag{10.13}$$

其中,$C_i + \Delta_i$ 为第 i 层样本冰的抗压强度实验结果,MPa。

弯曲实验中,选取从塑性断裂向脆性断裂过渡区域的应变率进行实验。这时,应变率-冰载荷关系曲线如图10.3中的曲线3所示。

弯曲实验结果为

$$C/T = h_t / h_c \tag{10.14}$$

其中,h_t 和 h_c 分别为弯曲样本冰的拉伸层厚度和压缩层厚度,可根据文献[199]中的样本冰断裂线计算得出。

冰的抗弯强度为 R_f (MPa),其计算公式为

$$R_f = 0.4(C_b + \Delta_i) \tag{10.15}$$

其中,$C_b + \Delta_i$ 为冰原下层样本冰的抗弯强度,MPa。

一般以脆性断裂概念为基础计算冰载荷的方法,与冰原移动速度有关。例如,移动速度为 0.5m/s 或更快[61,132]的冰原不能完全满足海上水工建筑物的设计要求。在河流中观察到的速度,有时与在海洋中观察到的速度一致。但在北极大陆架条件下,最大冰载荷出现在冰原低速移动时,速度为 1~10cm/s[199],这时冰在该区域与水工建筑物的作用力不是塑性的或脆塑性的。在这一情况(包括从塑性断裂向脆塑性断裂过渡时出现最大冰强度的情况)下,可使用极限平衡理论解决最大冰载荷问题。

物质从脆性状态向塑性状态转变时将发生断裂,通常很难得到准确的解法,但可使用极限平衡理论进行计算。根据这一理论,可比较首次塑性变形中出现最大极限应力时的极限载荷值与发生极限变形时的载荷值。

在某种程度上,以下两个条件能说明极大和极小载荷值:使用描述物质的断

裂作用过程的速度场得到极大载荷值，借助与力分布过程相似的应力场得到极小载荷值。同时，速度场和应力场满足设定的屈服函数和具体情况下的掺混边界条件。极大和极小载荷值近似图见图 10.4。其中，速度场和应力场参数分别为 k 和 s。

极大载荷值具有特殊意义，因为它可以定义断裂载荷的最大值。极大载荷值可用于计算不同构造垂直支撑物上的最大冰载荷，如文献[32]所述。

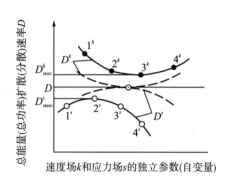

图 10.4　极大和极小载荷值近似图

研究冰对锥形建筑物的作用力，有助于解决均质材料弯曲时的实际问题，即所谓的特雷斯卡屈服准则[200]。尽管在一维应力状态（如冰原与锥形建筑物相互作用）下，冰的特性（如各向异性和压力依赖性）并不适用于特雷斯卡模型，但这并不重要。因为，即使这些方面与特雷斯卡模型严重不符，也只会引起冰载荷值的微小变化。

10.4　考虑剪应力的冰弯曲强度确定

使用冰作为建筑材料或研究水工建筑物的冰载荷时，需要了解冰的弹性、塑性和强度特征等方面的性质。对冰力学特性的研究已经在许多著作中论述过，相关工作还在继续进行。1916 年以来，已有许多科研人员开展过冰的力学实验，通过分析得到了综合结果，如 И. П. 布佳金、В. В. 拉夫罗夫、В. В. 波哥罗德、А. В. 古瑟夫、Г. П. 霍赫洛夫、Ю. П. 陀罗宁、Д. Е. 何以辛等。这些研究者在著作中，不仅成功确定了冰的力学特征，更介绍了引发这些特征的因素。

不同学者得到的弹性常数和力学性能之间存在不一致的现象，学者们难以对这一现象给出合理的解释。例如，冰的弹性模量范围为

$$E = 6 \times 10^2 \sim 196 \times 10^2 \text{ MPa}$$

泊松比：

$$\mu = 0 \sim 2.66$$

抗弯强度范围：

$$\sigma_{\text{ви}} = 0.15 \sim 7.00 \text{ MPa}$$

很明显，这些差异使计算冰的力学特征变得困难。之所以存在这些差异，是因为没有对比样本冰结构、杂质含量、冰的温度和实验过程中的环境、加载速度、样本冰几何形状。因此，研究人员应提出统一的冰强度实验方法和标准化的建议。

一般情况下，冰材料的梁弯曲时，其横截面上不仅存在正应力 τ，还会出现剪应力。因此，为了通过实验得到冰的最大抗弯强度 $\sigma_{\text{ви}}$，应尽量减少剪应力所占比例，可以通过增加冰梁长度 l 与横截面高度 h 的比值来实现。

根据科研人员的实验资料，我们绘制了 $\sigma_{\text{ви}}$ 与 l/h 的关系曲线图（图 10.5）。其中，只有在 $l/h > 15$ 时，$\sigma_{\text{ви}}$ 才是不变的。当 l/h 的值变小时，实验得出的 $\sigma_{\text{ви}}$ 误差更大。

$\sigma_{\text{ви}}$ 与 l/h 的关系对于其他情况也具有典型性[85]。

多数科研人员得出 $l/h = 3 \sim 5$，还有一些学者得到 $l/h \approx 20$。

需要注意的是，梁又叫作方木，其横截面尺寸 l 与 h 为同一性质，一般满足 $l/h > 5$。从这点来看，大部分弯曲实验结果并不是基于研究冰梁获得的。

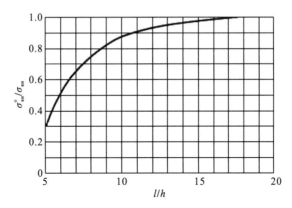

图 10.5 冰的最大相对抗弯强度比值 $\sigma_{\text{ви}}^{\circ}/\sigma_{\text{ви}}$ 与冰梁 l/h 的关系曲线图

通常，冰的最大抗弯强度计算公式为

$$\sigma_{\text{ви}} = \frac{M}{W}$$

其中，M 为弯矩，N·m；W 为抗弯截面系数，m³。众所周知，冰梁材料沿横截面高度的变形符合直线定律，但事实上沿冰梁横截面高度的应力分布并不符合直线定律，因为应力分布不仅与弹性变形有关，还与残余变形有关。因此，必须对样本冰进行四点纯弯曲模式实验或 $l/h > 10 \sim 15$ 条件下的实验。

10.5　冰堆固结部分厚度的计算

冰堆载荷很大程度上取决于其几何形状：斗拱和龙骨的尺寸及固结部分的厚度。斗拱和龙骨的尺寸根据斗拱高度实际测量数据和龙骨沉降数据确定(图 10.6)。

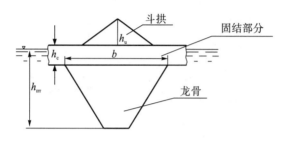

图 10.6　冰堆示意图

h_u-斗拱高度，m；h_c-压实部分厚度，m；h_{nr}-水下部分高度，m；b-宽度，m

由于缺乏专业的测量设备，实地测量自然条件下冰堆固结部分的厚度有很大难度。目前，已有的测量结果受主观影响很大，且常常不能得到准确的结果。因此，对于测量位于大陆架上水工建筑物冰载荷的问题，可使用冰堆固结部分可能得到的冰载荷最大值来解决。

冰堆固结部分厚度，取决于气象条件(主要为气温)、冰堆几何形状和冰堆的水下热力条件。

浮冰块之间的孔隙中堆积的冰和水会共同冻结，冰堆固结部分主要在表面结冰。冰堆冻透的部分会出现温度波动，其温度低于结冰的水温。两个作用过程(冻结和已经结冰的部分继续冷却)可用于判定冰堆固结部分的下边界。横断面上一定大小的冰堆封冻所需的时间与冰堆达到稳态的时间保持一致。

将枢轴温度与半无限区封冻问题一起研究可得到冰堆固结部分的厚度。在枢轴和半无限区表面，需要保持一定的气温不变。不考虑斗拱热阻，因为在开阔河道和斗拱冰缝存在空气自由对流运动，这促使温度均匀分布，冰堆上端温度稳定，并与气温相等。

在第一类边界条件下[100,125]，可根据冰堆深处封冻边界的位置移动解决半冻结问题：

$$x_k = 2\beta\sqrt{a\tau} \tag{10.16}$$

其中，τ 为冰堆封冻时间，d；β 为科索维奇函数，$\beta = f(Ko)$ (图 10.7)，且有如下关系式：

$$\frac{\exp\left(-\beta^2\right)}{\exp\beta} = \sqrt{\pi}\beta Ko \tag{10.17}$$

$$Ko = \frac{\sigma\rho}{c\rho\left(t_k - t_n\right)} \tag{10.18}$$

其中，$\sigma\rho$ 为单位体积相变热量，J/m^3；c 为冰的比热容，$J/(kg\cdot K)$；ρ 为冰的密度，kg/m^3；t_k 为晶体温度，℃。

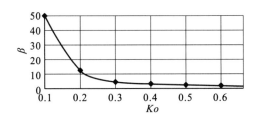

图 10.7 $\beta = f(Ko)$ 关系图

温度波动穿透冰堆的深度 h_t，可由半无限长杆导热方程确定[80]：

$$\frac{d^2\vartheta}{dx^2} = m^2\vartheta \tag{10.19}$$

而

$$\vartheta = \vartheta_0 e^{-mx}$$

$$m = \sqrt{\frac{\alpha U}{\lambda f}} \tag{10.20}$$

其中，U 为冰堆横截面周长；f 为冰堆横截面面积。

冰堆水下锥形部分：

$$m = \sqrt{\frac{2\alpha_1}{\lambda r}} \tag{10.21}$$

冰堆水下金字塔形部分：

$$m = \sqrt{\frac{2\alpha\left(\delta + l\right)}{\lambda\delta l}} \tag{10.22}$$

其中，α 为冰堆底部冰-水热交换系数，$W/(m^2\cdot K)$；λ 为冰的导热系数，$W/(m\cdot K)$；r 为冰堆水下锥形部分的半径，m；δ、l 分别为冰堆金字塔形部分横截面的长度和宽度，m。

考虑冰堆底部水流沿冰面自由对流运动的影响，冰堆底部冰-水热交换系数的表达式为

$$\alpha = \frac{1264}{h_q - h_k} + 2640V \tag{10.23}$$

其中，h_q 为包含自由对流掺混层的水层平均厚度，m；h_k 为水下冰堆龙骨吃水深度，m；V 为冰下水流相对于冰堆的平均流速，m/s。

在温度波动穿透冰堆深度达到最大时，冰堆固结部分达到稳态所需的时间与傅里叶数达到 2 时一致，即 $\tau = \dfrac{x^2}{2a}$，其中 a 为冰堆固结部分的导温系数，m^2/s。通过计算温度波动穿透冰堆固结部分的时间，可得到冰堆固结部分的最大体积。

冰堆固结部分达到最大厚度的时间 τ_{cr}，不小于保持稳态的时间 τ_{np}，但大于给定热条件下最大厚度冰层封冻的时间。冰堆固结部分达到最大厚度后，不考虑其继续增长，因为这在物理学上是不可能的。

以典型的最冷月份(2 月)平均气温为-17.9℃的封冻冰区为例，并且假定冰堆一直处于这一温度下，可根据上述方法计算固结部分的体积。冰堆龙骨平均孔隙度为 0.2、0.3 和 0.4。

计算得到的冰堆固结部分最大厚度(即温度波动穿透冰堆的深度)，以及达到稳态所需时间见图 10.8 和图 10.9。此外，图 10.9 中显示了在冰堆龙骨孔隙度为 0.3、气温为-17.9℃条件下温度波动穿透冰堆的深度与冰堆达到稳态所需时间的关系。

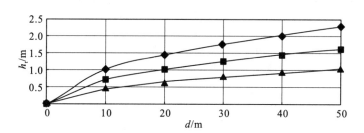

图 10.8　冰堆固结部分温度波动穿透冰堆的深度 h_t 与漂移速度 V 和直径 d 的关系

$\rightarrow$ V=0.1m/s；　$\rightarrow$ V=0.2m/s；　$\rightarrow$ V=0.5m/s

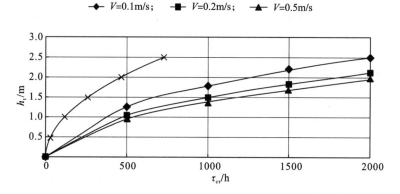

图 10.9　冰堆固结部分温度波动穿透冰堆的深度 h_t 与孔隙度和冰堆达到稳态所需时间 τ_{cr} 的关系

$\rightarrow$ 孔隙度0.2；　$\rightarrow$ 孔隙度0.3；　$\rightarrow$ 孔隙度0.4；　$\rightarrow$ 稳定温度

由此可见，冰堆固结部分最大厚度，与冰堆形成时间和所处环境相关。漂移速度为 0.2m/s 时，直径为 10m 的冰堆固结部分最大厚度为 0.51m，而直径为 20m 的冰堆其固结部分最大厚度为 0.72m。只有大型冰堆的固结部分最大厚度会超过 2m。150m 或更长直径的冰堆可能会随时间增大，其固结部分最大厚度可达 2～2.5m。

该计算主要在 2 月实测气温条件下进行。事实上，在整个冰堆"寿命"期间，气温持续上升(3 月平均为-16.5℃，4 月平均为-9.7℃，5 月平均为-3.8℃)，因此可根据冬季每个月份的实际温度调整计算条件。

根据冰堆直径，得到了孔隙度为 0.3 条件下冰堆固结部分最大厚度的变化。表 10.4 给出了冰堆固结部分最大厚度与漂移速度、气温之间的关系。

直径为 110m 的冰堆，以 0.2m/s 的速度漂移，理论上其两个月可生长到 1.7m 厚。

克努特·霍兰德认为，即使冰堆龙骨很大，冰堆固结部分也不会太大，计算数据与实际测量结果高度吻合[187]。

表 10.4 气温为 $\vartheta = -17.9$℃、孔隙度为 0.3 的冰堆固结部分最大厚度

冰堆直径/m	冰堆固结部分最大厚度/m		
	漂移速度 V =0.1m/s	漂移速度 V =0.2m/s	漂移速度 V =0.5m/s
10	0.72 ($\tau_{cт}$ =80h，$\tau_{пp}$ =230h)	0.51 ($\tau_{cт}$ =40h，$\tau_{пp}$ =60h)	0.33 ($\tau_{cт}$ =15h，$\tau_{пp}$ =70h)
20	0.96 ($\tau_{cт}$ =120h，$\tau_{пp}$ =420h)	0.72 ($\tau_{cт}$ =80h，$\tau_{пp}$ =230h)	0.46 ($\tau_{cт}$ =35h，$\tau_{пp}$ =100h)
40	1.44 ($\tau_{cт}$ =275h，$\tau_{пp}$ =950h)	1.02 ($\tau_{cт}$ =120h，$\tau_{пp}$ =460h)	0.64 ($\tau_{cт}$ =80h，$\tau_{пp}$ =190h)
60	1.76 ($\tau_{cт}$ =345h，$\tau_{пp}$ =1380h)	1.24 ($\tau_{cт}$ =200h，$\tau_{пp}$ =700h)	0.80 ($\tau_{cт}$ =100h，$\tau_{пp}$ =290h)
80	2.02 ($\tau_{cт}$ =465h，$\tau_{пp}$ =1820h)	1.44 ($\tau_{cт}$ =275h，$\tau_{пp}$ =950h)	0.92 ($\tau_{cт}$ =120h，$\tau_{пp}$ =380h)
100	2.17 ($\tau_{cт}$ =520h，$\tau_{пp}$ =2000h)	1.60 ($\tau_{cт}$ =300h，$\tau_{пp}$ =1120h)	1.03 ($\tau_{cт}$ =140h，$\tau_{пp}$ =490h)

注：括号内的 $\tau_{cт}$ 为冰堆达到稳态所需时间；$\tau_{пp}$ 为冰堆保持稳态的时间。

10.6 冰 路

目前正在进行油气矿床开采的地区有西西伯利亚、勒拿-通古斯、季马诺-佩切尔斯克，以及北极和远东海域大陆架地区。通常在这些气候恶劣、有大量水体和冻土、承载能力低的偏远地区进行开采、开发、架设设备工作时，需要运送大

型和重型器材，并且这些器材不能空运。对于上述地区，实际上运输必要货物时唯一可能的方式是在河流冰盖上铺设季节性临时公路。冰区航线上的季节性临时公路，其容许的最大载重量取决于其通过的冰冻水体的条件。最大载荷与冰的强度和厚度有关，而冰本身的强度和厚度取决于冰的加载速度、结构和温度。

现有的冰路设计、施工和架设规范性文件有两类：《苏联西伯利亚和东北地区公路设计、施工和保养》(建筑标准 137－889)和《冰上渡口设计、施工、运行指南》(道路标准 218.010－98)。

上述两类文件中，冰盖上轮式和履带式车辆(如汽车、拖拉机等)运输承重能力的规范见表 10.5。

不幸的是，现实中冰路常常发生事故，造成人员伤亡。

为解决冰盖载重问题，仅有表 10.5 中的冰厚数据是不够的。冬季进行道路选择时，应主要考虑要跨越的河流上冰渡口的长度、冰的强度和冰沿河道移动的河流的宽度。例如，冰路与河岸的距离不得小于整个河道宽度的 1/4，避免将冰路建设在冰盖上弯矩较大的区域。横渡河流进行运输时，最危险的地方为冰的中间部分和斜坡，所以必须选择最短距离横渡。

计算冰强度的一个重要参数是冰内的温度。在所有冰的承重能力规范性文件中，主要参数是冰厚而不是冰的强度。

冰的强度不仅取决于冰盖应力类型，还与冰内温度直接相关。并且，冰路运行时，气温不是决定性影响因素。对冰的强度有明显影响的是冰内温度和冰路运行时的蓄冷情况。

表 10.5 冰上公路承载能力[130]

容许载重 (汽车或拖拉机负载)/t	(3 日内平均气温下)冰厚 h_n /cm			车辆之间的最小距离/m
	-10℃及以下	-5℃	0℃(短暂回温)	
4	18	20	23	10
6	22	24	31	15
10	28	31	39	20
16	36	40	50	25
20	40	44	56	30
履带式车 30	49	54	68	35
40	57	63	80	40
50	63	70	88	55
60	70	77	98	70
70	79	87	111	单车行驶
80	88	97	123	单车行驶
90	97	107	136	单车行驶

容许载重 (汽车或拖拉机负载)/t		(3 日内平均气温下)冰厚 h_n/cm			车辆之间的最小距离/m
		-10℃及以下	-5℃	0℃(短暂回温)	
轮式车	100	106	118	149	单车行驶
	4	22	24	31	18
	6	29	32	40	20
	8	34	37	48	22
	10	38	42	53	25
	15	48	53	60	30
	20	55	60	68	35
	25	60	66	75	40
	30	67	74	83	45
	35	72	79	90	50
	40	77	85	96	55
	50	82	90	114	65
	60	92	100	129	75
	70	103	113	144	单车行驶
	80	114	126	160	单车行驶

叶尼塞河、勒拿河及其他东北部河流下游的冰厚可达 2m。冰的逐步增长,得益于温度和强度的作用。水流中的冰在冬季积累的一定的"冷气储备",在春季气温上升时逐步消耗殆尽。不过,可通过开河时冰携带的"冷气储备"来确定流冰期冰的强度。在冰路开始运行之前的一段时间内,计算冰的温度和强度是必要的。这段时间的长短与冰厚有关。总之,北方河流的这一时段不会如表 10.5 所示是 3 天,其最短也必须与得到温度在冰内线性分布的时间一致,同时由于受到稳定气温的长期影响,其将与冰盖达到稳定状态的平均时间相等(表 10.2)。

根据这些数据,厚度为 1m 的冰盖达到稳定状态需要 4 天,厚度为 1.5m 的冰盖达到稳定状态需要 10 天。在稳定状态下可以轻松确定冰内温度,并且可以在冰路运行时更准确地规定冰路承载能力。表 10.6 和表 10.7 中包括了冰的平均温度,这意味着冰温沿厚度平均为-30℃且呈三角形分布的冰块的上表面温度必须为-60℃,即使在北方这样的情况也是很罕见的,甚至在风速很高的条件下冰表面温度也很难达到-30℃。为了不使温度的计算过于耗时和复杂,需要使用一定的方法:将冰面温度近似于表 10.2 中给定天数条件下计算得到的气温,平均温度为这个气温值的 1/2,即如果冰厚为 2m 且 19 天内气温为-30℃,则冰的平均温度为-15℃。

假定冰体 25%由粒状冰组成,剩余 75%由柱状冰组成,可根据表 10.6 获得冰层温度及确定每层冰的强度,进一步地,可借助文献[129]中的建议得到冰盖的平均抗弯强度和抗压强度。

表 10.6　冰的抗压强度与其结构和温度的关系[129]

淡水冰晶体的结构类型	$C_i + \varDelta$ 的值（$\alpha = 0.95$，$n = 5$）/MPa			
	0℃	-3℃	-15℃	-30℃
粒状（多雪）	1.2±0.1	3.1±0.2	4.8±0.3	5.8±0.4
棱柱（柱状）	1.5±0.2	3.5±0.3	5.3±0.4	6.5±0.5
纤维（针状）	0.8±0.1	2.0±0.2	3.2±0.3	3.8±0.4

注：表中温度指冰原中第 i 层冰的温度。

冰的抗压强度与其结构类型和温度的关系见规范 СП 38.13330—2012[129]。

基于受冰温影响的强度与受集中载荷影响的弹性长杆弯曲程度的关系，可进行承重能力评价。

弹性长杆抗弯方程[146]：

$$y = \frac{F}{8\beta EI} e^{-\beta x} \left(\cos \beta x + \sin \beta x \right) \tag{10.24}$$

$$M = \frac{F}{4\beta} e^{-\beta x} \left(\sin \beta x - \cos \beta x \right) \tag{10.25}$$

其中，x 为沿长度方向的距离，m；E 为冰的弹性模量，MPa；I 为惯性矩，m^4。

最大弯度和最大弯矩位于加载点，因此有

$$\delta = \frac{F\beta}{2k} \tag{10.26}$$

$$M_{\text{макс}} = \frac{F}{4\beta} \tag{10.27}$$

$$\beta = \sqrt[4]{\frac{k}{4EI}} \tag{10.28}$$

其中，k 为基底系数；F 为有效载荷，MN。

不同温度、强度和厚度的渡口冰盖的承载能力见表 10.7。

表 10.7　不同温度、强度和厚度的渡口冰盖的承载能力

参数		冰的平均温度/℃			
		0	-3	-15	-30
冰的抗压强度/MPa		0.8	2.0	3.2	3.8
冰的抗弯强度/MPa		0.3	0.5	1.3	1.4
不同厚度冰盖的承载能力/MN	0.5m	0.080	0.120	0.347	0.373
	1.0m	0.320	0.480	1.386	1.492
	1.5m	0.179	1.190	3.110	3.360

表 10.7 中的数据与表 10.5 中的数据相关，但在低温方面更完整，在冰的温度和强度特征方面更准确。

气温较高的条件下在厚度较小的渡冰盖上行驶时，一个重要的问题是行驶速度。根据冰的强度与加载速度的关系，增加冰盖载荷量需要降低车辆行驶速度(图 10.10)。计算冰的承载能力包含计算加载速度 k_v：

$$F = k_v R_c b h_d$$

其中，b 为冰路宽度，m；h_d 为冰厚，m；R_c 为冰的抗压强度，MPa。

缓慢加载下冰的抗压强度，与高速或低速加载下的相比，增加了 1.6 倍。因此，沿渡口冰盖行驶时，车辆速度必须明显降低。当行驶速度为 3～5km/h 时，冰的抗压强度可达到最大。

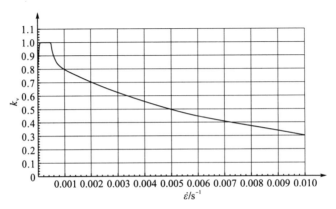

图 10.10　冰的加载速度和抗压强度增长率与运输车辆行驶速度的关系[129]

低温下的厚冰载荷量很大，但这并不意味着重载车辆可以通过冬季冰路。由于表面冰层温度上升，冰承载能力受损，导致车轮在冰面上压出车辙。由于车轮与冰面接触，冰面存在水平摩擦力的作用，其大小等于车辆与货物的整体重量乘以摩擦系数。这样计算出的载荷与冬季道路冰表层的强度齐平。UAZ-451M 汽车行驶时的附加载荷为 0.018MPa，比气温上升到 0℃以上时的表层冰的强度小很多。Tatra 和 KamAZ 汽车不会使车辙扩大而通过冰路，重型 BelAZ 汽车不能通过左侧冰路。BelAZ-549 汽车的轮胎剪应力约为 5MPa，明显大于冰的强度。米内尔区阿尔玛兹道路交通局冬季道路的运行经验显示，沃尔沃牵引车在其载重量达到最大时驶入主干线会导致道路塌陷。靠左侧道路行驶的车辆的通过情况见表 10.8，该表还列出了各车型的参数特点。

冰路的厚度和强度也受区域自然条件的影响。测评冰路承载能力也需要考虑最小冰厚。可以按日期限制公路上不同重量级、不同结构(轮式、履带式)的车辆的通过量。冰路必须足够宽阔，以便汽车通过。

表 10.8　各车型车辆通过情况及参数特点[130]

车辆类型	车辆型号	载重量/t	满载总重/t	单轴最大静载荷/kN	道路后轮平均单位压强/MPa	车辆最大宽度/m	车辆基座/m	车辙直径/cm
卡车	UAZ-451M	1.0	2.70	15.0	0.27	2.04	2.30	27
	GAZ-53A	4.0	7.40	56.0	0.53	2.38	3.70	26
	ZIL-130	5.0	9.50	69.6	0.60	2.50	3.80	27
	ZIL-133G1	8.0	15.18	55.0	0.35	2.50	3.71	32
	Ural-4320	5.0	13.44	45.4	0.32	2.50	3.53	30
	KrAZ-257B1	12.0	22.60	90.0	0.50	2.65	5.05	34
	MAZ-500A	8.0	14.82	100.0	0.65	2.50	3.95	31
	MAZ-516B	14.5	23.70	90.0	0.55	2.50	3.85	32
	KamAZ-5320	8.0	15.30	54.6	0.45	2.50	3.19	28
	Magirus-232D	11.5	19.00	130.0	0.60	2.49	4.60	37
自动倾卸汽车	KrAZ-256B1	12.0	23.36	94.0	0.50	2.64	4.08	40
	KamAZ-5511	10.0	18.92	72.2	0.45	2.50	2.84	32
	Tatra-13851	12.7	22.54	88.2	0.60	2.45	3.69	31
	Tatra-14851	15.0	26.00	100.0	0.60	2.50	3.69	33
	Magirus-290D-26K	14.5	26.00	100.0	0.60	2.49	3.85	33
鞍式牵引车	KamAZ-5410	8.1	15.12	54.8	0.45	2.48	2.84	28
	Ural-377SN	7.5	14.55	54.6	0.36	2.50	3.53	31
	KrAZ-258B1	12.0	21.90	87.4	0.50	2.63	4.08	33
	ZIL-131B	5.0	11.70	40.6	0.30	2.42	3.35	29
	KAZ-608B	4.5	8.72	59.2	0.60	2.36	2.90	25
超大型载重车(不能上公路行驶)	BelAZ-540A	27.0	48.00	324.0	0.50	3.48	3.55	64
	BelAZ-548A	40.0	68.80	456.0	0.56	3.79	4.20	72
	BelAZ-549	80.0	148.30	1006.4	0.56	5.36	5.45	107
	MAZ-7310	20.0	44.00	110.0	0.38	3.05	7.70	33

10.7　冰盖热膨胀时的静压力

自然界和工程学中的静压力分为一类和二类。

冰盖热膨胀时，由于温度变化而导致冰原体积发生变化，与建筑物接触时出现第一类静压力。这一现象与气温急剧下降有关，通常会引起水工建筑物、桥梁支座和各种桩承台(系船桩、栈桥等)遭受破坏。

由于冰和水的单位质量及体积不同,水结冰时出现第二类静压力,如著名的"玻璃瓶结冰效应",在充满水的封闭空间内水体结冰时会出现这种情况。

解决各种工程问题时,需要计算全部或部分固定冰盖热膨胀时的静压力。这是水工建筑物、壳桩及表面结冰的蓄水池等静载荷计算中的一部分。

通常采用 Б. В. 普洛斯库利亚科夫和 А. И. 比霍维奇[99,113]规定的方法计算第一类静压力,冰作为密实黏弹性体被限定在一个刚性轮廓中,应力状态可用纳维-斯托克方程表示。考虑雪层厚度和气温任意变化并存在热交换条件下的静压力计算公式为

$$P = \sigma_0 + 4\alpha\mu a_{\text{л}}\left(\vartheta_1 - \vartheta_0\right)\frac{\eta_0}{h_{\text{л}}^2}\int_0^{\eta_0}\frac{\partial\Theta(\eta, Fo)}{\partial Fo}\mathrm{d}\eta \tag{10.29}$$

其中,P 为冰静压力,Pa;σ_0 为冰的最大弹性值,Pa;$h_{\text{л}}$ 为冰厚,m;ϑ_1、ϑ_0 分别为首端和末端气温差;Θ 为无量纲温度参数,$\Theta = (t - \vartheta_1\eta)/(\vartheta_0 - \vartheta_1)$;$t$ 为冰温,℃;η 为无量纲坐标,$\eta = x/h_{\text{л,пр}}$,式中的 $h_{\text{л,пр}}$ 为冰的换算厚度(m),$h_{\text{л,пр}} = h_{\text{л}} + \delta_c\sqrt{a_{\text{л}}/a_c} + \lambda_{\text{л}}/\alpha_{\text{в}}$,其中 $h_{\text{л}}$ 冰厚;$\delta_c\sqrt{a_{\text{л}}/a_c}$ 为转化为冰厚的雪层厚度,m;$\lambda_{\text{л}}/\alpha_{\text{в}}$ 为空气过渡层厚度(m),又称为热阻层厚度。此外,公式(10.29)中的 α、$a_{\text{л}}$、$\lambda_{\text{л}}$ 和 μ 分别为冰相应的线性热膨胀系数、导温系数、导热系数、运动黏度系数;a_c 为雪的导温系数,m²/s;δ_c 为雪层厚度,m;$\alpha_{\text{в}}$ 为雪-空气热交换系数,W/(m²·K);Fo 为傅里叶数,$Fo = a_{\text{л}}\tau/h_{\text{л}}^2$,其中 τ 为冰温稳定状态的形成时间(d)。

借助公式(10.29),根据直线定律绘制气温升高时的静压力线形图[99],其结果当时已被录入计算水工建筑物载荷的规范性文件中,目前已被更换为最新版本[132]。

大部分实际情况中,温度升高并不是沿着冰厚线性进行的。温度变化的其他情况也是如此。关系式(10.29)的算法,可计算气温升高的指数定律和跳跃定律。根据厚度为 $h_{\text{л}}$ 的无限薄层导热方程,计算这些情况下沿冰厚的温度分布 $\Theta(Fo, \eta)$,其初始温度线性分布为

$$t_{\tau=0} = \vartheta_0\frac{x}{h_{\text{ё}}} = \vartheta_0\eta$$

边界条件:温度呈指数上升时,$\tau > 0$,$t_{x=0} = 0$,$t_{x=h} = \vartheta_1 + (\vartheta_0 - \vartheta_1)\mathrm{e}^{-m\tau}$,其中 $m = \alpha_1/(c\rho V\tau)$;$t$ 为冰温,℃;τ 为冰的温度变化时间,d。温度跳跃上升时,$m = \infty$,$t_{x=h} = \vartheta_1$。

使用瞬时热源方法计算给定边界条件的导温方程时,得到冰盖温度分布如下。

(1)指数定律——随时间的变化,气温上升:

$$\Theta = \eta e^{-PdFo} + \frac{2}{\pi} \sum_{k=1}^{\infty} \frac{(-1)k}{k} \sin k\pi\eta \frac{e^{-PdFo} - e^{-k^2\pi^2Fo}}{\frac{k^2\pi^2}{Pd} - 1} \qquad (10.30)$$

其中，$Pd = mh_{h_{\text{з.пр}}}^2 / a_{\text{л}}$，为普列德沃迪捷列夫数。

(2)跳跃定律——气温急剧上升($Pd = \infty$)：

$$\Theta = \frac{2}{\pi} \sum_{k=1}^{\infty} \frac{(-1)^{k+1}}{k} \sin k\pi\eta e^{-k^2\pi^2Fo} \qquad (10.31)$$

求公式(10.30)和公式(10.31)的 Fo 微分，将所得的表达式代入公式(10.29)，积分后得到冰静压力计算公式：

$$P = \sigma_0 + \frac{8\alpha\mu a_{\text{л}}(\vartheta_1 - \vartheta_0)}{h^2} f_i(Pd, \eta_0, Fo), \quad i = 1,2 \qquad (10.32)$$

指数定律：

$$f_1 = \frac{\eta_0}{2} \left[Pd e^{-PdFo} + \frac{2}{\pi^2} \sum_{k=1}^{\infty} \frac{(-1)^k}{k^2} (1 - \cos k\pi\eta_0) \frac{k^2\pi^2 e^{-k^2\pi^2Fo} - Pd e^{-PdFo}}{\frac{k^2\pi^2}{Pd} - 1} \right] \qquad (10.33)$$

跳跃定律：

$$f_2 = \eta_0 + \sum_{k=1}^{\infty} (-1)^{k+1} e^{-k^2\pi^2Fo} (1 - \cos k\pi\eta_0) \qquad (10.34)$$

函数 f_1 和 f_2 的线形图已在图 10.11 中给出。

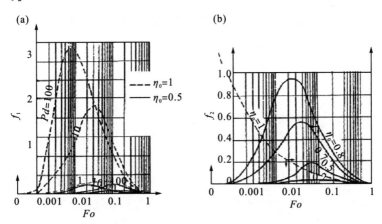

图 10.11 计算第一类冰静压力当前值的函数 $f(Pd, \eta_0, Fo)$ 线形图

(a)气温上升指数定律；(b)气温上升跳跃定律

随时间变化的静压力，还受到两个作用因素的共同影响。第一个因素是引发压力，它与气温上升速度有关，用 Pd 表示。第二个因素的作用是使第一个因素

变弱,用根据冰面热阻确定的冰厚减小系数 η_0 表示。在第一个因素的影响下,压力增加到最大值,然后这一因素的影响减小,压力减小。温度上升速度越快,热阻越小,最大压力越大。其他条件相同的情况下,温度跳跃上升时会产生最大压力。分析这些关系可知,每个 Pd 都有一个具体的值 $\eta_0 = \eta_{0,P=\text{макс}}$,温度变化持续时间最长时达到压力最大值,计算准数为 $Fo_{P=\text{макс}}$ $Fo_{\text{макс},\eta_0}$,系数 $\eta_{0,P=\text{макс}}$ 是温度上升速度和外部热阻大小的边界条件。热阻较小且 $\eta_0 > \eta_{0,P=\text{макс}}$ 时,压力越快达到最大值,冰面热阻越小;热阻较大且 $\eta_0 < \eta_{0,P=\text{макс}}$ 时,压力越快达到最大值,冰厚越小。

图 10.12 中给出了函数 $f_{\text{макс}}$ 和 $Fo_{P=\text{макс}}$ 与 Pd 和 η_0 的关系,可用于计算最大压力值 $P_{\text{макс}}$ 及在给定热交换和气温上升速度的条件下达到最大压力值的时间 $\tau_{P=\text{макс}}$。

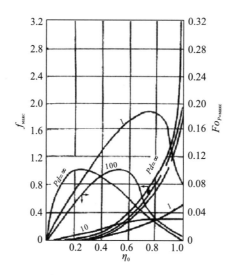

图 10.12 气温按跳跃定律和指数定律上升时,第一类冰静压力最大值
以及达到最大值的时间的相关函数 $f_{\text{макс}}(Pd,\eta_0)$ 和 $Fo_{P=\text{макс}}(Pd,\eta_0)$

所得的关系式扩展了普洛斯库利亚科夫-比霍维奇法的实际应用范围,能够测量第一类冰静压力当前值和最大值。气温呈近似指数变化时,最危险的情况是气温跳跃上升,而这种情况可被看作指数定律的特殊情况:$Pd = \infty$。

10.8 水工闸门的冰静压力

《俄罗斯联邦电站和电网技术操作规范》的"水工建筑物和液压装置"一章

中规定，必须留出整个冬天都可以排冰的冰窟窿，冰窟窿不受热膨胀和密实冰原产生的压力的影响[106]。在没有冰窟窿的情况下，气温急剧上升时冰静压力会对水工建筑物表面形成载荷，促使建筑物变形。许多建筑物，尤其是 1980 年前的水工建筑物，未进行抗冰静载荷的计算。所有这类抗冰静载荷的设备防护难题由运维部门负责。以往只考虑水静载荷，因为这类载荷量远超过其他载荷，然而表层冰热膨胀产生的载荷在闸门表层的分布方式是不同的，在水位线处的水静压力为 0，而此时的冰静压力却为最大值。

伏尔加水电站、第聂伯水电站、斯维尔斯克水电站、乌斯季-伊利姆水电站的实际冰静压力测量数据表明，闸门上横梁的冰静载荷可能超过了水静载荷。统计这一数据对于高度较低的闸门尤其重要。在斯维尔斯克水电站测量到的上横梁冰载荷总是超过水静载荷。因此冰静压力的计算对于工程结构设计十分重要。

除水闸外，冰静压力还会影响其他结构，包括水工结构导管、外壳和边板、石油开采和钻探设备防护结构、桥梁支座和桩承台。

考虑冰所有的热膨胀特征是很困难的。有学者认为，应考虑每日温度变化和雪盖高度[183,189]。在俄罗斯，还应考虑气温上升的特征和速度、冰的黏度和冰温变化。

历史上冰静压力计算始于罗延公式，该公式发现了冰的相对压缩系数 ε 与平均温度 t_{cp}（℃）和平均载荷 $P_0(P_a)$ 与作用时间 τ（d）之间的关系，其表达式为[201]：

$$\varepsilon = \frac{cP_0\sqrt[3]{\tau}}{t_{cp}+1} \tag{10.35}$$

其中，c 为冰的变形特点系数，其数值可根据罗延公式确定，范围为 $3.91\times10^{-10}\sim 5.87\times10^{-10}$。

经验方程只考虑了弹性变形，而超过弹性最大值时会出现塑性特征。公式（10.35）中的温度高于冰的温度平均值。

根据罗延公式及其相关研究，得到了一种计算冰热膨胀静载荷的新方法，并录入了 1975 年建筑标准中的 Б. В. 普洛斯库利亚科夫法[132]。普洛斯库利亚科夫根据冰受挤压的黏性因素，发现了冰热膨胀时的内压力通常超过了弹性最大值这一事实[113]。计算热膨胀时冰载荷线性分布的最终公式为

$$q = h_{\text{макс}}K_1P_t \tag{10.36}$$

其中，$h_{\text{макс}}$ 为 1%概率下的最大冰厚；K_1 为表 10.9 中沿冰盖长度的稳定性损失系数；P_t 为冰热膨胀时因发生弹性和塑性变形而产生的压力，MPa。

$$P_t = \sigma_0 + 2\alpha V_t\eta_i\varphi_i \tag{10.37}$$

其中，σ_0 为冰抗压弹性最大值，MPa；α 为冰的线性膨胀系数，$\alpha = 5.28\times10^{-5}\,\text{K}^{-1}$；$\eta_i$ 为冰的黏度，MPa·s；φ_i 为沿冰厚的温度分布函数；V_t 为气温上升速度，℃/s；$i = 1,2,3$（1 表示与气温上升的线性规律一致，2 表示与气温上升的指数规律一致，3 表示

与气温上升的跳跃规律一致[101, 189])。

表 10.9　冰盖稳定性损失系数

冰盖长度 L/m	≤50	70	90	120	≥150
稳定性损失系数 K_1	1.0	0.9	0.8	0.7	0.6

根据公式[99,132]，可得到冰的黏度：

当 $t_i > -20$ ℃时，

$$\eta_i = 2.725 \times \left(3.3 - 0.28t_i + 0.083t_i^2\right) \times 10^4 \text{，MPa·s} \tag{10.38}$$

当 $t_i < -20$ ℃时，

$$\eta_i = 2.725 \times \left(3.3 - 1.85t_i\right) \times 10^4 \text{，MPa·s} \tag{10.39}$$

其中，t_i 为冰的温度，其计算公式为

$$t_i = t_{\text{мин}} h_{\text{rel}} + \frac{V_t \tau}{2} \Theta \tag{10.40}$$

其中，V_t 为气温上升最大速度；$t_{\text{мин}}$ 为气温开始上升时的初始值，℃；Θ 为冰的无量纲温度参数[99]；τ 为气温上升的时间，d；h_{rel} 为有降雪时的冰盖相对厚度，$h_{\text{rel}} = h_{\text{макс}}/h_{\text{red}}$，$h_{\text{red}}$ 为冰盖厚度，其表达式为

$$h_{\text{red}} = h_{\text{макс}} + 1.43 h_{\text{s,мин}} + \frac{2.3}{\alpha_{\text{K}}} \tag{10.41}$$

其中，$h_{\text{s,мин}}$ 为冰上积雪的最大厚度，m；α_{K} 为雪-空气或冰-空气热交换系数，W/(m²·K)。

同时这一算法被列入关于水工建筑物载荷及作用的建筑标准 [99,132]中。

图 10.13 的线形图可作为压力载荷计算的范本。需要根据观察期间(30 年及以上)每年封冻期定期观察到的气温变化的线形图选择 $\Delta\Theta$ 的值，气温下降时间为 5~480h 不等。根据公式(10.33)，可计算冰厚。

冰热膨胀后载荷的类似计算在文献[113]中有论述，其中计算黏弹性材料相对变形的流变方程为

$$\varepsilon = \frac{\rho g}{E_1} + \frac{\sigma}{E_2}\left(1 - e^{-\frac{E_2 \tau}{\eta_1}}\right) + \frac{\rho g \tau}{\eta_2} \tag{10.42}$$

其中，E_1 和 E_2 分别为弹性变形和残余变形的弹性模量；η_1 和 η_2 分别为弹性变形和残余变形的黏度；τ 为冰开始变形后所用的时间，d；σ 为冰的强度，Pa。

根据文献[132]计算得出的冰热膨胀静载荷值，与没有考虑大坝分段的水工建筑物平面冰载荷值是一致的。每个分段范围内的冰在温度升高时都会膨胀，对闸墩和水闸产生作用力。冻灾情况下水闸附近的冰盖热膨胀时其压缩应力会降低到一定限值。当压缩应力超过这一限值时，冰横截面的直线轴将变成拱形，冰盖在

纵向弯曲的影响下会发生变形。如果继续变形，且横梁弹性超过某个限值，则计算纵向弯曲应力状态时应使用欧拉公式，并确定在距离坝的哪个位置冰会断裂：

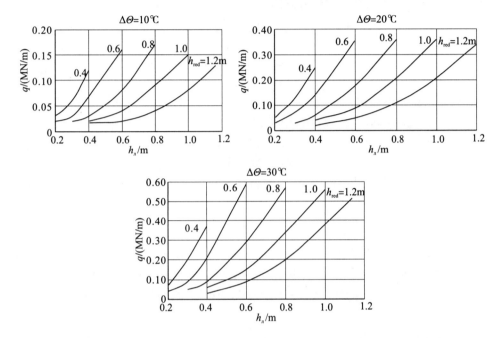

图 10.13　冰热膨胀时水工建筑物线性载荷与密实冰盖厚度之间的关系 [129]

$$l_0 = \frac{l_\text{п}}{\mu} \tag{10.43}$$

其中，l_0 为横梁的长度；μ 为横梁长度系数，与边缘填充类型有关，横梁一边冻在水闸附近，另一边自由膨胀，$\mu = 2$；$l_\text{п}$ 为横梁换算长度，其关系式为

$$l_\text{п} = \sqrt{\frac{\pi^2 EJ}{bh_\text{л}[\sigma]}} \tag{10.44}$$

其中，E 为冰的弹性模量，$E = 4 \times 10^3 \text{MPa}$；$[\sigma]$ 为文献[132]中的 0℃冰棱柱抗压强度，$[\sigma] = 1.5 \text{MPa}$；$J$ 为惯性矩，$J = (bh_\text{e}^3)/12$；b 为闸门宽度；$h_\text{л}$ 为冰厚。

气温上升 Δt 时，冰的膨胀长度为

$$\Delta l = \alpha\, l \frac{\Delta t}{2} \tag{10.45}$$

其中，α 为冰的线性膨胀系数，$\alpha = 5.28 \times 10^{-5} \text{℃}^{-1}$。

根据胡克定律，冰层的应变率为

$$\varepsilon_1 = \frac{\Delta l}{l_0} = \frac{\sigma}{E} \tag{10.46}$$

其中，σ 为压缩应力，MPa。

如果冰层夹在闸门和闸墩之间，冰会因受到来自两个方向的力而变形，即沿闸门方向的力 ε_1 和垂直于闸门方向的力 ε_2：

$$\varepsilon_1 = \frac{\sigma}{E} = \alpha \frac{\Delta t}{2} \tag{10.47}$$

$$\varepsilon_2 = \frac{\sigma}{E}(1-v) = \alpha \frac{\Delta t^*}{2} \tag{10.48}$$

其中，v 为冰的泊松比，$v = 0.36$。

根据公式(10.45)～公式(10.48)可得

$$\frac{\varepsilon_1}{\varepsilon_2} = \frac{\Delta t}{\Delta t^*} = \frac{1}{1-v} \tag{10.49}$$

其中，Δt 为气温实际升高值；Δt^* 为气温当量升高值，双轴变形时的相应值为 ε_2。

从公式(10.49)得到：

$$\Delta t^* = \Delta t(1-v) \tag{10.50}$$

如果已知 Δt^*，根据图 10.12 所示的线形图[132]计算 h_c 的实际值和 h_{red}，可确定线性分布的载荷 q，据此进一步确定闸门和闸墩总载荷 P。

根据规范 СП 38.13330—2012[129]计算得出的水平线性载荷值沿冰厚的分布并不均匀。

当温度波动扩散到冰盖内部，气温上升，用叠加法[100]解决部分热量问题，冰的活动层厚度 h_i 计算示意图见图 10.14。

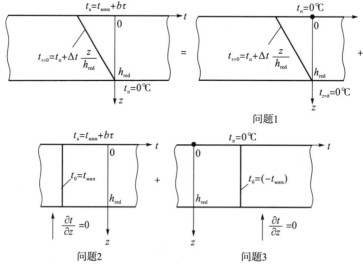

图 10.14 活动层厚度 h_i 计算示意图

每个问题的温度如下。

问题 1:　$t_1 = t_n + \Theta_1 \Delta t$。

问题 2:　$t_2 = t_0 + \Theta_2 \dfrac{bh^2}{a}$。

问题 3:　$t_3 = t_0 + \Theta_3 (t_0 - t_n)$　。

其中，Θ_1、Θ_2 和 Θ_3 为根据如下公式[100]得到的无量纲参数:

$$\Theta_1 = \sum_{n=1}^{\infty} A_n \sin(\mu_n \eta) \exp(-\mu_n^2 Fo)$$

其中，$\mu_n = n\pi$，$A_n = (-1)^{n+1} \dfrac{2}{\mu_n}$，$Fo \equiv \dfrac{a\tau}{h^2}$，$\eta \equiv \dfrac{x}{h}$。

$$\Theta_2 = Fo - \eta + \frac{\eta^2}{2} + \sum_{n=1}^{\infty} \frac{A_n}{\mu_n^2} \cos\left[\mu_n(1-\eta)\right] \exp(-\mu_n^2 Fo)$$

其中，$\mu_n = (2n-1)\dfrac{\pi}{2}$，$A_n = (-1)^{n+1} \dfrac{2}{\mu_n}$，$Fo \equiv \dfrac{a\tau}{h^2}$，$\eta \equiv \dfrac{x}{h}$。

$$\Theta_3 = \sum_{n=1}^{\infty} A_n \cos\left[\mu_n(1-\eta)\right] \exp(-\mu_n^2 Fo)$$

其中，$\mu_n = (2n-1)\dfrac{\pi}{2}$，$A_n = (-1)^{n+1} \dfrac{2}{\mu_n}$，$Fo \equiv \dfrac{a\tau}{h^2}$，$\eta \equiv \dfrac{x}{h}$。

根据初始无量纲参数[100]线形图，可计算导热方程:

$$Fo = \frac{a_i \tau}{h_{red}^2}，\quad \eta = \frac{z}{h_{red}}$$

其中，a_i 为冰的导温系数($a_i = 4 \times 10^{-3} \text{m}^2/\text{h}$)；$\tau$ 为气温上升持续时间；z 为冰厚坐标(冰面 z 轴为起点)；t_{min} 为气温开始上升时的最小值。

可通过对比一日冰内温度变化过程，即从气温开始回升到气温上升到最大值，可以得出活动冰层的厚度。也可根据热膨胀的面积和静载荷的出现范围(η_i)，以及冰的温度较初始温度的升高值等，得到活动冰层厚度:

$$h_i = h_{red}\eta_i - h_s - h_r \tag{10.51}$$

活动冰层厚度上的线性载荷分布与温度变化成正比。

冰向两个方向热膨胀时，整个建筑物前端距密实冰盖 1m 处的水平线性载荷计算方式如下:根据最大气温变幅、冰厚及规范 СП 38.13330—2012 中所规定的厚度确定冰热膨胀时的水平线性载荷值；确定由于双向热膨胀导致的温度下降的当量值；得到新的水平线性载荷值，以及冰双轴变形时气温升高的等效变化。根据气温上升值，重新得到水平线性载荷值和相应的双轴变形值，并同步计算冰的活动层厚度及冰热膨胀时的水平线性载荷最终值。

这一载荷将集中在活动冰层上。气温上升时，温度波动扩散到冰盖内部的活动冰层的厚度计算示意图见图 10.15。

冰热膨胀时，活动冰层厚度 h_i 可根据冰内温度分布计算得出(图 10.15)。温度波动穿透的相对和绝对深度见表 10.10。

当 $z=h_i$ 时，位于 $z=h_i$ 以下的冰层的温度不会上升，并且不会对闸门产生静压力。

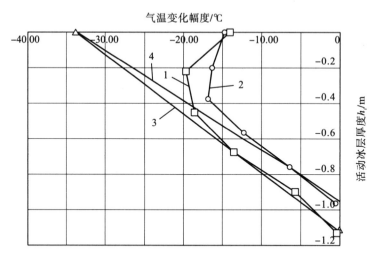

图 10.15　活动冰层厚度 h_i 的计算

1-稳定运行时气温上升后沿活动冰层厚度的温度分布；2-稳定运行时气温沿活动冰层厚度的初始分布；

3-临时运行时气温上升后沿活动冰层厚度的温度分布；4-临时运行时气温沿活动冰层厚度的初始分布

表 10.10　活动冰层的厚度　（单位：m）

冰雪厚度参数	计算参数值
冰厚 h_{red}	1.130
冰上积雪厚度	0.100
冰层额外厚度	0.140
温度波动穿透的绝对深度	1.080
温度波动穿透的相对深度	0.956
活动冰层厚度	0.840

冰静载荷消除或明显减少的原因如下：在冒泡和巨流影响下形成冰窟窿；使用隔热垫建造防冻变形缓冲器和凹槽；加强闸门结构，使静压力变化不会影响到水工建筑物；水库放水进行液压补偿；冰盖中形成裂缝。

清沟有多种形成方式：

(1) 从近底将热水抬升到建筑物附近碎冰区。如果要在整个冬季碎冰，工作量会很大。

（2）利用冰窟窿产生较大的湍流，保证不形成表层冰。

（3）采取冒泡法时，需要水体具有一定的热量储备。自然水温应超过 0.5℃。自然热水升温装置应具备穿孔风管、进气道和空气压缩站。大气压下压缩装置 100RM 所需气流约为 100m³/min。这些热量储备足够用于维持冰窟窿。其表面流量为[13]：

$$Q = m\sqrt[3]{q_0} \tag{10.52}$$

其中，q_0 为大气压下 1RM 管道的气流量，m³/s；$m = \sqrt[3]{(10+H)H^2 \ln\left(1+\dfrac{H}{10}\right)}$，$H$ 为水深，m。

可根据流量确定流向水面的热量 $(c\rho Qt)$，闸门前的冰窟窿宽度为 l_3，则有

$$c\rho Qt = S_\mathrm{r} F \tag{10.53}$$

$$F = l_3 b_3 = \frac{c\rho Qt}{S_2} \tag{10.54}$$

其中，S_r 为敞露水面散失到大气中的热通量；S_2 为深水层流向水面的热通量；t 为水温，℃；c 为水的比热容，J/(kg·K)；ρ 为水的密度，kg/m³；b_3 为闸门宽度，m。

根据公式(10.53)和公式(10.54)计算所需的自然水体流量 Q，然后根据公式 (10.52)得出维持清沟所需的气流量 q_0。

自然水体热量上升形成湍流的原理与冒泡的原理相同。

液压装置可在不同的引水模式下工作。第一种模式下，水流在装置的通流部分不转弯，因此该模式可称为直流模式。第二种模式下，水流垂直进入液压装置，然后沿水平方向流出。第三种模式下，提前考虑了通流部分中水流方向的变化。第四种模式下，不直接排水，可使用深水中的热量。

闸门前的变形缓冲器应覆盖可能发生冰热膨胀的区域。当河流宽度为 300m 时，这一区域的宽度范围为 0.25～0.50m。

可使用不同类型的减震装置和隔热垫作为变形缓冲器。这些结构为放水结构，不渗漏，具有良好的变形能力和隔热能力。防冰静压力的技术还不存在，因此这些装置必须使用常用材料制作。

推荐使用建筑经济研究所研制的材料制作防水隔热垫，这种材料已被基斯洛古波斯克潮汐发电站用于制作防水隔热设备[109]，其成分配比见表 10.11。

表 10.11　基斯洛古波斯克潮汐发电站防水隔热设备材料成分配比[109]

成分(型号)	质量份	
	隔热层	防水层
环氧树脂(ED-6)	100	100
聚酯(IFG-9)	20	—

成分(型号)	质量份	
	隔热层	防水层
聚乙基水硅氧烷(NGL-94)	10	—
焦煤油(ASC)	—	100
丙酮	—	50
聚乙烯多胺	15	10

　　填充了保温隔热材料的管道可用于填充孔洞。管道类型为低压聚乙烯管道。使用聚苯乙烯泡沫颗粒填充管道，端部密封焊接并放入水中闸门前。这样一来，管道可起到套索和保温的作用，不会使冰量增加。这种材料的管道不受积冰的影响，其排水直径为20～630mm，管道壁厚度为45.5mm，工作压力为10个大气压。

　　冰静压力液压补偿可通过水库放水进行，冰静压力载荷点位于闸门水静压力较高的区域。闸门液压补偿受到的冰静压力小于计算得到的水静压力。

　　水工建筑物闸门冰静压力问题需要进行专业分析。通常情况下，实际水工设计规划中治理冰静压力的补偿措施，不包括闸门冰载荷的计算，尤其是冰静压力的计算，因此所有早期设计的闸门都需要治理冰静压力。

第11章　冰结构物的建造和维护

11.1　冰结构物的设计特点和主要类型

在俄罗斯北部地区经济发展过程中，使用冰作为建筑材料修建小型水坝、临时围堰、冰路、勘探钻井平台、码头、冰库的历史已有半个多世纪之久。

俄罗斯已经具备建造临时停泊型、调度型及其他类型冰结构物的经验。杜金卡市哈坦加港利用冰来防春汛，其应用历史已有 60 年。拦水坝和蓄水池也采用冰作为建筑材料。Д. С. 格拉曼认为，可使用冰作为储水、储冷装置材料，并可后续将其使用于水电站的冷却系统[152]。近年来，冰路、浮冰平台和冰造岛的修建具有重大的实际意义[193-197]。

在当代设计和施工实践中，主要考虑冰结构物的温度稳定性以及机械强度，但没有专门的组织机构对冰结构物进行设计和修建。显然，修建冰结构物不仅要遵守普通建筑物的施工规范，而且必须考虑冰结构物本身的材料特点。

冰结构物的建造既是热物理问题，也是工程问题。进行冰结构物的建造，不仅需要了解其相变动态，还需要知道建筑材料的强度性质及其地基质量。这些均必须以工程问题解决方案为基础。

根据使用功能，水路运输[38]冰结构物可分为如下几类。

(1)流冰期用于保护船队的冰坝。

(2)用于保护正在建造项目的冰结构(港口设施、桥墩、堤坝、临时货物存储平台)。

(3)装卸大货物的冰结构码头。

(4)治河工程(丁坝、纵堤、冰坝)。

(5)轻型整体浇筑工程结构(钢栈桥、板桩壁等)。

根据上述分类标准，拦水坝及其防水建筑、冰路、冰造平台和冰造岛等，均可作为各种水利和能源目标。

也可根据其他方式进行分类，如依据对各类设备受力稳定性起决定性作用的几何特征；冰的加固、强化原理；建造技术和坚固程度。而根据冰结构物的建筑原理、应用功能、建造技术、结构特点进行分类，相对较为合理。

根据建筑原理，可将冰结构物分为漂浮建筑和水面建筑。这是将冰结构物冻结在岸滩的地基上。

根据应用功能，可将冰结构物分为拦水设施、导流设施、防护设施、系船设施、安装设备和蓄水设备。拦水设施包括冰堤、储水池和人造冰坝，还包括冰隧道衬砌和泄洪道。导流设施包括各种治河设施、丁坝、导流坝等。防护设施包括港口避险设施、各类防冰护栏，如船队沉降区防护、特种起重设备。通常，用于保护冰结构物的冰造防护设施本身不受周围冰坝的影响。

建造冰结构港口设施最简单的一种方法是，使用岸冰修建装卸台和固定码头。这一应用功能类型的冰结构物包括用于安装各种设备的岛屿和平台，比较特殊的还有冰路。

冰库是一种用于储存水体的冰结构物形式，并无专用防护设施。储存的冰可用于各种技术用途的冷却。

冰结构物的功能用途，很大程度上决定了其构造。最简单的是修建纯冰结构设施，如冰库。冰与普通结构相结合的例子，有壳桩、水上漂浮建筑物和地基。冰还被广泛用于各种设施的浇筑和冷却。

冰结构建筑之间差别很大，外观的几何形状从整体浇筑到更复杂的结构，包括需要注水然后结冰的金属空心结构、沉箱、专用包，有时包括冰结构的整船和驳船[193-195]。

目前冰土组合结构引起了各界的广泛关注，但是该结构需要结构稳定性的工程基础，将冰和土进行分层铺设[194]。

使用沉箱修建人造岛的人工冰结构地基的方法前人已有所研究[195]。有时防护栏内部分水和土壤会结冰，可用独立沉箱代替防护栏。冻土能提高冰造岛侧移时的稳定性。

可使用装有浮筒起落装置的立式圆柱形壳体建造人工冰结构物[197]。壳体受自身重力影响浸入水库或人造地基底部。个别情况下，会规定水库底部冰结构物的锚定[196]。

用于水体制冷的块冰结构物比其他类型的冰结构物简单。通常，这些冰结构物只承担自身重力。其最重要的部件是固定状态下符合供电协同要求的结冰和排冰设备，修建难度在于其体积可能会大于其他类型设施。这时会产生新的工程问题：不只需要冷冻，还需要储冷一段时间，然后解冻。这类设施可能是地面设施、移动平台或稳定岛屿。冰造岛浸入水中的部分，可以从其上部、下部或侧部开始融化。

11.2　冰结构物建造的自然条件评估

　　解决冰结构物的建设问题，通常从了解自然资源、蓄冷情况、建筑高度、结冰强度着手。冰结构物的建筑结构、结冰技术、强度和稳定性与建筑用途有关。此外，需要解决冰结构物的耐久性问题，防止冰周围的热效应、海浪、风、冰原和单独冰块对冰结构物产生影响。

　　目前，几乎没有解决冰结构物修建问题的完整方案。但有关设施基准线的典型问题能够得到解决。从某种程度上来说，尽管有经济效益，但冰结构物的建设还是十分有限的。

　　目前，人们对建设冰结构物所需的自然条件已经非常了解。如果冷气储备用于结冰，则根据流向下垫层水平面的热流量和冬季空气温度总量可得到结冰层高度。根据经验，在当量(地理)结冰高度小于 5～7m 的地方不能修建冰结构物。根据结冰强度、风速及气温计算，可在地图上绘制出冰层潜在储量，东西伯利亚结冰冻高度从 15～20m(区域南部)到 60～65m(北部雅库宁)不等[6,97]。

　　结冰高度和融冰高度的计算结果见表 11.1。计算结果满足多年平均条件下的最大结冰高度，如在切柳斯金，结冰高度为 44.4m，融冰高度为 2.4m。

　　尽管如此，不管计算区域的平衡热流和气温总数的计算结果有多准确，最大结冰高度计算才是最关键的问题，而且其中并没有考虑因阶段性回温和采用的方法的不完整性而导致的结冰高度减小问题。

表 11.1　结冰层在多年平均条件下的结冰高度和融冰高度　　　　　　(单位：m)

计算点	结冰高度	融冰高度
阿拉木图	3.2	14.6
伏尔加格勒	3.0	20.3
下诺夫哥罗德	7.1	15.2
卡尔戈波尔	8.0	12.0
克什涅夫	1.5	22.2
圣彼得堡	2.0	12.5
明斯克	3.6	15.6
莫斯科	5.5	13.9
摩尔曼斯克	9.6	9.6
鄂木斯克	13.1	16.0
萨列哈尔德	17.6	8.8
撒梁卡	13.0	12.4

计算点	结冰高度	融冰高度
苏拉	9.4	11.0
多玛	3.1	14.9
图拉	19.5	8.4
齐姆良斯克	3.7	23.2
切柳斯金	44.4	2.4
赤塔	12.8	11.0

根据结冰技术在食品工业中的应用情况，B. A. 波波科夫[16]将俄罗斯分为以下区域。

北部为特别寒冷区，年平均温度为 0℃，从阿尔汉格尔斯克—新西伯利亚—赤塔沿线起，穿越萨哈林，南至堪察加。南部和西部为寒冷区，它的边界线为圣彼得堡—伏尔加格勒—塔尔达—库尔干。该区域不会出现长期的解冻(西部和南部边界除外)。

南部的边界线为克什涅夫—克洛兹—比什凯克(1 月等温线为-3℃)。

结冰层地理厚度向实际厚度的过渡，取决于结冰技术和建筑结构的特点。逐层结冰形成大块冰需要漫长的过程，但所得冰的质量及强度比借助其他任何方法得到的都更强。

11.3　冰结构物的建造技术

修建冰结构物的技术基础是一些大体积冰块冷冻工程的基本方法：①逐层结冰；②喷洒使热交换表面最大化；③使用热传导桩立体结冰；④使用预制冰块。

通过逐层结冰、喷洒结冰和分块结冰相结合的方式构建的工程结构，需要采取附加技术来防止冰结构物受周围冰原的影响，同时由此可创造出形态多样的冰结构物。

最简单的施工技术是使冰盖上持续结冰直到过载，然后将冰体整体浸入河底，或使冰面破裂。这里，原始冰层的过载，是以逐层结冰的方式实现还是以喷洒结冰的方式实现并无本质性差异。常常使用水喷洒结冰的方式施工，目的是使水经喷洒后在空气中散热，这样可加速结冰，但是会影响冰的质量、密度和孔隙率，而且由此形成的冰通常会比逐层凝固的冰质量差。

可利用周围冰块或疏松冰块形成块冰来提高冰结构物的施工速度[7]。该类冰结构物以自然冰原为地基。冰块被放置在地基上，直到冰原完全浸入河底。这一施工方法比逐层结冰法和喷洒结冰法成本高，但是由冰块形成的冰造岛比相同的砾石岛便宜 200%。

　　冰结构热传导桩和季节性制冷设备不仅能作为增加结冰热交换表面的设施，还能作为加固冰结构物强度的附加钢筋，为建筑物提供一个加固屏障，防止积冰和浮冰产生的冲击力对建筑物产生影响。此外，这类结构物也可作为固定冰结构物与河底的锚(图 11.1)。使用热传导桩能够使冰结构物维持一定的温度状态。

　　将热传导桩固化为天然冰盖，可形成体积较大的冰结构物，冰结构物的大小取决于生产用途。为加固冰结构物，可使用冰面加固用的聚合物添加材料。这种材料可在冰情严重的地区作为冰结构物的外壳使用。而加固外壳的方式通常被使用在承压能力强的水泥结构物上，这需要在建筑结构的合适位置使用更高标号的水泥。

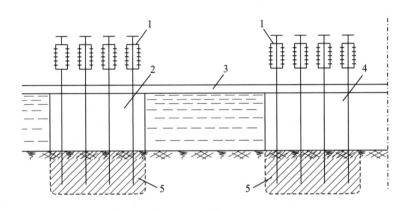

图 11.1　冰结构物的构造

1-季节性制冷设备；2-冰障；3-积冰层；4-冰结构平台；5-冻土

　　将已有的结冰方法与冻干法结合使用，可使施工方式多样化，进一步解决一些单一方法无法解决的问题。尤其使用冻干法能够"干燥"处理冰结构物，提前冻结地基，安装所需的附加钢筋，包括季节性制冷设备。在冻井内修建冰结构物，能够使冰结构物浸在海水中的部分和岸上出露的部分很好地连接起来，如修建冰结构码头，在其单独两侧还能实现无缝连接。使用预制冰块并将其安装在冻井上，可以使冰块很好地与船舷和井底相连接。

　　借助冻井干燥施工，能够避免在水上和沉降到现有地基时冰结构物产生裂缝和变形。

　　结构种类和施工技术取决于修建的冰结构物的用途和运行时间。冰结构物的寿命为 10～15 天、几个月或一季度。建造能够运行多年的冰结构物目前还存在很多问题。

　　值得注意的是，建筑示意图未涉及和反映以下工程设计问题。

　　(1)地基结构的质量和特点。

(2)温度状况。

(3)热应力状态。

(4)液压和热防护。

建造冰结构物和其他结构物时需进行综合的工程勘察，提供冰结构物周围海浪、水流、冰、载荷等信息。

需要对结构的稳定性和坚固性、抗外部影响的措施进行工程计算，即该类设施的设计必须符合所有水工建筑物的规范，并考虑相应规范的相符程度。目前，冰工建筑物还未被列入建筑标准和规范，但是在设计时可使用现有的标准和规范[129]。

逐层结冰。下垫面实际结冰时间还包括冰面灌水和分流所耗时间 $\tau_{\text{раст}}$、水冷却到结冰温度的时间 $\tau_{\text{охл}}$、自身凝固的时间 $\tau_{\text{з}}$ 和重新结冰的冷却时间 $\tau_{\text{охл. осн}}$，这又将成为下一次结冰的下垫面：

$$\tau_i = \tau_{\text{раст}} + \tau_{\text{охл.в}} + \tau_{\text{з}} + \tau_{\text{охл.осн}} \tag{11.1}$$

逐层灌水时，除自身凝固所需的时间外，其他时间消耗都是白白损失，还减小了冰层高度。因此，需要尽可能地缩短每一阶段的时间。

冰面水流漫开的最佳时间与给水设备性能及结冰面大小有关。每一单独情况的相应关系可根据经验判断，同时离不开复杂的理论和计算，因为目前还不存在对冰面水力学的明确规定，尽管很多过程是基于冰水力学进行设计，但还不能解决我们关心的问题。此外，冰水力学能够解决不发生相变时 0℃水流状态的问题：在水流冷却区域的融冰，以及零温断面以内或水流沿冰面结冰时，超过零温断面水流冷却区的融冰。

结冰面的大小与计算水流冷却到结冰温度所需的时间密切相关。如果结冰面的长度小于水流充分冷却所需的长度，则有必要预留一定时间在相对冰的位置来进行水体的冷却。计算水流的冷却时间时应考虑以下情况：沿冰面运动的水流，一方面与温度为 0℃ 的寒冷冰面接触，另一方面与大气进行热交换，从而冷却。确定受这两个因素影响的水流温度时，可使用热传导方程求解，其边界条件为下表面水温为 0℃，上表面水温为平衡温度，初始水温为 t_0。实际计算时，使用图 11.2 是比较方便的，其中 $\Theta = (t - \vartheta_{\text{з}})/(t_0 - \vartheta_{\text{з}})$，而 $\Theta_0 = t_0/(t_0 - \vartheta_{\text{з}})$。下面举例来说明如何计算。水层厚度为 0.25m，初始温度为 $t_0 = 5℃$，以 0.1m/s 的速度沿冰面运动，等效气温 $\vartheta_{\text{з}} = -20℃$，$\alpha = 20\text{W}/(\text{m}^2\cdot\text{K})$，水流方向的大概长度为 200m。需要计算这个长度是否足够使水流冷却。

可根据以下公式计算准数值：

$$Bi = \alpha h/\lambda, \quad \Theta_0 = t_0/(t_0 - \vartheta_{\text{з}}), \quad Fo = a\tau/h^2$$

由于在流动层会发生对流导温导热，因此有

$$\lambda_{\text{т}} = 0.385Vh, \quad a = \lambda/(c\rho)$$

$$c = 4.186 \times 10^3 \, \text{J}/(\text{kg·K}) \, , \quad \rho = 10^3 \, \text{kg/m}^3$$

所以，

$$Bi = 20 / (0.385 \times 0.1 \times 3600) \approx 0.144$$
$$Fo = 34.66 \times 200 / (4.186 \times 10^6 \times 0.1 \times 0.25^2) \approx 0.265$$
$$\Theta_0 = 5 / [5 - (-20)] = 0.2$$

图 11.2 中的线形图表示无量纲温度参数 Θ 与毕奥数和傅里叶数之间的关系函数 $\Theta = f(Fo, Bi, \Theta_0)$。线形图给出了水冷却条件与 $\Theta_0 = 0.1$、0.2 和 0.3 的关系，可选择已知的 Θ_0 值计算冰面水冷却条件。在上述例子中，$\Theta_0 = 0.2$，根据 Fo 和 Bi 的上标得到 $\Theta = 0.892$，由此可计算出之前分流时预估长度的水流温度：

$$(t - \vartheta_\text{э}) / (t_0 - \vartheta_\text{э}) \approx 0.852 \, ,$$
$$t = 0.852(t_0 - \vartheta_\text{э}) + \vartheta_\text{э} = 0.852[5 - (-20)] + (-20) \approx 2.3 \, \text{℃}$$

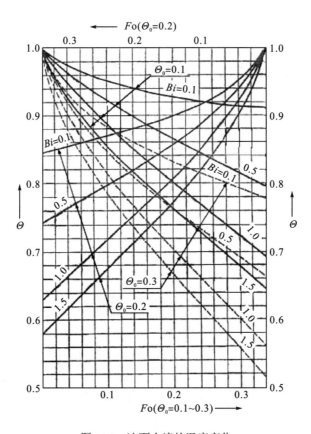

图 11.2　冰面水流的温度变化

可通过更改供水的水力条件，或降低水流初始温度，或增大结冰面，使预估长度满足水流冷却所需长度。已冻结的水层冷却的时间与冰面水结冰的时间有密切关系。周围气温越低，已冻结的水层冷却时间越长，短时间内冰面的结冰量越大。需要说明的是，冷却时间包含结冰时间，因为结冰时冰也会冷却。通常，冷却时间明显大于结冰时间，因为这样可以避免含水冰层的出现降低冰的质量。

在实际应用中，我们使用用于结冰的制冷装置时，需要计算装置参数、设备性能和制冷区域，同时需要了解水流在冰面漫开时形成的冰的性质。

冰面水流漫开为薄层的过程，很大程度上与水体冷却和水内冰层的形成有关，水流漫开过程的水力特点与温度在 0℃ 以上条件下类似过程的冰力特点不同。温度在 0℃ 以上的供水在流动中冷却，将引起部分冰融化。水冷却到 0℃ 后，开始形成水内冰。当冰浓度达到某一临界点时，冰面水流停止运动，此时水流漫开的边界固定。从某种程度上讲，这里移动水体的冷却过程与电站下游热力冰情的变化过程相似，即水流从下游一个准线向另一个准线移动，经过所有冷却阶段，从出流温度到冰盖边缘温度，然后到达零温断面、最大过冷却基准线和最大程度结冰基准线(第 3 章)。而其中冷却过程的差异体现在与大气接触的水面热交换以及水层移动上。薄水层的剧烈热交换会导致高浓度水内冰的形成，反过来也会引起流量、水层厚度和漫开速度变化。由于水内冰浓度不断增加且影响水力状况，导致水力条件经常变化，并且冰地基放热时也会形成水内冰。

冰区逐层结冰的作用过程如下：已知流量为 Q 的水体分流区，流到下垫面冰层水的体积 W 等于 $Q\tau$，其中 τ 为制冷装置泵的工作时间。初始水域水层厚度为 h_0，流速为 V_0，单宽流量为 $q = V_0 h_0$。

根据热平衡方程，计算 0℃ 水流与大气、下垫面的热交换：

$$\alpha \vartheta F + \lambda_\text{л} \frac{\partial t}{\partial z} F = \sigma \rho \frac{\mathrm{d}W}{\mathrm{d}\tau} \tag{11.2}$$

其中，α 为水-气热交换系数，W/(m²·K)；σ 为水的相变热量，J/kg；W 为水的体积，m³；$\lambda_\text{л}$ 为冰的导热系数，W/(m·K)；F 为库表的热交换面积；$\mathrm{d}W/\mathrm{d}\tau$ 为冰形成的速度；$\lambda_\text{л} \dfrac{\partial t}{\partial z} F$ 与接触面积、冰的感热系数（$\lambda_\text{л} c_\text{л} \rho_\text{л}$）成正比，冰的温度和接触时间的关系如下：

$$\lambda_\text{л} \frac{\partial t}{\partial z} F = \frac{\lambda_\text{л}}{\sqrt{\pi}} \frac{t_0 - t_\text{n}}{\sqrt{a_\text{л} \tau}} F = \sqrt{\frac{\lambda_\text{л} c_\text{л} \rho_\text{л}}{\pi}} \frac{t_0 - t_\text{n}}{\sqrt{\tau}} F \tag{11.3}$$

其中，$a_\text{л}$ 为冰的导温系数，m²/s；$c_\text{л}$ 为冰的比热容，J/(kg·K)；$\rho_\text{л}$ 为冰的密度，kg/m³。

通过结冰层放热总量确定水流中形成的冰的总量：

$$\left(\alpha \vartheta_\text{э} + \sqrt{\frac{\lambda_\text{л} c_\text{л} \rho_\text{л}}{\pi}} \frac{t_0 - t_\text{n}}{\sqrt{\tau}} \right) F = \sigma \rho \frac{\mathrm{d}W}{\mathrm{d}\tau} \tag{11.4}$$

综合各式得到：

$$\left[\alpha\vartheta_{_3}\sqrt{\tau}+2\sqrt{\frac{\lambda_{_л}c_{_л}\rho_{_л}}{\pi}}\left(t_0-t_n\right)\right]F\tau=\sigma\rho W\sqrt{\tau}\tag{11.5}$$

将冰面结冰的整个水体分为左、右两部分，得到水流中冰物质浓度 $\xi_{_л}$ 的关系式：

$$\frac{\tau}{h_0}\left[\alpha\vartheta_{_3}\sqrt{\tau}+2\sqrt{\frac{\lambda_{_л}c_{_л}\rho_{_л}}{\pi}}\left(t_0-t\right)_n\right]=\sigma\lambda\xi_{_л}\sqrt{\tau}\tag{11.6}$$

其中，τ 为分流时间，$\tau=x/V$；h_0 为冰面水层初始厚度，m；$\xi_{_л}$ 为水流中冰物质的浓度；x 为漫流长度，m；$\lambda_{_л}$ 为冰的导热系数，W/(m·K)；$\rho_{_л}$ 为冰的密度，kg/m³；$c_{_л}$ 为冰的比热容，J/(kg·K)。

$$\xi_{_л}=\frac{\sqrt{x/V}}{\sigma\rho h_0}\left[\alpha\vartheta_{_3}\sqrt{x/V}+2\sqrt{\frac{\lambda_{_л}c_{_л}\rho_{_л}}{\pi}}\left(t_0-t\right)_n\right]\tag{11.7}$$

所求的值 x 为漫流长度，受冰最大浓度的限制。

有两种模式计算分流层的冰情状况：流冰过滤模式(图 11.3)和冰与水流连续掺混模式(图 11.4)。第 1 种模式下，在冰聚集到一定程度时，水流停止掺混。第 2 种模式下，假设随着冰面水流掺混，冰物质浓度连续增加。

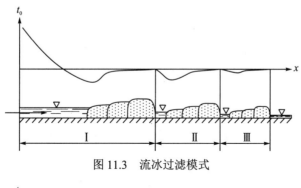

图 11.3　流冰过滤模式

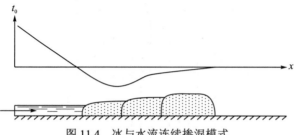

图 11.4　冰与水流连续掺混模式

根据第 1 种模式，零温断面以外的流动冰花增加 20%，水流不能继续流动。由于新的冰花汇入，冰层长度逐渐增加。冰花堆积处冰粒冻结，围堰完全封冻，结冰层继续封冻。

第 1 种模式下，河段 I 的冰量为 $\xi_{л1}Q\tau$，同时该河段保留了所有形成的冰。冰堤滤过的水体流向河段 II：

$$\left(Q\tau - \xi_{л1}Q\tau\right) = Q\tau\left(1 - \xi_{л1}\right)$$

河段 II 形成的冰量为 $Q\tau\xi_{л2}\left(1 - \xi_{л1}\right)$，移动到河段 III 的水量为 $Q\tau\left(1 - \xi_{л1}\right)\left(1 - \xi_{л2}\right)$，以此类推。由于流量持续减少，河段大小相同时，每一个河段末尾的冰厚持续减小。河段 II 也会存在冰花连续堆积，水内冰的冰量为 $\xi_{л}Q\tau$。

水层厚度变化为

$$\Delta h = \frac{\xi_{л}Q\tau_x}{(1-p)xb} \cdot \frac{\rho_{л}}{\rho} \tag{11.8}$$

其中，p 为冰花孔隙率；b 为漫流宽度。

冰水混合物总厚度 $h = h_0 + \Delta h$。

如果水流截面增大或含有冰物质，流速将有所降低，其表达式为

$$V = \frac{Q}{\omega} = \frac{Q}{h_0 + \dfrac{\xi_{л}Q\tau_x}{(1-p)xb}} \cdot \frac{\rho_{л}}{\rho} \tag{11.9}$$

由 $\xi_{л} = f(\tau)$ 和 $V = x/\tau$ 可确定流速的变化，同时最终的水流漫开长度为

$$x = \frac{Q \cdot \tau}{h \cdot b}，\text{其中 } h = \frac{1}{x}\int_0^x \left[h_0 + \Delta h(1-p)\frac{\rho_{л}}{\rho}\right]\mathrm{d}x。$$

为检验计算方法的准确度和可信度，需要在实验室条件下进行验证。冰面薄水层漫流实验在冷冻室中进行，整个实验过程中的气温不变(-20℃～-5℃)。尺寸为 75cm×75cm×19cm 的金属地盘被板条分为宽 10cm、总长 4.8m 的交错通道，厚度为 2cm 的冰层在通道上已经提前封冻(图 11.5)，然后在已称过皮重的有机玻璃箱(19cm×40cm×30cm)冰面上流出接近 0℃的冷却水体，冷却水体再通过溢洪道漫流到各个通道中。

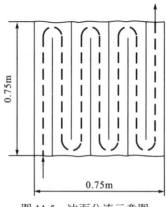

图 11.5　冰面分流示意图

实验条件和结果见表 11.2。实验过程中需要记录流入装置的水的体积、给水温度、给水时间、漫流边界掺混速度、结冰层厚度及冷冻室气温。

表 11.2　实验条件和结果

冷冻室气温 ϑ/℃	水温 t/℃	流量 Q /(L/min)	水的体积 V /(10^{-3}m³)	薄水层分流长度 /m
-6.8	0.00	2.870	1.67	4.35
-5.5	0.00	0.140	1.14	4.05
-11.3	0.00	2.820	1.75	2.85
-13.4	0.00	0.210	0.91	1.95
-11.8	0.20	3.040	0.91	3.40
-11.6	0.30	0.126	0.30	1.90
-21.5	2.00	3.040	0.76	1.65
-20.5	0.60	0.290	0.14	2.56

根据偏振光显微镜切片，可确定结冰层厚度。通过溢洪道进入设备的水，在填充设备表面时沿通道掺混。当通道内水的流速减缓时，其结冰层厚度逐渐增加。这是因为距溢洪道一定距离的水流中开始形成冰晶，冰晶增多会阻碍水流运动。溢洪道附近水的流速为 0.03～0.3m/s，相应的雷诺数为 15～200，其流态是黏性液体层流态。一般情况下，水温在 0℃以上时这种水流的厚度是不变的，如果水温在 0℃以下，冰面水流运动会导致水内冰浓度增加，以及薄水层厚度增加。实验室中仅能观察到冰花的一个表面，但在自然条件下可全方位观察到冰花的各个表面。

逐层结冰的作用过程伴随着水分在已冻结的冰面凝结。图 11.6 展示了由于水分凝结，冰晶出现在冰层表面的情况。

图 11.6　水分凝结在冰层表面形成的冰晶

计算和实验研究可以选择冰面水层漫流过程模式，确定漫流层厚度的变化和滞流边界的位置。其他冰量形成的滞流边界为

$$x = \frac{Q\tau\left(1 - \dfrac{\xi_\pi}{1-\rho}\right)}{h_0}\tag{11.10}$$

由以上得出，冰浓度越高，漫流长度越短。

上述研究结果有助于正确规定流量，以便确定结冰时耗费的最少时间。

射流结冰是除逐层结冰外的另一种可选择的方案，与下垫面面积相比，单独水滴的热交换面积扩大，作用过程加快。使用不同类型的喷射设备，如喷管、喷嘴，可得到单独的液滴，液滴在下落过程中发生冷却与过冷却。一部分冻结的液滴落到下垫面上，另一部分只能冷却，这主要具体取决于液滴的尺寸。水流分散度由喷射设备的结构和从喷嘴喷出的射流的水压共同决定。与逐层结冰相比，射流结冰的速度成倍增加，而且冰的密度更低。所得冰的密度从 100kg/m³ 到 500～600kg/m³ 不等，这主要取决于所用的设备。低密度冰可作为结冰区隔热层使用，但射流结冰得到的冰密度不如逐层结冰得到的冰密度大。

射流结冰的速度快，常常超过冰结构物的规定和标准，这引起了对使用射流方式施工的关注。

文献[7]完整地描述了液滴结冰和过冷却的作用过程。在实际中，射流热交换会影响到结冰参数值。

水流散开时形成的冰和水滴完全凝结时形成的冰都被称为粒状冰[7,97,127]。主要有 3 种方法可以得到水滴：流体动力法、气动液压法、空气动力法。

使用流体动力法时，在喷嘴中压出的水流中可形成粒状冰，即使不再增加空气用于水流分散。图 11.7 显示了由喷嘴喷射的微小粒状冰形成的冰丘。

图 11.7　微小粒状冰形成的冰丘

　　用流体动力法制造冰粒的方法是一种水力学法[89]。使用这种方法制作的冰，可以用于多种目的，包括制作冰库。可在-25~-20℃的露天环境下安装粒化设备，设备内冷空气被要求强制循环。风机通风形成的喷射气流，到达气液分离器后，改变运动方向，沿设备内壁下沉，再次形成喷射流(图 11.8)。给水管中的水通过毛细管喷散后形成的水滴落入已经形成的冰粒中，然后结晶。气流吸入的冰粒与气流一起运动，上升到射流中心的气液分离器后沿内壁下沉。射流圆柱形内核冰粒向上移动的速度为 1~3m/s，周边区域的冰粒在重力影响下以较低速度下降。冰粒在设备中循环，直到其自身重力不能克服对流空气的阻力。这时，冰粒通过位于装置下部的分选器降落[89]。

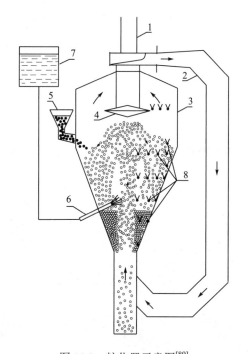

图 11.8　粒化器示意图[89]

1-离心式通风机；2-空气制冷器；3-机身；4-气液分离器；5-引线装卸舱；6-给水管；7-压力箱；8-热传感器

　　冰的粒化形式如下：喷涌气流中的冰粒捕获水滴，同时水滴量与冰粒质量和冷气储备成正比。冷气储备越多，由过冷却和黏性增加导致的冰粒表面含水量也就越多。水滴结晶主要是由于放热所导致的。水流对流比例为 3%~13%，冰粒热含量变化导致结冰层厚度 δ 变为

$$\delta_{\text{макс}} = \frac{c(t_3 - t_0)}{3\sigma}r \tag{11.11}$$

其中，σ 为水结冰失热量，J/kg；c 为水的比热容，J/(kg·K)；t_0 为冰粒初始温度，℃。

这些条件下的冰粒增速可根据第一类边界条件下的回温速度确定：

$$\delta/\delta_{\text{макс}} = 1 - \overline{\Theta}(Fo) \tag{11.12}$$

其中，$\overline{\Theta} = (t_3 - \overline{t})/(t_3 - t_0)$。

冰粒停留在周边区域时其热含量恢复。可通过在一定时间段内获得的带染色剂的冰粒在普通光或偏振光显微镜下的切片来确定冰粒增加速度（图 11.9）。喷涌层热交换总量准数公式为

$$Nu_{\text{эф}} = 3.38 \times 10^{-4} (Re \cdot Ar)^{0.5} (H_0/D_{\text{вх}})^{-1.6}$$

取值范围：

$$Re = \frac{V_{\text{вх}}\overline{d}}{v_{\text{возд}}} = 2400 \sim 13200 , \quad Ar = \frac{\rho g (\overline{d})^3}{\rho_{\text{возд}} v_{\text{возд}}^2} = (1.7 \sim 41.2) \times 10^6 ,$$

$$H_0/D_{\text{вх}} = 1.75 \sim 3.25$$

其中，H_0 为毛细管位置高度；$D_{\text{вх}}$ 为分类器直径；$Nu_{\text{эф}} = \dfrac{\overline{d}\,\alpha_{\text{эф}}}{F\Delta\overline{t}}$，$\overline{d}$ 为颗粒平均直径；$\rho_{\text{возд}}$ 为空气密度，kg/m^3；$v_{\text{возд}}$ 为空气运动黏度系数，m^2/s。

 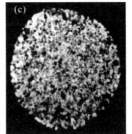

图 11.9 冰粒(a)及其在普通光(b)和偏振光(c)显微镜下的切片[89]

气动液压法的主要原理是增加水压，提供压缩空气来加强水流和大气之间的热交换，改善水的分布，减小液滴直径，降低绝热膨胀时的气温，提高雪的形成速度。人工降雪设备结构在专利文献中已有详细描述。几乎所有该类设备都是在

压力给水和压缩空气的混合模式下工作的，周围环境接近 0℃。这种设备大致可分 4 类。

(1) 无附加制冷，带内置风机的设备，可迅速粉碎水滴，使其快速冷却。

(2) 提供压缩空气的设备，空气和水在喷嘴外混合。

(3) 提供压缩空气的设备，空气和水在混合箱内掺混。

(4) 无压缩空气的低温液体预冷设备。

这些设备工作时，水气混合物从喷嘴中喷出并在大气中生成雪，或是在制冷箱内变成冰晶核。如果考虑决定喷雪机性能的空气与水的高倍数比，则上述人工造雪设备的主要缺陷是生产力低，需要压缩空气，喷雪机工作时运营成本大。若施工时需要大量的雪，相应地，就需要很高的运营成本制造压缩空气。

以喷雪机为例来说明可以用于产生冰的空气动力学方法。在该方法中，由于冷空气进入喷嘴内而形成雪。喷雪机由带抽气小孔和给水喷管的喷射管组成。水从喷管中喷出，射流急剧膨胀，由于喷射管处于真空状态，冷空气被吸入喷管，并与水流一起喷射到大气中，水滴与大气的热交换作用加强。喷雪机参数和工作特点见第 3 章。

体积凝固。这一方法已被使用在目前水利工程中广泛应用的制冷设备 (季节性制冷设备) 上，以实现用人工冻结方式修建冰结构物[133]。季节性制冷设备运行原理是将外部冷空气作为冷却剂，将封冻冰层中的热量排到大气中。季节性制冷设备由冷却柱组成，冷却柱周围的冰在制冷过程中会不断增加。将冷却柱排成一列时，如围绕建筑物结构排列，相邻的冰柱之间会发生热作用，导致冰柱之间封闭并形成连续的冰墙。墙体厚度将持续增大，直到设备达到最大工作强度。

目前使用的是空气、液体、气液季节性制冷设备。空气季节性制冷设备的工作物质是寒冷大气，它被泵送到埋在地下的热交换设备中。液体季节性制冷设备由两个换热器组成：地面换热器和外部换热器 (图 11.10)。

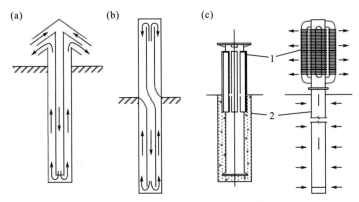

图 11.10　季节性制冷设备结构[21]

(a) 空气季节性制冷设备 (自然循环)；(b) 液体季节性制冷设备；(c) 气液季节性制冷设备 (1-冷凝器，2-蒸发器)

工作液体可被强迫循环或自由循环。液体自由循环时，被冷冻介质加热的液体变得比外部换热器冷却的液体轻，因此更轻的受热液体上升到外部换热器，受冷的较重的液体下降，并与冷冻介质接触。通常使用煤油作为工作液体，但也可使用其他具有低冰点、高比热容和大体积膨胀系数的液体作为工作液体。

气液季节性制冷设备也由两个换热器组成，其中一个换热器的工作物质从冷冻介质中获得热量并蒸发，另一个换热器用于工作物质的放热和与外部大气换热而发生冷凝。浸入冷冻介质的换热器可叫作蒸发器，而另一个换热器可叫作冷凝器。

使用氨、氟利昂、丙烷等冷冻剂作为普通制冷设备的工作物质。使用散热片加强热交换作用。设备的工作物质为两相状态：蒸气进入并占据冷冻介质柱体的中心部分，液体是这种蒸气通过外部换热器后产生的冷凝水，会发生膜状凝结，并以薄膜形式沿柱体内壁凝结。

使用季节性制冷设备时存在的主要问题如下。

(1)确定给定时间段内结冰柱体周围的冰柱的直径。

(2)得到季节性制冷设备形成密实内壁所需的时间。

使用季节性制冷设备设计建筑物时，水的封冻问题分为两类：季节性制冷设备的外部和内部问题。外部问题为一般问题，属于斯蒂芬-玻尔兹曼问题，即已知表面温度，需了解圆柱体周围介质的结冰情况。内部问题包括计算柱体内部热交换强度，这与所使用的季节性制冷设备的类型有关。

每一类型设备的热量计算建议见文献[19]，该文献也提到了关于热交换在土壤-季节性制冷设备-大气系统中的衔接问题。

11.4　冰块的保存

可使用低导热系数的标准隔热层保护冰块和冰结构物的水上部分。这种隔热层造价高昂，不能用于较大的水面。目前建议使用的冰结构物水上部分隔热层材料为环氧树脂泡沫，它同时也可作为保护层材料，使冰结构物不受冰和海浪侵蚀[109]。

冰结构物和冰库水上部分的隔热层，通常可以就地取材，如干草、草帘、锯屑等。冰的体积很大时，使用这些材料作为隔热层材料，工作量大且不方便。一般冰库地上部分隔热层厚度为0.7~1.2m，导热系数为0.3~0.6W/(m·K)。

如果容许冰有部分损失或防护时间不长，可使用冰土混合隔热层。

冰土混合隔热层是将冻结在冰块表面的一层冰和一层土交替铺设后形成的混合物，其覆盖在冰块表面，可以减缓冰块的融化速度。冰土混合隔热层的防护特点主要是其能够消耗隔热层本身融化所需的热量，当冰层融化后，热量便下沉到土层上。

冰土混合隔热层改变了冰块表面与大气热交换的特点。这是因为随着隔热层融化，其表面的温度变化导致其性质变化，热传递方向也随之变化。

无隔热层或隔热层厚度很小时，水分在接近 0℃的寒冷表面上凝结，随着隔热层厚度增加，表面温度也增加。当温度超过"露点"温度时，凝结过程变成蒸发过程。从凝结向蒸发转变，在很大程度上改变了流向冰块表面的热流，最终影响了热阻，形成隔热效应。需要注意的是，冰土混合隔热层的覆盖会导致热辐射流增加，因为土壤的吸热能力强于冰的吸热能力。

隔热层的使用效果可根据有无隔热层时的冰块融化速度判断：

$$\varepsilon = h_{\text{ст.из}}/h_{\text{э}} \tag{11.13}$$

或使用有效隔热系数表示：

$$\eta_{\text{из}} = 1 - \varepsilon = 1 - h_{\text{ст.из}}/h_{\text{э}} \tag{11.14}$$

其中，$h_{\text{ст.из}}$ 为隔热层下融冰厚度；$h_{\text{э}}$ 为大气热流影响下的融冰当量厚度。

在大气总热量 S_1 的影响下，融冰当量厚度为

$$h_{\text{э}} = \sum_{i=1}^{i=n/\Delta\tau} S_1\tau_i/(\sigma\rho_{\text{л}}) \tag{11.15}$$

根据隔热层下的融冰厚度 $h_{\text{ст.из}}$，可确定融冰期间的平均融冰速度：

$$h_{\text{ст.из}} = \overline{w}\tau \tag{11.16}$$

可根据斯蒂芬-玻尔兹曼条件下的热流差异(热流流向下层冰，冰面升温融化时形成的隔热层)计算隔热层下的融冰速度：

$$\sigma\rho_{\text{л}}\frac{\mathrm{d}h}{\mathrm{d}\tau} = \lambda_1\frac{\partial t_1}{\partial z} - \lambda_2\frac{\partial t_2}{\partial z} \tag{11.17}$$

如果认为下层冰温度接近融化温度，则 $\lambda_2\dfrac{\partial t_2}{\partial z}$ 的值可以忽略不计。

融冰期间的融化速度为

$$\overline{w} = \frac{\lambda_1}{\sigma\rho_{\text{л}}}\frac{\partial t_1}{\partial z} \tag{11.18}$$

接下来，需要得到相对冰面运动的热流 $\lambda_1\dfrac{\partial t_1}{\partial z}$。考虑到融冰速度等于或小于温度变化所引起的渗透速率时作用过程很缓慢的特点，可使用描述土壤融化层的关系式确定融冰速度。在初始温度为 0℃，给定气温为 $\vartheta_{\text{э}}$ 时，可计算不同聚合状态下层分边界的融化温度，该问题的计算示意图见图 11.11。

这时，温度梯度可采用下式表示[100]：

$$\frac{\partial t_1}{\partial z} = -G(\vartheta_{\text{э}} - t_0)/h \tag{11.19}$$

无量纲温度梯度参数：

$$G = Bi/(1 + Bi) \tag{11.20}$$

当 $t_0 = 0$℃ 时，有

$$\bar{w} = \frac{\lambda_{\text{л}}G\vartheta_{\text{э}}}{h\sigma\rho_{\text{л}}} = \frac{\lambda_{\text{л}}\vartheta_{\text{э}}}{\left(\dfrac{\lambda}{\alpha} + h\right)\sigma\rho_{\text{л}}} \tag{11.21}$$

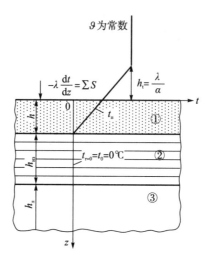

图 11.11　冰土混合隔热层计算热示意图

①融化的冻土隔热层；②冰土混合隔热层；③冰块

这时融化的冻土隔热层的厚度 h 取决于融冰速度和融冰时间，即

$$h = \bar{w}\tau k_{\text{c}}$$

其中，k_{c} 为隔热层土壤铺设率，取决于泥浆土壤的含量。

将上式代入公式(11.21)得到：

$$\bar{w} = \frac{\lambda_{\text{л}}\vartheta_{\text{э}}}{\left(h_{\text{t}} + \bar{w}\tau k_{\text{c}}\right)\sigma\rho_{\text{л}}} \tag{11.22}$$

其中，$h_{\text{t}} = \lambda/\alpha$，为与外部热阻相当的隔热层热阻。

根据方程(11.22)，$\bar{w}$ 与外部热交换及开始融冰的时间有关，同时隔热层上的等效气温与太阳辐射和蒸发作用有关：

$$\vartheta_{\text{э}} = \vartheta + \left(S_{\text{R}} + S_{\text{и}}\right)/\alpha \tag{11.23}$$

其中，S_{R} 和 $S_{\text{и}}$ 为由太阳辐射和蒸发导致的隔热层热通量；α 为土壤-空气临界面热交换系数。

工程实验部分用于确定正在融化的冰土混合隔热层的隔热能力，并得到融化时土壤含量的影响程度。实验使用的是尺寸为 45cm×35cm×28cm 的特殊冷冻冰土混合块，其下部和两侧使用厚度为 10cm 的聚苯乙烯泡沫塑料隔板进行隔热。冰块逐层冷冻，层厚为 5mm 和 10mm 且含沙量为 10%、15% 和 25%。冰土混合隔热层的融化发生在热压舱和露天环境中。在实验过程中记录如下内容。

(1) 热压舱内空气温度。

(2) 冰土混合隔热层内冰块温度的变化。

(3) 融化过程中冰块大小的变化。

(4) 大气中融化的冰土混合块表面的辐射平衡。

(5) 冰块表面融化土壤层的厚度变化。

(6) 融化土壤的物理力学特点：湿度、密度。

热压舱内气温自动维持在 5～10℃。使用针形水尺记录融化面和沙层位置。使用热电辐射平衡测量器 M-10 测量冰土混合融化面辐射平衡。根据现有的标准计算融化土壤的物理力学特点。

冰土混合隔热层融化性质、融化土壤组成的隔热层的增长量 h 和融化的平均速度 w 见图 11.12。随着冻土融化，其表面的土壤层将增厚，冻土平均融化速度开始快速增大，达到稳定状态后速度开始减小，冻土土壤层显示出隔热效果。同时，隔热层厚度达到 0.3～0.7cm 时融化速度开始减小。冰土混合物中的含沙量增加，使最大融化速度减小。当热压舱的气温为 5℃时，融化速度从含沙量 $\xi=25\%$ 时的 0.195cm/h，变化到含沙量 $\xi=10\%$ 时的 0.084cm/h。根据实验数据判断，含沙量进一步增加是没有必要的，因为这不能使融化速度明显增加。当热压舱的气温为 10℃时，融化速度减小，这主要是因为表面土壤层厚度 h 非常小。当 $\xi=10\%$，$h=0.2$cm 时，能观察到一段时间后沙层变干变硬。在气温为 15～25℃的露天环境实验中，融化速度的值会更大。但是，当隔热层厚度从 0.57cm 增加到 1.32cm 时，融化速度从 0.70cm/h 减小到 0.53cm/h。

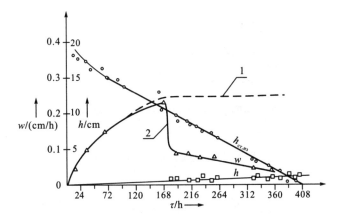

图 11.12　冰土混合隔热层融化的实验数据

1-纯冰融化速度；2-冰土混合隔热层融化速度

实验结果显示，根据含沙量可确定融化层厚度和隔热层厚度之间的关系。每次实验结束时，需要记录铺垫层土壤的密度和湿度，一般土壤的密度为 $1100\sim1200\text{kg/m}^3$，湿度为 $7\%\sim12\%$。

隔热层下冰的融化速度：

$$\overline{w}=\frac{1}{2\tau C\left(1-\xi\right)}\left[-h_t+\sqrt{h_t^2+\frac{4\lambda_л\vartheta_э}{\sigma\rho_л}\tau\xi\left(1-\xi\right)}\right]-\Delta w \qquad (11.24)$$

当冻土融化并沉淀到冰面上开始作为隔热层时，可以比较融冰的计算速度和实验速度。考虑到冰土混合隔热层热物理常数的复杂性，建议采用纯冰的热物理常数进行计算，并将速度校正 Δw 引入公式(11.24)，其值可根据冻土含沙量的实验数据确定。

当冻土含沙量 $\xi=10\%$ 时，在其他实验条件不变的情况下，$\Delta w=1.23\times10^{-3}\text{ m/h}$。融冰速度随时间变化的完整关系式为

$$\overline{w}=\frac{1}{2\tau C\left(1-\xi\right)}\left[-h_t+\sqrt{h_t^2+\frac{4\lambda_л\vartheta_э}{\sigma\rho_л}\tau\xi\left(1-\xi\right)}\right]-\Delta w \qquad (11.25)$$

风速很大时，外部热阻 h_t 可忽略不计。将表达式(11.25)简化为

$$\overline{w}=\sqrt{\frac{\lambda_л\vartheta_э}{\left(1-\xi\right)C\tau\sigma\rho_л}}-\Delta w \qquad (11.26)$$

为防止太阳辐射的直接影响，需要设置转换太阳辐射入射通量和反射通量的防护层。防护层可使用角反射器系统形式(图 11.13)，其工作原理是入射和反射的光线方向相同，且为平行流束。该防护层下分层密度稳定，空气夹层具有隔热作用。

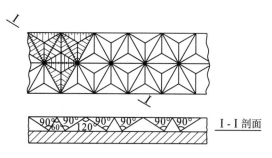

图 11.13　无效融冰的防护层形式

11.5　周边冰对冰结构物的影响

本节主题稍微偏离全书的主要内容，因为建造技术、结构完整性和冰结构物的运行对冰情研究也十分重要。

建设其他冰结构物时，首先要检查热稳定性，其次是强度特征。需要对冰结构物和冰造岛进行剪切强度测试[38]，然后根据测试结果确定平面大小和高度。此外，还需要评估其他一系列参数。

移动冰结构物和冰原的载荷可根据结构物表面的破冰力确定。冰结构物必须比周围的冰更坚固、质量更大。根据规范 СП 38.13330—2012[129]，在单独冰块受到冲击或破裂时，带前垂直面的冰结构物的移动冰原载荷将小于下列公式计算出的载荷：

$$F_{c,w} = 2.2 \times 10^{-3} V h_d \sqrt{A k_V \rho R_c} \tag{11.27}$$

$$F_{b,\rho} = m k_b k_V R_c b h_d \tag{11.28}$$

其中，V 为冰原移动速度，m/s；h_d 为平滑的冰的厚度，m；A 为冰原面积，m^2；m 为冰结构物前表面轮廓形状系数；k_b 为承压系数；k_V 为加载速度系数；R_c 为冰的抗压强度，MPa；b 为冰作用力面的宽度，m；ρ 为水的密度，kg/m^3。

冰原堆积在冰结构物上，其受风力和水力作用的载荷公式为

$$F_s = \left(P_\mu + P_V + P_i + P_{\mu,a} \right) A \tag{11.29}$$

其中，P_μ、P_V、P_i 和 $P_{\mu,a}$ 的值可根据以下公式确定：

$$P_\mu = 5 \times 10^{-9} \rho V_{макс}^2, \quad P_V = 5 \times 10^{-7} \frac{h_d V_{макс}^2}{l}, \quad P_i = 9.4 \times 10^{-7} h_d \rho g i, \quad P_{\mu,a} = 2 \times 10^{-11} \rho V_{w,макс}^2$$

其中，$V_{макс}$ 为冰下水流最大速度，m/s；$V_{w,макс}$ 为最大风速，m/s；l 为水流方向冰原的平均长度；i 为坡降。

通常，如果冰结构物上的冰发生破裂，则需要计算由水泥或其他材料建成的普通水工建筑物的载荷，这需要建筑物材料强度远远大于冰的强度。如果冰结构物的强度小于周围冰盖强度，则冰结构物破裂时，不仅会影响周围的冰，而且还会对自身结构造成损害。

举例说明，若冰结构物被切开，作用载荷将施加到冰结构物前面或沿地基平面部分转移，或者倒转(图 11.14)。如果冰结构物任何一个位置的载荷小于作用载荷，则不仅冰结构物会穿透冰原，而且冰结构物自身也会受到破坏。

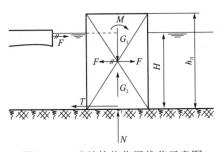

图 11.14　冰结构物作用载荷示意图

由接触面承压而导致的结构弯曲、折损、破裂会导致冰结构物损坏，因此冰盖与冰结构物相互挤压时会损坏接触面上承压应力更低的部分。通常人工结冰的冰结构物的强度性能更低，即 $R_{b.coop} < R_{b.лп}$，因此当冰结构物挤压受损时，冰盖可作为抗压能力更强的元件使用。

剪切时， $mk_bk_VR_{b.лп}bh_л = R_{c.coop}bb'$，加载作用方向的冰结构物尺寸为

$$b' = mk_bk_VR_{b.лп}h_л / R_{c.coop}$$

在冰与冰结构物相互作用时，或强度相等的冰结构物和冰盖相互作用时，冰结构物表面将起到重要作用，需要安装冰结构物专用冰带结构或单独冰障来抵抗周围冰原作用力的影响。

可通过降低冰结构物的温度或加固冰块达到这一效果。冰结构物必须是坚固且稳定的。

冰弯曲时，冰结构物受到的作用力减小：

$$\sigma_f = 6M/b(b')^2 = 6mk_bk_VR_{b.лп}h_лH/(b')^2 \leq R_{f.coop}$$

其中，$R_{f.coop}$ 为冰弯曲时的标准阻力；b' 为载荷作用方向的结构物尺寸。

因此，冰结构物的最大高度应满足：

$$H \leq \left(\frac{R_{f.coop}}{R_{b.лп}}\right)\frac{(b')^2}{6mk_bk_Vh_л}$$

冰造岛沿底部剪切的抗剪力应大于周围冰场合成的水平剪切阻力，以确保冰造岛底部的稳定性。

冰结构物和冰盖的同等强度问题只会在理论上出现。而实际中，只会在对比其他条件相同情况下的冰晶体大小、液相数量等方面产生差异。计算载荷时，主要的问题是如何得到冰结构物周围冰盖的最大强度值。这个值在所有强度计算中都会被使用，所以需要仔细研究。

极限应力标准主要是冰的压缩应力，由此可得到其他弯曲和压缩等应力状态下的极限应力标准。这一问题的研究在许多著作中都已被论述过，但其所有囊括的问题仍然是非常复杂的。通常独立研究产生的结果，其顺序各不相同。由于实验条件不一致，实验数据会产生差异，主要有以下原因：冰的结构不同；混合物含量不同；实验过程中的环境温度和冰的温度不同；加载速度和样品几何形状不同。

在规定冰盖强度的标准中，出现的问题不断增加，这会影响冰结构物柱体类似参数的统一，因为实验时用的冰量对于观察冰结构物的强度特点是不够的，现有的关于结冰的经验不足以制造出规定强度的冰。

需要特别注意的是，正是因为这些缺陷的存在，一贯的缺乏设计和工程技术研究将使冰结构物的应用受到很大限制。

冰的抗压极限强度取决于冰的结构、液态水含量、冰的温度和应变率，在其

他参数稳定的情况下需要统计应变率或加载速度。一般在应变率为 $10^{-3} \sim 10^{-4} \mathrm{s}^{-1}$ 时会观察到最大极限强度。多初始参数的抗压极限强度选择相当复杂，因此在所有参考资料中抗压强度都是根据恒定加载速度下温度和冰结构的变化给出的，而加载速度由加载速度系数 k_v 决定，该系数将作为因子被输入到载荷值的计算中。计算得到的抗压极限强度取决于冰结构物的位置(河、海)、运行时间(年)、冰的变形条件(漂浮、移动等)。规范 СП 38.13330—2012[129]中列举了冰的抗压极限强度与冰的温度之间的关系(表 11.3)。

表 11.3　自然冰抗压缩标准[129]

淡水冰晶体结构类型	置信概率 α	$c_i \pm \Delta_i$/MPa			
		0℃	-3℃	-15℃	-30℃
粒状结构(雪)	0.95	1.2±0.1	3.1±0.2	4.8±0.3	5.8±0.4
	0.99	1.2±0.1	3.1±0.3	4.8±0.4	5.8±0.6
棱柱体结构(柱状)	0.95	1.5±0.2	3.5±0.3	5.3±0.4	6.5±0.5
	0.99	1.5±0.3	3.5±0.4	5.3±0.6	6.5±0.7
纤维结构(柱形针状)	0.95	0.8±0.1	2.0±0.2	3.2±0.3	3.8±0.4
	0.99	0.8±0.1	2.0±0.3	3.2±0.4	3.8±0.6

注：表中温度为第 i 层冰原的温度。

表 11.3 中的数值均低于最大值的 1.6～1.7 倍，而最大值是在应变率为 $10^{-3} \sim 10^{-4} \mathrm{s}^{-1}$ 下发生的。冰结构物的主要设计参数之一是抗压极限强度 R_c。目前还不存在类似于自然结冰的人工结冰参数，因此假设冰结构物强度与冰盖强度相同，使用已知数据进行运算。很明显，封冻或施工时冰块结构需要满足以下要求。

(1)不超过冰结构物下部冰的抗压极限强度。

(2)增加相应变形和加载速度下的冰的承载能力。

(3)平均分配冰基上的载荷。

举例说明考虑这些问题的必要性。冰块上各个部分的应力必须小于容许(标准)的应力。由于冰结构物容许应力的问题目前是公开的，我们可将众所周知的强度理论更改为：有效应力必须小于破坏应力。例如，由于冰的自重，修建时会出现压缩应力为

$$\sigma = \rho g h \leqslant R_c$$

冰块高度为 10m，地基面积为 1m² 时，采取"干式"施工方法修建的冰结构物抗压强度为 0.092MPa。考虑到冰的长期抗压极限强度，且高温时冰结构物的承载能力降低得非常快，为建造更高的冰结构物，需要维持低温。

漂浮冰结构物的建造在某种程度上受到的限制较小，但对于冰结构物的水上部分也需要考虑这些问题。原则上，如果冰块抗压极限强度超过其长期抗压极限

强度，但以一定的速度持续增加冰块高度，则冰结构物的承载能力是可以提高的。这种情况发生在应变率较小时（$\dot{\varepsilon}=10^{-3}\text{s}^{-1}$），而冰结构物的真实应变率随结冰速度的变化（$\dot{\varepsilon}=\sigma/E$）如下：当逐层结冰速度为 0.2m/d 时，应变率为 $2\times10^{-12}\text{s}^{-1}$；当整块结冰速度为 1～2m/d 时，应变率为 $2\times10^{-11}\text{s}^{-1}$。因此，长期抗压极限强度应成为冰强度的主要计算值。

　　冻结时要求冰基载荷分布均匀，目的是在不均匀变形时保持冰结构物的稳定。冰结构物作用力分布不均以及冰结构物水上、水下部分的融化速度不均，会导致冰块坍塌(图 11.15)。如果冻结不均匀，漂浮冰结构物会发生不均匀的沉降(图 11.16)。同时，平台会发生纵倾，这将导致平台表面上的冰进一步地不均匀冻结到平台的边缘，使平台失去稳定性。考虑冰块的极限平衡后，可根据稳定性和强度条件确定允许的修正量，并根据有关冻结工程技术给出建议。

图 11.15　漂浮冰结构物水上和水下部分因融化
速度不均匀导致冰块坍塌

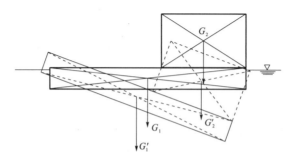

图 11.16　漂浮冰结构物在体积不均匀增长时发生不均匀沉降的示意图

　　修建三角形冰坝时，上游面受到水静压力的影响，可根据已有的公式计算任意面的有效载荷：

$$\sigma_x = -\rho g z ,$$
$$\sigma_z = \left(\rho_{\text{л}} \cot \beta - 2 \rho \cot^3 \beta \right) g x + \left(\rho \cot^2 \beta - \rho_{\text{л}} \right) g z , \tag{11.30}$$
$$\tau_{xz} = -\left(\rho \cot^2 \beta \right) g x$$

其中，β 为下游面倾角，(°)；ρ、$\rho_{\text{л}}$ 分别为水和冰的密度，kg/m³；x、z 分别为计算点的坐标，m。

　　标准应力的压缩对于冰结构的堤坝尤其重要（$\sigma_x < 0$，$\sigma_z < 0$）。至于 σ_z，则需要规定坝顶相应的倾角，满足 $\tan \beta > \sqrt{\rho / \rho_{\text{л}}}$，$\beta > 45°$。

　　本章论述的材料说明，建造的冰结构物必须符合普通工程建筑物的标准。为此，设计冰结构物时需要仔细勘查，检查其强度和稳定性，解决施工技术问题，设计必要的装置以保持一定的温度，从而避免冰结构物融化；必须对冰结构物体积的自然变化进行预测，并采取措施来解决冰结构物修建时的工程问题。

第 12 章 冰情难题的解决方法

12.1 引水口水内冰的防治

维德涅夫全俄水利工程科学研究所冰热力学实验室为保证取水口的顺利运行开展了很多研究，主要集中在冰区航行船、水力发电站、潮汐发电站、饮用水和工业用水供应站等方面。

这需要同时研究引水区外部水流和输水系统的水力情况，并考虑冰在水流中的运动过程和水体的结冰过程。保证引水设施在冰力条件下无障碍运行的相关研究主要包括：引水建筑物沿水流长度和深度的分布；选择的引水口的流量与主流的关系；选择的引水口的冰热特点，流冰期间引水口端部形成的水力状况；建造冰和冰花输送系统；确定冰花堆积的位置和水循环状态，防止冰堵塞引水口；统计引水设施运行时水库和水流的温度状况；引水设施加热系统的结构和工作方式；输水系统中单独部件防治冰花堵塞的方法；统计水体过冷却、水内冰增加时的水文气象条件。

通过一系列调研工作，我们建立了新的关于引水口结构下水电站分层取水时上下游热量关系的计算方法，并将之制定为规范性文件，对一些引水工程，如阿穆尔河的哈巴罗夫斯克三号中央热电站、哈巴罗夫斯克市饮用水供水引水设施、共青团三号中央热电站、梅津潮汐电站、金吉谢普市引水设施、伯朝拉国营地区发电站、冰区航行船引水设施等给出了关于防冰的实际建议。

12.2 冰区航行船只引水设施

冰区航行船只引水设施位于船舷或船底，可用于收集船外的水。船舷或船底的引水设施有槽。破裂的小块冰与水可一起流入船只供水系统内部通道（图 12.1）。

引水系统研究和设计的任务主要是布置建筑物的内部，这需要符合引水工程的用途和技术标准。

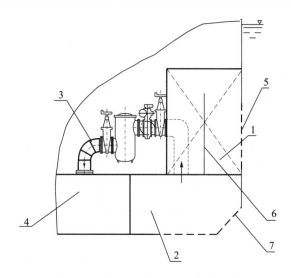

图 12.1　冰区航行船只引水设施结构

1-船上冰匣；2-底部接收区；3-发电机冷却系统管道；4-底部溢流槽；5-船上栅格；6-隔板；7-底部栅格

引水设施运行时必须解决两个问题：①保证冰花和冰在引水设施内流通，冰不会堵塞在输水系统内；②向引水设施出水栅格提供足够融冰的水循环热量。

为解决第一个问题，引水道每个单独舱内引水流速必须大于流冰速度(冰粒上浮速度)。这一条件限定了引水设施的内部构成。

要保证冰区航行船只引水设施的安全运行，必须考虑水循环提供的热量是否能满足引水道栅格的融冰需要。这需要一种环保、经济的引水技术，这种技术要能够在已知的冰情条件下从船外抽水，与夏季直接排水相比，这种情况下排出的水量相对较小。从水循环中得到的热量，必须足够用于融化从船外进入引水系统的冰：

$$\sigma \rho_{\text{ш}} Q_{\text{л}} = \alpha (t_{\text{п}} - \vartheta) F \tag{12.1}$$

其中，α 为冰-水热交换系数，W/(m²·K)，取决于冰与水流的运动条件，可根据第 2 章的经验公式得出；σ 为单位结冰潜热，J/kg；$\rho_{\text{ш}}$ 为冰花和碎冰的密度，kg/m³；$Q_{\text{л}}$ 为冰的流量，m³/s；F 为水与冰的热交换面积，m²；ϑ 为水温，℃；$t_{\text{п}}$ 为融化冰面的温度，℃。

要解决输水系统中冰体积变化的问题，需要研究融冰速度($V_{\text{л}}$)、冰-水边界热交换系数(α)。冰与水流相互运动模式见第 2 章。

可通过热平衡方程(12.2)计算融冰所需的循环水流量：

$$\Pi_Q = -\Theta_1 - \xi_{\text{л}} \left(\Pi_{\gamma} K + \Pi_{\text{c}} \Pi_{\gamma} \Theta_2 + \Theta_3 \right) \tag{12.2}$$

其中，Π_Q 为无量纲流量参数，$\Pi_Q = \dfrac{Q_{\text{р}}}{Q_{\text{зб}}}$；$\Theta_1$、$\Theta_2$、$\Theta_3$ 均为无量纲温度参数，

$$\Theta_1 = \frac{t_{\text{вых}} - t_{\text{заб}}}{t_{\text{вых}} - t_{\text{p}}} , \quad \Theta_2 = \frac{t_{\text{л}} - t_{\text{кр}}}{t_{\text{вых}} - t_{\text{p}}} \quad \Theta_3 = \frac{t_{\text{кр}} - t_{\text{вых}} + t_{\text{з}}}{t_{\text{вых}} - t_{\text{p}}} ;$$ Q_{p}、$Q_{\text{заб}}$ 分别为相应的循环水流量和船外水流量，m^3/s；$\xi_{\text{л}}$ 为水流中冰的浓度；$\varPi_{\gamma}$、$\varPi_{\text{c}}$ 分别为冰的密度和比热容无量纲参数，$\varPi_{\gamma} = \dfrac{\rho_{\text{л}}}{\rho}$，$\varPi_{\text{c}} = \dfrac{c_{\text{л}}}{c}$；$K$ 为相变准数，$K = \dfrac{\rho}{c\left(t_{\text{вых}} - t_{\text{p}}\right)}$；$t_{\text{вых}}$、$t_{\text{заб}}$、$t_{\text{p}}$、$t_{\text{п}}$ 和 $t_{\text{кр}}$ 分别为冰匣出水温度、船外水的温度、循环水的温度、冰和结晶体的温度，℃；$\rho_{\text{л}}$ 为冰的密度，$\mathrm{kg/m}^3$；$c_{\text{л}}$、c 分别为冰和水的单位比热容，$\mathrm{J/(kg \cdot K)}$。

实验装置和实际条件下航行船只引水设施的研究结果表明，冰区航行船只冰匣中冰的最大浓度为船只供水系统整体水流量的 25%～30%。

12.3 河道工业用水和饮用水引水建筑物

对河道引水建筑物的研究，需参考已有的研究结果[3]，包括冰花进入引水设施、在栅格处聚集以及在引水设施内部沉积的主要影响因素。这些因素包括：引水建筑物位置；河流与引水建筑物的流量关系；水与大气的热交换强度；水流的紊动作用；栅格材质；引水建筑物结构；水流的过冷却现象；河流上的清沟，即"冰花制造站"；冰花流中呈悬浮状态的冰花和表面冰花层。

冰花之所以会在引水设施内部通道沉积，可能是因为引水设施内部结构布局不合理，从而导致水流速度降低，形成停滞区，通过进水栅格进入的冰花和碎冰发生壅塞，使水流与水位不匹配。

由于水体过冷却，引水设施基准线上栅格中的水内冰局部增加。"冰花制造站"位于上游时，破坏了引水量和主流流量之间的比例关系，冰花下沉，冰物质直接流到引水建筑物取水口，导致冰花堵塞栅格。

图 12.2 列举了在冰情条件下引水建筑物可能会发生的事故情景。阿穆尔河哈巴罗夫斯克三号中央热电站和共青团三号中央热电站、金吉谢普市和哈巴罗夫斯克市饮用水引水建筑物的结构设计考虑了所有可能会遇到的冰情问题。

根据金吉谢普市引水建筑物的结构特点和自身性质，我们确定了取水量。金吉谢普市引水建筑物的进水口与冰区航行船只进水口总体相似，不同之处在于其水流速度不得超过 0.05m/s，以防止撞到鱼苗(图 12.3)。

哈巴罗夫斯克三号中央热电站使用的是箱式取水头，而秋季凌汛期会发生冰花堵塞取水头的现象，这时可使用带堤坝防护装置和抓斗的特殊伞状取水头代替箱式取水头，以防止冲积冰花和冲积土在引水建筑物处聚集[167]。抓斗能够保证水流提前结冰，降低水内冰在引水建筑物附近堆积的风险。

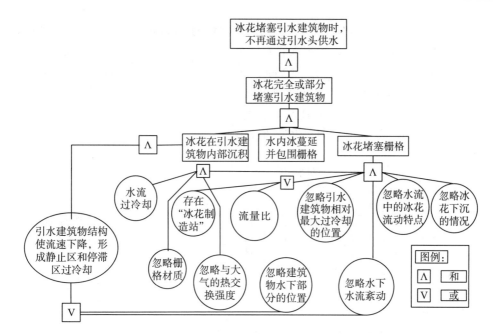

图 12.2　在冰情条件下引水建筑物可能会发生的事故情景

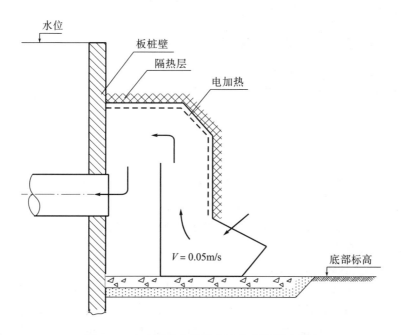

图 12.3　金吉谢普市饮用水引水建筑物示意图

　　阿穆尔河共青团三号中央热电站使用伞形取水头，其由位于主管道上的立管和与之共轴且上部封闭的伞形立管组成，可防止幼鱼和鱼苗进入引水建筑物(图 12.4)。

共青团三号中央热电站引水建筑物的排水量为 1000m³/h，其包括 4 个排水量为 250m³/h 的伞形取水头，每根水管有两个取水头，水管直径为 700mm；立管直径为 500mm，伞形立管的直径为 2000mm。管道上取水头之间的距离为 4m。伞形立管底部标高超过积冰最大标高 0.22m。伞形立管顶部标高低于年度最低绝对水位线 4.46m，可以避免积冰进入引水建筑物。伞形立管顶部和吸水管入口之间的间隙为 0.25m，足够用于预定水量的放出。

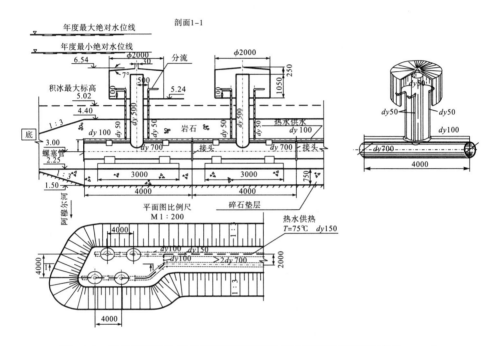

图 12.4 带有用于除冰花的液压漩涡装置的引水建筑物剖面图（单位：mm）

具有伞形取水头的引水建筑物在凌汛期运行时可能会出现以下两类冰情问题：

(1) 随河流流动的冰花流入伞形取水头拱顶中，低速流动区冰花漂浮在引水建筑物入口附近并堆积。

(2) 取水头金属结构结冰。

在垂直水流的影响下，冰花易流到伞形取水头拱顶下。如果这一河段冰花的上浮速度达到 0.08m/s，按照渔业资源保护要求，引水建筑物中冰花颗粒输入速度的垂直分量不得超过 0.06~0.10m/s，否则冰花很可能落入伞形取水头拱顶下。

为了防止冰花堵塞引水建筑物，提出一种液压漩涡回流引水方法。该方法主要是基于一定的流量并通过切向导向原理使取水头拱顶下方发生旋转，从而将冰花从取水头拱顶排出[30]。

实验表明，在伞形取水头拱顶下方可通过液压漩涡回流的方式解决当前面临的问题(结构加热、冰花融化和去除)。为此，在垂直的伞形立管沿直径方向的两个切向方向上设计两个出口，并不断供应热水。这样一来，进入的外来杂质会从引水建筑物伞形取水头拱顶排出。这一引水建筑物结构见图 12.5。

需要进行实验室研究来确定液压漩涡装置的参数及其在取水头拱顶下的垂向位置。维德涅夫全俄水利工程科学研究所冰热力学实验室制作了比例为 1∶10 的单个引水设备液压有机玻璃模型。模型由倒置的进入水中的圆柱体组成，圆柱体直径为 0.20m，高为 0.13m，在其下方安装了切向导向的出水口，以形成旋转水流。引水建筑物模型主要参数见表 12.1。从压力箱向"漩涡"泄水孔放水。装置最高水头为 1.8m。使用聚乙烯材料模拟粒状冰，其密度为 890kg/m^3，接近冰的密度。模拟冰颗粒直径为 2.5mm。基于进入拱顶的模拟冰颗粒体积估计及模拟冰颗粒的上浮速度，开展模型实验。

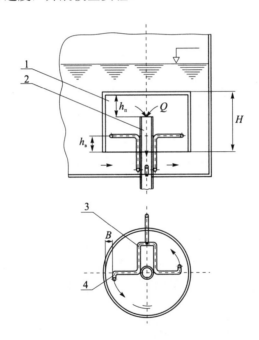

图 12.5　伞形取水头拱顶下的液压漩涡装置

1-伞形取水头拱顶圆柱体部分；2-引水建筑物取水口；3-液压漩涡装置导水管；4-Γ 形连接管

表 12.1　金吉谢普市引水建筑物液压漩涡装置模型参数

模拟参数	实际	比例系数	模型
拱顶直径 D/m	2.00	0.10	0.20
拱顶高度 H/m	1.30	0.10	0.13

续表

模拟参数	实际	比例系数	模型
入水管直径 d/m	0.50	0.10	0.05
引水建筑物流量 Q_0/(m³/h)	250	3.16×10^{-3}	0.79
引水建筑物流量 Q_0/(m³/s)	0.069	3.16×10^{-3}	2.19×10^{-4}
液压漩涡装置流量 Q/(m³/s)	0.02～0.04	3.16×10^{-3}	6.32×10^{-5}～12.64×10^{-5}
液压漩涡装置出水速度 V/(m/s)	3.600	0.316	1.140
时间 τ/s	—	0.266	—
冰花体积 W_{III}/m³	—	0.001	—

如果实际情况下冰花颗粒直径为 3～5mm，则冰花在引水建筑物取水头拱顶下的上浮速度计算公式为

$$V = V_{\text{III}} + V_1$$

其中，$V_{\text{III}} = 167vd^{0.96}$（Д. Н. 比比科夫公式）[114]，为冰花单个颗粒的上浮速度，cm/s；d 为冰花直径，mm；v 为水的运动黏度系数，cm²/s；V_1 为引水建筑物取水头拱顶下的水流速度垂直部分，cm/s。

当 $v = 1.1\times10^{-2}$ cm²/s，$V_1 = 8.6$cm/s 时，对应的冰花水力粒度为 $d = 5$mm。实际情况下，冰花的上浮速度为 14.6cm/s。在所选比例为 1∶10 的模型中这一速度为 4.6cm/s，基本与用聚乙烯材料模拟的冰的上浮速度一致。

漩涡出口处显示，模拟条件下引水建筑物取水头拱顶下给水情况的雷诺数数值大于 8000。

实验的目的是计算液压装置的工作效率，以防止冰花进入引水建筑物取水头拱顶，实验包括以下阶段：液压设备关闭阶段；冰花注满引水建筑物内部空间的开始阶段和后续启动阶段。液压装置运行时，应防止冰花进入引水建筑物。

在第一种情况下，需要计算液压设备开启后的冰花残留浓度和达到预期效果的时间。进入引水建筑物的冰花的体积为引水建筑物取水头拱顶下水体体积的 0.5%～15%。实际统计时，液压设备流量变化为 30～280L/s（每个取水头）。

在第二种情况下，需要计算穿透到引水建筑物中的冰花的浓度。冰花的流量和浓度变化同上。

分析实验结果，借助漩涡装置来保护引水建筑物不受冰花影响的方法如下。

(1)进入引水建筑物中的冰花可通过漩涡装置制造的水流排出(图 12.6，曲线 3)。

(2)剩余冰花(图 12.6，曲线 1)进入拱顶，快速旋转后排出(图 12.6，曲线 4)，或者部分留在拱顶下，进入引水建筑物(图 12.6，曲线 2)。

液压漩涡装置的工作效率取决于给水量。从图 12.7 可以得出能帮助挟带冰花的水流的最小流量界限，此时部分冰花将流入引水建筑物。

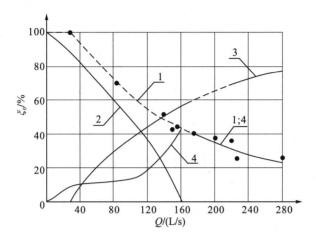

图 12.6　液压漩涡装置工作时引水建筑物中冰花的初始和末期相对浓度（漩涡装置中心位置）

$\xi_0 = \varepsilon'/\varepsilon_0$ ；　ε' 为液压漩涡装置工作时流入引水建筑物中的冰花的浓度，%；

ε_0 为水流中冰花的初始浓度，$\varepsilon_0 = 0.4\% \sim 2.6\%$ ；

1-进入引水建筑物的冰花的初始浓度；2-进入引水建筑物的冰花的末期浓度；3-引水建筑物液压漩涡装置关闭时排出的冰花的浓度；4-通过液压漩涡装置从引水建筑物中排出的快速旋转水流的流量

当河流中悬浮冰花浓度为 2%～5%时，清理冰花时引水建筑物液压旋涡装置中的流量接近共青团三号中央热电站的情况，每个取水头的流量为 70～240L/s。

图 12.8 为共青团三号中央热电站的引水建筑物位于中央时冰花浓度与流量的关系。

液压漩涡装置关闭后水流会旋转一定时间，因此，为了保护引水建筑物，最好在水流中出现冰花以前就关闭液压漩涡装置。

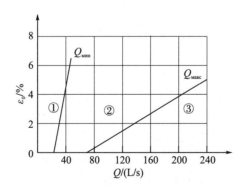

图 12.7　液压漩涡装置中冰花初始浓度与水流流量的关系（液压漩涡装置中心位置）

①-冰花堵塞引水建筑物区；②-冰花部分排出区；③-冰花完全排出区

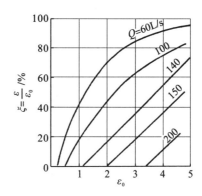

图 12.8　引水建筑物位于中央时冰花浓度与流量的关系

实验中还研究了液压漩涡装置位置的影响。液压漩涡装置泄水孔最好位于距拱顶三分之一处。这样能够防止冰花在主管道堆积，在这种情况下水流并非倾注到水管中，而是做着回旋运动进入，并带走引水区剩余的冰花。

使用液压漩涡装置可防止冰花进入引水建筑物伞形取水头拱顶，且能制造漩涡回流，防止幼鱼进入引水建筑物。

12.4　河道取水口油污和水内冰防治

大型通航河流的河道取水口问题不仅是冰花壅塞，还包括取水口内油污堵塞。

通常，河流中的油污为燃料废物。油污易在水中变形、散开，流入取水口，堵塞进水栅格，一旦污染物进入供水系统，就会加大净水难度。

水面上石油可随水流移动，在风力作用下与水体发生掺混。水面油污掺混速度约为水流速度的 60%，风速的 2%～4%。此外，水面的油污会蒸发，风浪会加速蒸发过程，同时石油中的水也能促进乳化剂的形成。在紫外线辐射的作用下，石油分解、氧化，并形成水溶性脂肪酸。一些种类的石油吸水后，易形成巧克力色的棕色油块。向石油中加入水乳剂，尤其是加入分散剂后，其会在水中形成类似于石油的乳化液，这时水中会出现微小的油珠。

分散和乳化是减少油污的有效手段，但石油不会消失，它只是被从水面去除并分解到深水中。图 12.9 显示了石油在深水中的运动变化特征。

石油制品的排放和流失会使河流中形成重油-水和柴油-水乳化液，因为过往船只螺旋桨工作时，以及各类引水和排水设施工作时会产生风浪掺混和紊动掺混，使石油与水发生混合。

可通过生物降解的方法治理水中的油污。目前，已知约有 90 种可以分解石油的细菌和真菌，还有一些藻类。需要指出的是，使用分散剂和乳化剂不但不会有明显帮助，还会造成比石油泄漏危害更大的生态破坏。根据《赫尔辛基公约》，在波罗的海是禁止使用分散剂的。

目前，能治理的主要是表面油斑和漏油。关于石油杂质进入引水口的防治，需要研究特殊的方法。

水中形成的油水混合物与纯油的理化性质不同。要防止石油杂质进入引水口，首先需要了解河流中油污的性质，这些性质与温度、浓度、黏度、体积膨胀系数相关。

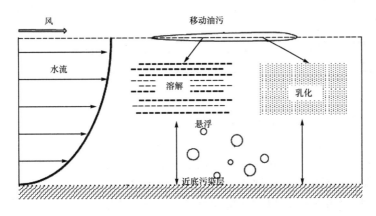

图 12.9　水层中的油相运动示意图

使用 M100 和 M40 重油及柴油进行密度、体积膨胀系数、混合物黏度实验，可确定油水混合物的乳化特性，得到乳化液的最大水浓度 $\xi_{水}$ 为 70%～80%。当水浓度更高时，水分可从乳化液中析出，并变成水滴。

重油-水乳化液的物理特性测量结果见表 12.2。

柴油与水掺混时会形成灰色凝胶状沉淀物，下沉时液体将分为两层，上层为透明液体，颜色接近于清洁燃油的颜色，而随着混合物中水浓度的增高，下层厚度将增加。

重油-水浮化液与油品等级无关，其主要由黏性弱流动液体组成，能在流动的水中分解为单独的微小凝块。

柴油-水乳化液成分不均匀，易分解为两种组成物：液体和凝胶状沉淀物。引水设施运行时，这种乳化液的沉淀不会被测出，因为凝胶状沉淀物能无障碍地穿过大部分过滤设施和延时装置，其只能在沉淀池中沉淀析出。

表 12.2 重油-水乳化液 20℃时的物理特性

物质种类	性质			
	密度 /(kg/m³)	体积膨胀系数 /K⁻¹	动力黏度 /(10⁶Pa·s)	流动性参数 /[10⁻⁶(Pa·s)⁻¹]
水	998.0	*	0.001	1000.00
重油 M100	911.1	*	0.800	1.25
重油 M40	940.7	*	4.780	0.21
重油 M100-水乳化液 ($\xi_{水}=80\%$)	948.0	9.0×10^{-4}	168.300	5.93×10^{-3}
重油 M40-水乳化液 ($\xi_{水}=80\%$)	975.0	8.4×10^{-4}	175.500	5.70×10^{-3}

注：*表示未计算实验室条件下的性质。

  对所得乳化液性质的研究表明，即使将重油最大限度地掺水，重油-水乳化液的密度也小于水的密度，而乳化液黏性大于同类原始燃油的黏性。

  水的紊流程度和脉冲速度状态决定了杂质在水流中的位置。如果带油污的水和冰花流入供水系统，则会堵塞净水设备表面的进水孔，切断输水。一旦设备沾上油污，则很难清理，所以需要防止油污进入引水建筑物。

  防止冰花和油污进入引水建筑物的设施有很多[139]，其中包括：引水建筑物带液压漩涡装置的伞形取水头；引水建筑物带水力旋流器的取水头；借助压缩空气建立的防护屏障；入水栅格和引水建筑物窗口的电加热设备等。

  针对圣彼得堡上下水道系统的进水口，需要研究防止油污进入的方案。液压漩涡装置的实验研究是在一个城市上下水道系统的引水建筑物模型上进行的，引水建筑物伞形取水头拱顶的直径为 0.280m，高为 0.191m。伞形取水头拱顶下有两个直径为 0.012m 且与直径正切的泄水孔。引水建筑物流量为 0.2～0.5L/s。液压漩涡装置的工作原理已在 12.3 节中详细说明。

  带液压漩涡装置的伞形取水头模型的实验说明，无论进入取水头拱顶下的油污有多少，如果是正切漩涡泄水孔逆向安装，则引水建筑物工作效率将提高 12%～20%。引水建筑物未运行时的排污效率比运行时的高 10%。可同时使用几个引水头清理取水头拱顶下的油污空间，其中一个作为主排水管。若使用规定尺寸的取水口，约 60% 的油污可排出取水头拱顶。

  在使用带液压漩涡装置的伞形取水头的同时，还可使用水力旋流器作为引水建筑物取水口。这种情况下，油污可从上部排污孔或随水力旋流器下部形成的涡流排出。水力旋流器的实验研究包括水力旋流器上部排污孔的不同水压（$H=0.1\sim0.3$m）、原始油污浓度（$\varepsilon_0=0.3\%\sim0.6\%$），以及水力旋流器上部排污孔直径（$d=25\sim100$mm）（图 12.10）。

水力旋流器的工作效果可根据排污量确定。油污可分离排出或从水力旋流器的上部直接排出。

油污由于密度差而漂浮在水力旋流器上部，其中一些停留在旋流器上方，也有一些漂浮在水面上。当水力旋流器上部排污孔直径小于 50mm 时，会形成涡道，部分油污沿着涡道可从设备下部排污孔排出。这就是油污分离。

若通过水力旋流器上部排污孔排出的油污数量发生变化，则可引起油污成分的变化。

几乎未测出原始浓度对涡流排污效率的影响。实验期间，水力旋流器提供的结果是稳定的。取水头或特种净化设施对于排出密度低于 1000kg/m³ 的油污十分有效。水力旋流器取水口的一个很大优势在于不需要额外输水，可作为普通取水头使用。

上述实验说明，可以使用水力旋流器作为引水系统的净水部件，也可进一步将其用作供水系统的取水口。

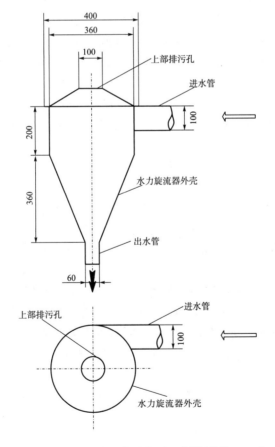

图 12.10　水力旋流器实验装置示意图(单位：mm)

12.5   水下建筑物锚冰的形成原理

众所周知，当河水温度冷却到 0℃时，会在岩石、进水口、进水栅格等位置形成水内冰。在河口处不同密度层的分界面会发生水内冰晶体的生长，当冷却到结冰温度的咸水进入河道 0℃的下垫层（第 3、4 章）时，浸入水中的建筑物其表面水内冰生长情况与此相似。

浸入水中的建筑物表面水内冰生长的原因是，由于辐射冷却导致建筑物表面放热，河道底部温度下降到水的结冰温度以下，进而导致浸入水中的引水建筑物其进水栅格上的水内冰开始生长。

实验和观察结果说明，在水温冷却到 0℃或略低于入水物体温度的情况下，水底会形成非常透明的、几乎不可见的冰晶，但冰晶在水下的金属丝网上却清晰可见。

类似的结冰案例在 В. Я. 阿尔特博格的《底冰》[8]中有大量叙述。分析这些案例会发现一个特殊的矛盾之处：近底层水温一定会高于表面层水温，导致表面层形成水内冰，而底部的自然失热导致了库底提早结冰这一矛盾现象。自 1931 年 В. Я. 阿尔特博格的书出版以来，俄罗斯国内还未有人提出关于这一现象本质假设的不足。正如 В. Я. 阿尔特博格断言，在河流中固液体交界处的温度与液体温度相等，但是因为水有可能过冷却，所以表面薄冰层温度可能低于 0℃[8]。

Б. П. 温伯格提出了复冰理论：冰晶附着在不平坦的水底和其他物体上时，会发生复冰现象[23]①。

В. В. 拉夫罗夫认为，超显微观状态下相邻水层中的冰可能会沉积在底部，底冰在其本来的位置上生长[67]。

В. Я. 阿尔特博格曾否认复冰现象对辐射过程的影响，但今天来看，这完全没有必要。水中岩石上水内冰的形成问题仍未得到解决。

之后，这一问题便不再被人提起。通常认为，形成水内冰的主要原因是水过冷却。

1994 年出现了一份斯蒂芬·戴利关于冰花的特别报告[188]。在这份内容全面的报告中，有几行关于所谓锚冰的叙述：锚冰在少量研究中出现过，它是由悬浮的冰花晶体掺混形成的。同时作者指出，锚冰的热传递速度比悬浮冰花晶体快很多。这也说明，锚冰可被看作悬浮晶体源以及在冰晶水流中形成的热平衡的潜在热源。锚冰大多是由微小水流中的冰花形成的[190]。

大部分实验证明，如果水温冷却到 0℃或分界面水流过冷却，分界面的冰会增加。

---

① 复冰现象是一种冰晶冻结现象，发生在压强上升的接邻区域。

图 12.11 举例说明了冷却到 0℃ 的淡水和海水其交界处的冰晶增长。

图 12.11　冷却到 0℃ 的淡水和海水其交界处的冰晶增长

从所有长期研究该问题的实验中发现，分界面(底层)一定会带入制冷量。分析建筑物表面热平衡可从数量上得到制冷量。

水面平衡热流通量由热通量总量组成：

$$\sum S = S_{\text{к}} + S_{\text{и}} + S_{\text{R}} \tag{12.3}$$

其中，$S_{\text{к}}$ 为对流热通量；$S_{\text{и}}$ 为蒸发或凝结时的吸热或放热通量；S_{R} 为辐射热通量。

当建筑物在水下很深的位置时，热交换面完全不存在蒸发和凝结，其辐射热通量为[124]：

$$S_{\text{R}} = (Q+q)_0 \left[1-(1-k)n\right](1-a) - I\left(1-cn^2\right) - 3.6\sigma T_{\text{п}}^3 \left(T_{\text{п}} - T_{\text{э}}\right) \tag{12.4}$$

水中入射辐射热通量及大气逆辐射不存在或明显下降时，第一步分析可忽略。公式(12.4)中，$(Q+q)_0$ 为 1m² 下垫面太阳辐射热通量；$T_{\text{п}}$ 为水面绝对温度，K；$T_{\text{э}}$ 为空气绝对温度，K；k、c 分别为建筑物坐标系数；n 为大气云量；a 为反射率(水面反射系数)。所有辐射平衡中仅保留水面辐射，则有

$$S_{\text{R}} = -3.6\sigma T_{\text{п}}^3 \left(T_{\text{п}} - T_{\text{э}}\right) \tag{12.5}$$

入水建筑物的表面热平衡方程为

$$-\lambda \frac{\partial t}{\partial z} = S_{\text{к}} + S_{\text{R}} \tag{12.6}$$

或

$$-\lambda \frac{\partial t}{\partial z} = \alpha \left(t_{\text{п}} - t_{\text{э}}\right) - 3.6\sigma T_{\text{п}}^3 \left(T_{\text{п}} - T_{\text{э}}\right)$$

其中，σ 为斯蒂芬-玻尔兹曼常数，$\sigma = 5.67 \times 10^{-8}\text{W}/(\text{m}^2 \cdot \text{K}^4)$；$T_{\text{п}}$、$T_{\text{э}}$ 分别为水面和空气的绝对温度，K；λ、$\frac{\partial t}{\partial z}$ 分别为建筑物入水部分的导热系数和温度梯度；$t_{\text{п}}$、$t_{\text{э}}$ 分别为水面和空气的温度，℃。

建筑物内部放热可被理解为沿枢轴的温度分布：

$$t_z = t_n e^{-mz} \tag{12.7}$$

温度梯度为

$$-\left.\frac{\partial t}{\partial z}\right|_{z=0} = t_n\sqrt{\frac{\alpha\lambda U}{f}} \tag{12.8}$$

其中，$m = \sqrt{\dfrac{\alpha U}{\lambda f}}$，$\mathrm{m}^{-1}$；$f$ 为枢轴横截面面积，m^2；U 为枢轴周长，m。

所以，建筑物入水部分表面的完整热平衡方程为

$$\lambda t_n m = \alpha(t_n - t_9) - 3.6\sigma T_n^3(T_n - T_9) \tag{12.9}$$

假设水温 $t_9 = 0$，则方程(12.9)为

$$\lambda m(t_n - t_9) = \alpha(t_n - t_9) - 3.6\sigma T_n^3(T_n - T_9) \tag{12.10}$$

温差 $t_n - t_9$ 和 $T_n - T_9$ 相等，方程(12.10)可明显简化，方程的解为

$$T_n = \sqrt[3]{\frac{\alpha - \lambda m}{3.6\sigma}} \tag{12.11}$$

或

$$t_n = \sqrt[3]{\frac{\alpha - \lambda m}{3.6\sigma}} - 273.16$$

图 12.12 表示辐射面过冷却值与入水建筑物尺寸之间的关系。

图 12.12 中的曲线说明，过冷却值达到 -0.01℃时，入水建筑物尺寸的最小值为 0.32m；过冷却值到 -0.10℃时，其最小值为 0.57m。

需要注意的是，形成锚冰的原因在于水中建筑物表面存在热辐射；建筑物入水部分越大(图 12.12)，其表面过冷却值越大；需要吸热消除建筑物表面过冷却现象。

如果进水栅格枢轴或其他引水建筑物结构发生结冰，则需要使用电热设备除冰。

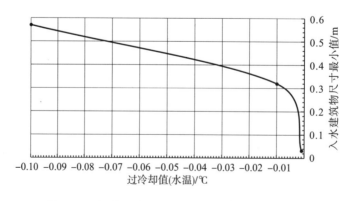

图 12.12 辐射面过冷却值与入水建筑物尺寸的关系

12.6　水工建筑物的加热系统

冬季水工建筑物水闸的工作能力，在很大程度上取决于温度和槽口结构的防冰状况。现有的各种防冰系统主要以加热为基础，如感应加热、暖气加热、浸油加热(循环和非循环)，水工设备运行时埋设部分和建筑物本身的零部件可产生有效热阻(如用轮胎加热防止水闸埋设部分结冰)。

近年来，多使用加热电缆和柔性加热带。在此基础上，加热垫、加热板等加热系统相继出现，并被用于建筑物、办公楼入口、地下通道等设施的加热。

但是，根据冬季水工建筑物运行经验来看，水工建筑物水闸槽口结构的加热系统通常处于过水且结冰和融化过程交替发生的环境中，这些加热系统很难满足可靠耐用且便于维修的要求。加热系统的结构和零部件必须坚固可靠且技术质量过关，这样才能用于水工建筑物。推荐的复合热阻材料为 BETEL，这是一种主要由水泥和磷酸盐类物质组成的导电混凝土。

KPM 电加热系统具有可移动、可靠的特点。由于它是拆装式的，因此使用者能够快速省力地安装、拆卸和更换它的加热器。它的主动加热器功率最高可达 $800W/m^2$，断电时仍能积蓄热量，可用脉冲电源。可将主动加热元器件组合到统一的机身中，此外，机身中还包括导电和支撑装置，各个加热元器件通过接头相互连接，进而形成加热系统。

开展使用复合热阻材料的主动加热器实验的目的是计算槽口结构模型样本上 BETEL 加热器的效率(图 12.13)。槽口结构的加热状况和热通量需满足以下条件：外部热交换；供电(持续供电和脉冲供电)；主动加热元器件和加热结构之间接触；运行过程中加热器电力性质发生变化。

加热器和水闸槽口结构的模型样本由列宁钢铁专门工艺设计局制作。模型的槽口结构部分由 10 个 BETEL 主动导电元件组成的内置单独加热器组成。

模型被放置在制冷装置的工作箱里，箱内气温达到-60℃。传感器记录加热器内部和加热器-混凝土及混凝土-隔热层界面的温度变化。

埋设部分表面安装金属容器，向内注入水或冰，使金属表面冻结，进而实现模型埋设部分表面热交换外部条件的变化。研究 3 种外部热交换条件下的建筑物加热状态：空气热交换、水层热交换、冰层热交换。

气温变化范围为-50～0℃，槽口结构表面冰层和水层厚度总共为 5cm，加热器电压为 220V。建筑物内部温度状况可在建筑物加热和融化时确定。为确定主动加热元器件断面的接触条件，须检查元器件之间有无导电夹层。

模型加热器中 0.5m 长的加热部件功率为 374～444W。在从水面向空气放热的情况下，加热器稳定状态下放热温度为 140～160℃，加热时间约为 1h。因为加热器本身的热条件不一致(两个面接触空气,另外两个面接触混凝土),导致加热器横截面受热不均,温度差为6~10℃。

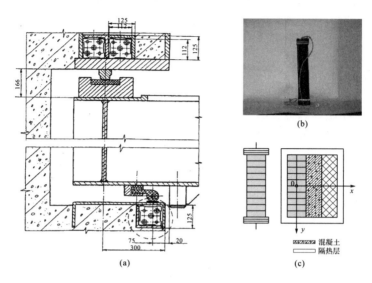

图 12.13　水闸槽口结构和加热器下方的埋设部件(单位:mm)

(a)槽口结构剖面图;(b)加热器照片;(c)加热器和槽口结构模型

图 12.14 显示了加热器内部温度变化过程。变化点相对坐标 η_x 和 η_y 符合 r/R 关系,其中 R 为加热器直径,对应-1、0、1/2、1;$\eta_x = 0$ 表示在样本中心,$\eta_x = 1$ 表示与空气接触的加热器表面,$\eta_x = -1$ 表示与混凝土接触的加热器表面;η_y 为与 x 方向垂直的直径的点坐标。

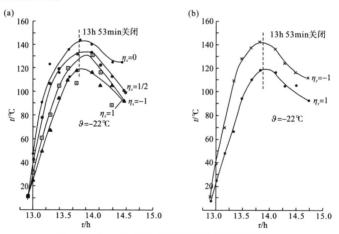

图 12.14　加热器内部温度变化过程(模型 1)

(a) x 方向上的加热器温度变化:●-η_x=0;◎-η_x=1/2;▲-η_x=-1;▢-η_x=1;

(b) y 方向上的加热器温度变化:×-η_y=-1;●-η_y=1

分析实验结果可知，混凝土的升温速度明显落后于加热器的加热速度，类似于混凝土的附加隔热层能够扩大混凝土的受热体积。加热器加热温度为 140℃时，混凝土温度为 30～35℃，如图 12.15 所示，图中 τ 代表加热时间。

实验室条件下进行的模型样本实验说明，单模加热器温度很高（$t=120～140℃$）；加热器功率高；短时间（30～60min）内可达到稳定加热状态；实验加热器导电夹层在加热部件热阻不稳定甚至报废的情况下仍能继续工作；BETEL 加热器温度高，耗电量比其他类型的加热器少。

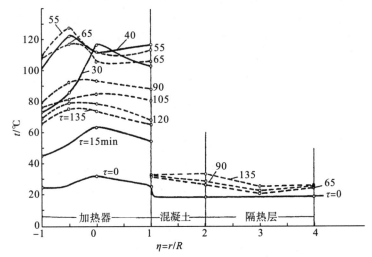

图 12.15　加热器-混凝土-隔热层（模型）系统的温度分布

进行研究时，将使用 KPM 加热部件看作水利工程和其他建筑物加热工作的开始。之后，研究需继续进行，尤其是在自然条件下维修和重建水力工程结构时需要持续观察。

加热建筑物还可防止输水系统内部形成冰花，排放过冷却水。可使用不同类型的沉淀池或其他吸水井设施放置加热系统。

水落入沉淀池、吸水井等设施时，会发生过冷却，形成大量水内冰。为防止冰花堵塞，吸水井需要吸收能足够抵消过冷却的热量。为实现上述目的，需要确定最适合吸水井运行的加热类型和功率。以热平衡方程为基础，计算吸水井需要的加热功率，其中包括水温 t_w 在吸水井内部水体交换时上升到 $t_0（\geqslant 0℃）$以及水面与空气发生热交换时消耗的加热功率 N：

$$\frac{c_w W}{\tau_0}\left(t_0-t_w\right)+\alpha_1 F\left(t_0-\vartheta\right)+\lambda_c \frac{\left(t_0-t_s\right)}{\delta_c}F=N$$

其中，W 为吸水井体积，m^3；$\tau_0=W/Q$，为吸水井内部水体交换时间，s；Q 为引水建筑物引入的流量，m^3；t_w 为吸水井井口水温，$t_w \approx 0.5℃$；$F=\pi d_w^2/4$，为井内水与空气的热交换面积，m^2；d_w 为吸水井的直径，m；ϑ 为气温，℃；λ_c 为混凝土导热系数，$W/(m \cdot K)$；t_s 为河床土壤的多年平均温度，℃；δ_c 为吸水井混凝土墙的厚度，m。直径为 4m，高度为 9m，混凝土墙厚度为 0.5m 的吸水井在 $t_s = 4℃$，$\vartheta = -26℃$ 时需要的加热功率 $N = 127kW$。加热区必须位于井底，且靠近引水管道出口和入口处。在加热系统产生的热力作用影响下，井的下部产生自由对流，使水体升温更快，也加快了过冷却释放和融冰的速度。

最好使用有源平板加热器（由复合热阻材料制成）组成的 KPM 电加热系统，对吸水井定期加热[175]。总功率为 127kW 时，系统取水区吸水井侧面加热需 64kW，底部加热需 63kW。在加热器中，建议使用维德涅夫全俄水利工程科学研究所研制的 KPM 有源加热元件。另一种备选方案是使用一种新型材料——以沥青黏合剂为主，并添加导电物质和惰性物质而制成的导电沥青 BITEL[12,94]。

用这种材料制作的加热器的工作原理如下：温度未达到某点时一直保持电阻很小，一旦温度上升，电阻迅速随温度的上升而变大。电阻增大的同时，带动温度上升，电流强度降低，因此加热器功率也降低。如果加热器冷却、电阻减小，则加热效果变强。因此越冷的地方加热效果越好，加热器可以保持温度稳定。

这种材料具有自动调节电热属性的能力，可以在不适用专门电力调节系统的情况下进行加热，同时也能避免加热器或加热设备的有源元件过热。BITEL 有源加热元件的最大加热温度建议为 90℃。

BITEL 加热器还有一个重要的特性是防水，它能够在大面积的潮湿环境下工作，甚至可以在水中工作，此时电力参数几乎保持不变。

BITEL 加热器有 6 个有源加热元件，这些元件的尺寸为 100mm×200mm×40mm，额定功率为 0.25kW，彼此按顺序连接，被金属外壳包裹。加热器尺寸为 650mm×270mm×50mm，功率为 1.5kW，工作电压为 220V[12]。

需要注意的是，使用 KPM 有源加热元件能够制作可以在大部分电压下工作的加热器。加热器机身内的有源加热元件的安装模式可能会有差异。需使用专用胶来保护加热器机身内的水电隔离层。加热器外表面需涂防腐蚀层。加热器最好是相互独立的，如果某一个或几个加热器出现故障，加热系统仍能正常运行。

12.7 水工建筑物的过冰能力

俄罗斯的水利枢纽，尤其是位于北部自然气候带的水利枢纽，其设计和建设的关键是确保水利枢纽在流冰期能安全运行。因此，需要研究如何通过水利枢纽排走冰块和冰花，或将冰截留在上游，计算冰封期水利设施的载荷。通过河道上在建的工程设施将冰块和冰花排走，是修建水利枢纽时非常重要的一部分工作。考虑到施工工期长，而且排冰又会影响施工速度，因此春、秋季汛期时必须做好排冰的准备。关于水利枢纽设计、施工和运行各阶段排冰道参数的首个部门规范性文件是《水利枢纽设计、建设和运行时的排冰条件规定》(BCH 10-76)，由原苏联动力和电气化部于 1977 年颁布，维德涅夫全俄水利工程科学研究所及其西伯利亚分所、水工建筑设计院及其列宁格勒分院参与了该规范性文件的拟定。该规范性文件总结了在伏尔加、叶尼塞、安加拉等河流的水利枢纽施工时进行排冰研究所获得的丰富经验。分析总结的工作还在继续，包括针对一些其他大型水利枢纽：撒萨彦-舒申斯科、结雅、库列伊斯克、博古恰内和布列斯克。因为过去几年出现了新的施工期间和运行期间的排冰数据，所以需要重新审视之前的建议，并进行修改和补充。这些数据与未完工设施的排水特点、冰对排水系统部件作用力的情况有密切关系，建议观察冰在上述河段和水系统中的堆积情况，以及建筑物周围的积冰情况[142]。

不同模式下排冰的水力条件如下：水流中的冰量；水流表面流速及其相对于建筑物的方向；水流深度；溢流脊水头；管状溢洪道最大深度；上游水位下隧道深度；建筑物自由水面状态(无风浪时，自由水面为曲面)；建筑物入口出现的涡流。通过在建建筑物的基准线直接排冰，通常是修建水力枢纽的第一步(冰通过连接管收缩河道或通过在建水坝下部的低石滩排走)。当大坝较低、流冰强度较小时(冰的大小、厚度和强度不大时)，可用这种方法排冰。

排冰条件与不同河段的水力条件有关。

在建筑物上游拦冰，可阻止冰进一步流向建筑物，但需要升高水流的温度。

规范排冰模式必须考虑以下条件：高于水坝基准线河段到回水曲线之间，包括上游冰坝在内的冰物质储备；冰物质量；水流含冰量；洪水水文特征，水流量增加强度；水结冰的日期，冰脱离岸的日期，冰缘上游的移动速度；流冰期间气温变化，冰的制冷成本，洪水期间冰的强度变化，降雪的影响；上游拦截冰的可能性；建筑物正面的适用性，建筑物工作时的水流状态；下游冰的漂浮特点和冰盖消融特点；冰封期水和冰的最大流量。

冬季形成固定冰盖的河流水利枢纽的设计，需要考虑在水利枢纽施工或运行期间，进行排冰或将冰截留在建筑物上游。

排冰时水利枢纽的组成需包括排冰孔，以保证排冰顺畅。

可使用开放式跨距、底孔、岸边沟槽溢洪道、窄河道、隧道、旁通管等作为排冰孔。

水利枢纽基准线在水利枢纽施工和运行期间可用于保障排冰，建筑物最好修建在远离可能会形成冰坝的位置。

水利枢纽附近最好不要修建间隔宽度小的桥梁，也不要填埋河道或河岸，避免河道变窄。如果已经修建桥梁或填埋河道，需要在下游提前采取排冰措施。

如果水利枢纽修建在瀑布上，则需要考虑下方水利枢纽的放水问题，以防止冰堆积，保证冰能通过在建设施。春季上游水利枢纽最好减少排放到下游水利枢纽的水量，多拦截一段时间，使该段河道冰的强度和厚度减小，为下游排冰创造更有利的条件。

在水利枢纽施工和运行期间，当流冰使放水不受限制时，可使用水闸关闭建筑物排冰孔。排冰时，将其打开至最大高度和宽度。

建筑物周围的水流深度必须能保证顺畅排冰，并保护沿排冰道分布的建筑物不被冰破坏。各种架设在冰道上的高架桥、桥梁和临时建筑物，都必须考虑桥墩间隙的结冰问题，间隙不得少于 3~5m(与流冰量有关)。

在研究排冰模式时，要考虑水利枢纽的结构、建筑物分布和河流特点。同时要尽量使排冰设施能够截留冰一定的时间，减小冰的厚度和强度，或提高水面倾斜度，将冰原打散。在上游截留冰，能促进下游比上游提早开河。

较低的混凝土坝(高度低于 25m)作为水利枢纽时，可通过收缩的河道、低坎梳尺(水闸门坎位于河底)进行排冰。在运行期间，低混凝土坝水利枢纽可部分或全部用于截留冰(与水库大小和上游流速有关)。

一般高度(25~75m)及较高(75m 以上)的混凝土坝作为水利枢纽时，可通过收缩的河道、低坎梳尺或位于河底的深水引水口和稍抬离河底的门坎进行排冰。通常不使用一般高度和较高的混凝土坝进行排冰，因为在修建这些水利枢纽前，大型水库已经在上游截留全部的冰。

石砌坝可通过收缩的河道或没入水中的堆石排冰，其下游可通过河岸溢洪道或隧道排冰。石砌坝水利枢纽在运行期间可截留部分或全部的冰，这取决于水库大小和上游流速。

解决在围堰缩小的河道中的排冰问题需先解决最小河床宽度、河水深度和围堰高度的问题，以确定最大排冰量。这些条件下，围堰上的冰载荷是固定的。水流入口处冰尺寸的计算公式为

$$\Delta Z_{\text{мин}} = 0.03 \sqrt{\frac{h_{\text{d}} R_{\text{f}}}{\rho_i g}}$$

$$l = 4.2 \sqrt{\frac{h_{\text{d}} R_{\text{f}}}{\rho_i g}}$$

其中，h_{d} 为冰厚，m；ρ_i 为冰的密度，kg/m³；R_{f} 为冰的抗弯强度，MPa；g 为重力加速度，m/s²。

通过混凝土坝梳尺排冰时，需要确定排冰建筑物正面和各个间隙的宽度、基墩宽度和间隙宽度的比值，以及基墩上部形状、梳尺各部件(基墩、迎水面、胸墙)载荷和机械设备。

深水溢洪道有两个主要的工作水力状态：无水压状态和有水压状态。无水压状态下，主要通过深水溢洪道或梳尺排冰。无水压深水溢洪道排冰与梳尺排冰的差异在于蓄水深度不同。这时，若冰停留在入水截面，则会堵塞横截面上部，导

致水位急剧上升。深水引水建筑物在有水压状态下工作时会使冰下沉到深水孔。

施工隧道和管道使水流和流冰可以通过在建水利枢纽的警戒线。施工隧道位于大坝与岸边的结合处，施工管道位于河岸或建筑物地基上。流冰可直接通过这些隧道、管道或其他水工建筑物(如水同时外溢到土壤围堰的梳尺)。

施工隧道或管道排冰条件实质上可根据水力条件，尤其是入水河段的水力状况来确定。通常，用于排冰的施工隧道和管道的入水河段没有石滩，其与引水渠齐平，有时底部甚至低于河道标高。

类似深水溢洪道，需要对冰在有压力或无压力状态下的隧道或管道的通过条件进行评估。

隧道位于入水河段底部或管道位于河底标高处时，为了安全排冰，必须采取措施防止冰坝抬高上游水位。

通过隧道或管道排冰前，须破坏输水管道上形成的冰盖。在水利枢纽施工和运行期间通过水工建筑物排冰时需要注意，5～10m 长的河段其上游流速是否达到能够移动冰原的值。

如果平均流速小于 0.4～0.5m/s，则可以不通过建筑物排冰。

在水利枢纽上游(河道长度为宽度的 15 倍)截留冰时，平均流速必须小于专用公式计算出的值。通过水工建筑物排冰的情况见《防冰坝冰塞方法指示》[78,79]。

水工建筑物运行时，通过溢洪坝排冰有以下几种模式。

(1)通过冰坝之间的间隙排冰。如果是闸门控制，则排冰时水闸上升到最大高度或下降。冰原破裂然后沿曲线下降，进一步撞到基墩上。

(2)与前一种模式大致相同，但冰原通过不同的基墩，不会破裂且不会沿曲线下降。这种模式下的间隙排冰不会对基墩造成影响，或影响冰上通航。

(3)通过河岸的间隙排冰，冰脊高度为正常回水位标高，遇到冰坝或通过溢洪坝中心间隙时水位抬高。

所有排冰问题都是相互关联的，必须在设计阶段解决这些问题，因为施工开始后不能更改各个施工阶段的排冰条件。施工过程中需要评估冰块漂移问题，并设计至少一个备用方案，以保证当冰量超过水电站警戒线时，能从排冰方案和截留方案中选择一个进行防治。目前，俄罗斯水利开放股份公司已制定了各个施工阶段排冰问题的行业标准。

结　语

　　本书讲述了与水电建设有关的现代冰工程学和冰热力学的几乎所有问题，其中包括建筑物冰情调节、建筑物排冰、建筑结构防冻、水库水温、水电站上下游水温与冰情、抽水蓄能电站和潮汐发电站蓄水池的水温与冰情、水电站对下游河道的热影响范围，以及水库分层取水。在书中，还讨论了最近几年来较为迫切但已经被成功解决的问题，包括由导电混凝土和沥青构成的复合热电阻材料（KPM）加热防冰系统的开发。

　　对于工程师来说，新结构的设计涉及冰工程学和冰热力学方面更为复杂的任务，但可以在已制定和已解决的任务基础上加以解决。特别地，本书概述了如何解决安加拉和科利马水力发电站所在流域的水温和冰情问题，解释了克拉斯诺亚尔斯克水电站下游产生长清沟的原因，深入研究了抽水蓄能电站和潮汐发电站蓄水池的冰热力状况，以及解决了不同用途的取水装置（包括饮用水取水口、供水取水口、冰上航行船只引水口等）的冰情问题。除此之外，本书还确定了冰结构物的构造条件和相关参数，计算了用于保护水工建筑物的防冰设备的参数、供热系统参数，探索了冰路的选线和维护原则。以上所有问题的解决方案均基于经典公式和原始实验结果。这些解决方案，可作为开发新研究方向和进行冰研究时建模的基础。

　　本书出版的目的是总结长时间以来研究所得的经验和成果，为研究人员在解决工程设计及维护水电站设施时遇到的热力和冰情问题提供帮助。如果读者可以从本书中找到需要的内容，那么笔者的本意已经达到。

参考文献(影印)

1. **Абрамович Г. Н.** Теория турбулентных струй. М.: Физматгиз. 1960.

2. **Аварии** и катастрофы. Предупреждение и ликвидация последствий. Книга 1. Учебное пособие для строительных ВУЗов. М. 1995.

3. **Аверкиев А. Г., Макаров И. И., Синотин В. И.** Бесплотинные водозаборные сооружения. Л.: Энергия. 1969.

4. **Алейников С. М., Панюшкин А. В.** Борьба с обледенением гидротехнических сооружений. М.: Энергоиздат. 1982.

5. **Алексеев В.Р.** Наледеведение: словарь-справочник. Новосибирск: Изд-во СО РАН. 2007.

6. **Алексеев В. Р., Петухова Н. А., Сморыгин Г. И.** Географическая оценка возможностей капельного намораживания воды // Гляциология Вост. Сибири. Иркутск: Наука. 1983.С.103-108.

7. **Алексеев В. Р., Сморыгин Г. И.** Опыт возведения ледяных конструкций сложной конфигурации. Рыхлый снег как строительный материал // Гляциология Вост. Сибири. Иркутск. Наука. 1983.С. 115-126.

8. **Альтберг В. Я.** Донный лед. Л.: Изд. ГГИ. 1931.

9. **Аполлов Б. А., Калинин Г. П., Комаров В. Д.** Курс гидрологических прогнозов. Л.: Гидрометеоиздат. 1974.

10. **Артюхина Т. С.** Водопропускные грунтовые сооружения. Обзорная информация. М.: Информэнерго. 1981. Вып. 3.

11. **Артюхина Т. С.** Изучение осредненных характеристик отбрасываемой от сооружения струи // Труды координационных совещаний по гидротехнике: Гидравлика высоконапорных водосбросных сооружений. Дополнительные материалы / ВНИИГ им. Б. Е. Веденеева. 1975. С. 48-53.

12. **Бакановичус Н.С., Шаталина И.Н.** Создание систем обогрева механического оборудования ГТС на основе нагревателей из композиционных резистивных материалов // Безопасность речных судоходных гидротехнических сооружений: Материалы международной научно-практической конференции. Книга II. СПб: СПГУВК. 2007. С.140-155.

13. **Баланин В. В., Бородкин Б. С., Мелконян Г. И.** Использование тепла глубинных вод водоемов (для поддержания незамерзающих акваторий). М.: Транспорт. 1964.

14. **Безмельницына О. В., Николаева Е. И., Шаталина И. Н.** Методика расчета термического и ледового режимов водоводов ГАЭС // Известия ВНИИГ им. Б. Е. Веденеева. 1986. Т. 188. С. 18-26.

15. **Берденников В. П.** Физические характеристики льда, заторов и зажоров // Труды ГГИ. 1965. Вып. 129. С. 19-43.

16. **Бобков В. А.** Производство и применение льда. М.: Пищевая промышленность. 1977.

17. **Борец С. В., Филатов Ю.Д.** Анализ и обработка статистических данных о последствиях наводнений на реках Российской Федерации. М.: ВНИИ ГОЧС. 1995.

18. **Бутягин И. П.** Прочность льда и ледяного покрова. Новосибирск: Наука. 1966.

19. **Бучко Н. А.** Исследование нестационарного теплообмена при использовании холода в строительстве. Автореф.... д-ра техн. наук. Л.: ЛТИХП. 1977.

20. **Бучко Н. А., Турчина В. А.** Искусственное замораживание грунтов: Обзор. М.: Информэнерго. 1978.

21. **Быдин Ф. И.** Зимний режим рек и методы его изучения // Исследования рек СССР. Вып. V. Л: Изд-во ГГИ. 1933.

22. **Васильев А. Ф.** Пропуск льда через гидроузлы // Гидротехническое строительство. 1958. № 1. С. 26-29.

23. **Вейнберг Б. П.** Лед. М.-Л.: Гос. технико-теоретическое изд. 1940.

24. **Вершинин С. А.** Феноменологические модели разрушения образцов морского льда при сжатии // Материалы конференций и совещаний по гидротехнике: Ледотермические явления и их учет при возведении и эксплуатации гидроузлов гидротехнических сооружений / ВНИИГ им. Б. Е. Веденеева. 1979. С. 109-114.

25. **Воздействие** льда на инженерные сооружения. Новосибирск: Изд-во СО АН СССР. 1962.

26. **Возможности** регулирования ледотермического режима нижних бьефов высоконапорных ГЭС / В. Е.Ляпин, Е. Л.Разговорова, Г.А.Трегуб, И. Н. Шаталина // Известия ВНИИГ им. Б. Е. Веденеева. 1986. Том 188. С. 5-13.

27. **Возможность** предотвращения обмерзания пазовых конструкций гидротехнических сооружений / И. Н. Шаталина, И. Е. Наумкин, Л. Н. Репях, Е. Л.Разговорова, Г. А.Трегуб, М. В. Манин, Е. А.Абрамов // Энергетик. 2002. № 10. С. 20-24.

28. **Генкин З. А., Трегуб Г. А.** Влияние взаимодействия ледовых образований на формирование ледовых явлений в районе кромки льда // Материалы конференций и совещаний по гидротехнике. Ледотермические проблемы в северном гидротехническом строительстве и вопросы продления навигации. Л.: Энергия. 1989. С. 57-64.

29. **Гидравлические** исследования. Обзор докладов, представленных на VIII конгресс МАГИ. М.Л: Госэнергоиздат. 1962.

30. **Гидравлический** способ защиты водозабора с оголовком зонтичного типа от забивки шугой / И. Н.Шаталина, Г. А.Трегуб, А. Р.Красницкий, В. В.Яковлев // Материалы конференций и совещаний по гидротехнике: Ледотермические аспекты экологии в гидроэнергетике. Л.: Энергия. 1994. С. 9-19.

31. **Гиттельман А. И. и др.** Аэрогидравлический способ и оборудование для разрушения крупных заторов // Международный симпозиум «Гидравлические и гидрологические аспекты надежности и безопасности гидротехнических сооружений». Тезисы докладов. В10. 2002. С.76.

32. **Гладков М. Г.** К расчету нагрузки от движущихся ледяных полей на вертикальные опоры гидротехнических сооружений // Известия ВНИИГ им. Б. Е. Веденеева. 1994. Том 228. С. 21-25.

33. **Гладков М. Г., Сипаров С. В.** Связь скорости деформации с максимальной прочностью образцов морского льда при одноосном сжатии // Материалы конференций и совещаний по гидротехнике: Борьба с ледовыми затруднениями на реках и водохранилищах при строительстве и эксплуатации гидротехнических сооружений. Л.: Энергия. 1984. С. 145-148.

34. **Гладков М. Г., Шаталина И. Н., Лаппо Д. Д.** Современные подходы к расчету нагрузок от льда на гидротехнические сооружения континентального шельфа арктических морей России // Известия ВНИИГ им. Б. Е. Веденеева. 1994. Т. 228. С. 9-21

35. **Голубков С. К., Шаталина И. Н., Трегуб Г. А.** Влияние проходящей через ледяной покров солнечной радиации на формирование температурного режима водохранилищ в весенний период // Сборник научных трудов (междуведомственный): Моделирование и прогнозы гидрологических процессов. С.-Петербург: Гидрометеоиздат. 1992. С. 116-122.

36. **Голубков С. К., Шаталина И. Н., Трегуб Г. А**. Формирование температурного режима поверхностных слоев воды в водохранилищах в весенний период // Известия ВНИИГ им. Б. Е. Веденеева. 1994. Т. 228. С. 39-44.

37. **Гольдин А. Л., Гладков М. Г.** Определение ледовой нагрузки на элементы морских гидротехнических сооружений // Гидротехническое строительство. 1986. № 7. С. 27-29.

38. **Госсман В. А.** Гидротехнические сооружения из льда послойного намораживания на водном транспорте // Труды НИИВТ. 1977. Вып. 20. С. 109-125.

39. **ГОСТ Р 22.1.08-99**. Безопасность в чрезвычайных ситуациях. Мониторинг и прогнозирование опасных гидрологических явлений и процессов. Общие требования. Госстандарт России.

40. **Готлиб Я. Л., Жидких В. М., Сокольников Н. М.** Тепловой режим водохранилищ гидроэлектростанций. Л.: Гидрометеоиздат. 1976.

41. **Гухман А.А.** Применение теории подобия к исследованию процессов тепло- и массообмена. М.: Высшая школа. 1974.

42. **Донченко Р. В.** Ледовый режим рек СССР. Л.: Гидрометеоиздат. 1987.

43. **Дульнев Г. Н., Семяшкин Э. М**. Теплообмен в радиоэлектронных аппаратах. Л.: Энергия. 1968.

44. **Егоров Л. М.** Этапы строительства Новосибирской ГЭС // Гидротехническое строительство. 1958. № 1. С. 8-12.

45. **Жидких В. М., Попов Ю. А.** Ледовый режим трубопроводов. Л: Энергия. 1979.

46. **Защита** населения и территорий в чрезвычайных ситуациях. Учебное пособие для вузов. Под общей редакцией Фалеева М. И. г.Калуга: Облиздат. 2001.

47. **Знаменская Н. С.** Донные наносы и русловые процессы. Л.: Гидрометеоиздат. 1976.

48. **Зубов Н. Н.** Льды Арктики. М.: Изд. Главсевморпути. 1966.

49. **Инженерные** мероприятия по обеспечению надежной работы Тугурской ПЭС в тяжелых ледовых условиях Охотского моря / В. Н.Карнович, А. Г.Василевский, Г. А.Трегуб, И. Н.Шаталина, Л. Б.Бернштейн // Гидротехническое строительство. 1993. № 12. С. 38-43.

50. **Карнович В. Н., Литвинюк А. Ф.** Снежно-ледовые затруднения на канале Иртыш-Караганда и инженерные мероприятия по их устранению // Труды координационных совещаний по гидротехнике. Вып. 111. Л.: Энергия. 1976. С. 100-105.

51. **Каталог** заторных и зажорных участков рек СССР. Том 1 и 2. Л.: Гидрометеоиздат. 1976.

52. **Кодуа Н. Д.** Исследование дробления свободнопадающих потоков и его влияния на затухание максимальных осредненных скоростей в водяной подушке // Труды координационных совещаний по гидротехнике. Л.: Энергия. 1969. Вып. 52. С. 526-538.

53. **Кожевникова Т. Е.** Пропуск льда через сооружения Зейской ГЭС в строительный период // Гидротехническое строительство. 1977. № 8. С. 7-11.

54. **Козлов Д. В.** Лед пресноводных водоемов и водотоков. Изд-во МГУП (Московский государственный университет природообустройства). М. 2000.

55. **Коновалов И.М., Емельянов К.С., Орлов П.Н.** Основы ледотехники водного транспорта. Л. М.: Изд. Минречфлота СССР. 1952.

56. **Кореньков В. А.** Основные схемы и решающие факторы пропуска льда при строительстве ГЭС в условиях Сибири // Труды координационных совещаний по гидротехнике. 1968. Вып. 42. С. 356-370.

57. **Кореньков В. А.** Пропуск льда при строительстве Саяно-Шушенской ГЭС // Гидротехническое строительство. 1979. № 8. С. 25-28.

58. **Кореньков В. А.** Пропуск льда через донные отверстия Красноярской ГЭС весной 1964-1966 гг. // Известия вузов. Строительство и архитектура. 1966. № 11. С. 102-108.

59. **Кореньков В. А.** Пропуск льда через сооружения Вилюйской ГЭС весной 1963-65 гг. // Известия вузов. Строительство и архитектура. 1966. № 7. С. 117-122.

60. **Кореньков В. А.** Результаты натурных наблюдений за пропуском льда через сооружения Красноярской ГЭС // Гидротехническое строительство. 1970. № 7. С. 15-19.

61. **Коржавин К. Н.** Воздействие льда на инженерные сооружения. Новосибирск: Изд-во Сибирского отделения АН СССР. 1962.

62. **Космаков И. В.** О термическом баре в Красноярском водохранилище // Метеорология и гидрология. 1988. № 3. С. 21-25.

63. **Крицкий С.Н., Менкель М. Ф., Россинский К. И.** Зимний термический режим водохранилищ, рек и каналов. М-Л.: Госэнергоиздат. 1947.

64. **Кутателадзе С. С.** Основы теории теплообмена. Л.: Машгиз. 1957.

65. **Жидких В. М., Попов Ю. А**. Ледовый режим трубопроводов. Л.: Энергия. 1979.

66. **Кутателадзе С. С., Боришанский В. М.** Справочник по теплопередаче. М.: Госэнергоиздат. 1959.

67. **Лавров В. В.** Вопросы физики и механики льда. Труды ААНИИ. 1962. Т. 247.

68. **Лавров В. В.** Деформация и прочность льда. Л.: Гидрометеоиздат. 1969.

69. **Ледотермика** Ангары / Я. Л. Готлиб, Е. Е. Займин, Ф. Ф. Раззоренов и др. Л.: Гидрометеоиздат. 1964.

70. **Лисер И. Я.** Пропуск льда через створ Красноярской ГЭС (1963-1964 гг.) // Энергетическое строительство. 1966. № 6. С. 25-29.

71. **Любов Б. Я.** Теория кристаллизации в больших объемах. М.: Наука. 1975.

72. **Ляпин В. Е., Трегуб Г. А.** Влияние тепловых сбросов на ледо-термический режим нижних бьефов ГЭС // Известия ВНИИГ им. Б.Е.Веденеева. 1988. Т. 205. С. 19-24.

73. **Ляпин В. Е., Трегуб Г. А., Разговорова Е. Л.** Методы прогноза и регулирования ледотермических явлений в нижних бьефах высоконапорных ГЭС // Материалы конференций и совещаний по гидротехнике: Инженерное мерзлотоведение в гидротехническом строительстве. Л.: Энергия. 1984. С. 158-163.

74. **Максимов В. О., Шаталина И. Н.** Таяние льда при всплытии его в стоячей воде // Материалы конференций и совещаний по гидротехнике: Ледотермические проблемы в северном гидротехническом строительстве и вопросы продления навигации «Лед-87». Л.: Энергия. 1989. С. 64-67.

75. **Меллор М.** Механические свойства поликристаллического льда // Физика и механика льда. М.: Мир. 1983. С. 202-239.

76. **Методические** рекомендации к расчету водохранилищ-охладителей ТЭС: П 33-75/ВНИИГ. Л. 1976.

77. **Методические** рекомендации по организации и проведению мероприятий при угрозе затопления населенных пунктов и территорий (научно-методическое пособие). М:. ВНИИ ГОЧС. 1999.

78. **Методические** рекомендации по предотвращению образования ледовых заторов на реках РФ и борьбе с ними / В.А. Бузин, А.Г. Василевский, А.Б. Векслер, А.И. Гительман и др. М.: ФЦ ВНИИ ГОЧС. 2003.

79. **Методические** указания по пропуску льда через строящиеся гидротехнические сооружения. СО 34.21.145-2003. С.-Петербург: ВНИИГ им. Б. Е. Веденеева. 2005.

80. **Михеев М. А., Михеева И. М.** Основы теплопередачи. М.: Энергия. 1977.

81. **Мишель Б.** Ледовые нагрузки на гидротехнические сооружения и суда. М.: Транспорт. 1978.

82. **Моносов Л. М., Соколов И. Н., Трегуб Г. А.** Ледовые условия в Тугурском заливе и их возможное изменение при эксплуатации Тугурской ПЭС // Материалы конференций и совещаний по гидротехнике: Исследование влияния сооружений гидроузлов на ледовый и термический режимы рек и окружающую среду. Л.: Энергия. 1991. С. 57-63.

83. **Надаи Л.** Пластичность и разрушение твердых тел. Том 1. М.: ИЛ. 1954.

84. **Назаренко С. Н.** Пропуск весеннего ледохода в строительный период через сооружения Серебрянской ГЭС на р. Вороньей // Труды координационных совещаний по гидротехнике: Борьба с ледовыми за-

труднениями при эксплуатации гидротехнических сооружений. Дополнительные материалы. Л.: Энергия. 1973. С. 116-118.

85. **Назаров Г. И., Сушкин В. В., Дмитриевская Л. В.** Конструкционные материалы: Справочник. М.: Машиностроение. 1973.

86. **Наставление** по гидрометеорологическим станциям и постам. Л.: Гидрометеоиздат 1968.

87. **Невский А.С., Малышева А.И.** Массообмен и теплопередача при плавлении льда в растворах солей. Тепло- и массоперенос. Т.2. Минск: Наука и техника. 1968.

88. **Нежиховский Р. А.** Расчеты и прогнозы стока шуги и льда в период замерзания рек // Труды ГГИ. 1963. Вып. 103. С. 3-40.

89. **Николаева Е. И., Роткин В. М.** Исследование теплообмена при образовании гранул в фонтанирующем слое // Материалы конференций и совещаний по гидротехнике: Ледотермические явления и их учет при воздействии и эксплуатации гидроузлов и гидротехнических сооружений. Л.: Энергия. 1979. С. 52-56.

90. **Овчаренко В. Г.** Исследование условий образования внутриводного льда в устьевых областях сибирских рек // Материалы конференций и совещаний по гидротехнике: Борьба с ледовыми затруднениями на реках и водохранилищах при строительстве и эксплуатации гидротехнических сооружений. Л.: Энергия. 1984. С. 43-45.

91. **Жулаев А.Ж., Колодин И.Ф., Куц С.И.** Оценка снегозаносимости крупных каналов в условиях сурового климата // Материалы конференций и совещаний по гидротехнике: Борьба с ледовыми затруднениями на реках и водохранилищах при строительстве и эксплуатации гидротехнических сооружений. Л.: Энергия. 1984. С. 257-259.

92. **Патент 4004732 США**. МКИ 25C 3/04. Snow making method / Alden W. Hanson. Способ получения снега.

93. **Патент** на изобретение № 2067144 «Водозабор». Авторы: Шаталина И. Н., Трегуб Г. А., Красницкий А. Р., Яковлев В. Приоритет изобретения 2 августа 1993 г., зарегистрирован в Государственном реестре 27 сентября 1996 г.

94. **Патент РФ № 2237302**. Композиционный резистивный саморегулирующийся нагревательный материал. БИ № 27. 2004. Опубл. 27.09.2004. Патентообладатели: Бакановичус С. А., Бакановичус Н. С.

95. **Песчанский И. С.** Ледоведение и ледотехника. Л.: Гидрометеоиздат, 1967.

96. **Петрович И. Н., Сморыгин Г. И.** Способы получения и некоторые свойства искусственного гранулированного льда // Гляциология Вост. Сибири. Иркутск: Наука. 1983.

97. **Петухова Н. А**. Возможности намораживания воды в условиях Восточной Сибири // Гляциология Вост. Сибири. Иркутск: Наука. 1983. С. 109-114.

98. **Пехович А. И**. Основы гидроледотермики. Л.: Энергоатомиздат. 1983.

99. **Пехович А. И**. Расчет статического давления льда // Известия ВНИИГ им. Б. Е. Веденеева. 1953. Т. 49. С. 65-82.

100. **Пехович А. И., Жидких В. М**. Расчеты теплового режима твердых тел. Л.: Энергия. 1976.

101. **Пехович А. И., Трегуб Г. А**. Расчет статических нагрузок при тепловом расширении ледяного покрова // Материалы конференций и совещаний по гидротехнике: Ледотермические явления и их учет при возведении и эксплуатации гидроузлов и гидротехнических сооружений. Л.: Энергия. 1979. С. 81-86.

102. **Пехович А. И., Трегуб Г. А**. Расчет шугообразования и движения кромки льда ледяного покрова в нижних бьефах ГЭС // Известия ВНИИГ им. Б. Е. Веденеева. 1980. Т.143. С. 87-91.

103. **Пехович А. И., Шаталина И. Н**. Образование внутриводного льда при смешении морских и речных вод // Труды координационных совещаний. по гидротехнике. Л.: Энергия. 1970. Вып. 56. С. 139-144.

104. **Пехович А. И., Шаталина И. Н**. Таяние льда в условиях вынужденной конвекции // Труды координационных совещаний по гидротехнике. Л.: Энергия. 1970. Вып. 56. С. 212-220.

105. **Пехович А. И., Шаталина И. Н**. Температура на границе тающего льда и раствора // Физические процессы горного производства. Межвузовский сборник. Л.: Изд-во ЛГИ, 1975. Вып. 1. С. 79-83.

106. **Правила** технической эксплуатации электрических станций и сетей Российской Федерации (ПТЭ). М.: Изд-во НЦ ЭНАС. 2003.

107. **Прагер В., Ходж Ф. Г**. Теория идеально пластических тел. М.: ИЛ. 1956.

108. **Приближение** температурного режима реки к естественному в нижнем бьефе высоконапорного гидроузла путем селективного водозабора / Н. А. Елисеев, В. А. Кореньков, В. Е. Ляпин, Г. А. Трегуб // Гидротехническое строительство. 1993. № 6. С. 10-17.

109. **Приливные** электростанции. Под редакцией Л. В. Бернштейна. М: Энергоатомиздат. 1987.

110. **Пропуск** льда при строительстве и эксплуатации гидроузлов. Под редакцией К. Н. Коржавина. М: Энергия. 1979.

111. **Пропуск** льда через гидротехнические сооружения / Л.Я.Готлиб, В. А.Коржавин, В. А.Кореньков, И. Н.Соколов. М.: Энергоатомиздат. 1990.

112. **Пропуск** льда через гребенку водосливной плотины Братской ГЭС / Я. Л.Готлиб, И. В.Крапивин, Ф. Ф.Раззоренов, Н.П.Рожков // Гидротехническое строительство. 1961. № 6. С. 27-31

113. **Проскуряков Б. В.** Статическое давление льда на сооружения // Труды ГГИ. 1948. Вып. 4 (58). С. 175-194.

114. **Проскуряков Б. В., Бибиков Д. Н**. Метод прогноза температур воды в естественных водоемах // Известия НИИГ им. Б. Е. Веденеева. 1935. Том 16. С.65-75.

115. **Разговорова Е. Л.** Расчет теплообмена при проектировании ледотермического режима бьефов ГЭС // Труды координационных совещаний по гидротехнике. Л.: Энергия. 1973. Вып. 81. Дополнительные материалы. С. 13-19.

116. **Регулирование** температурного режима реки в нижнем бьефе высоконапорного гидроузла путем селективного водозабора / Н. А. Елисеев, В. А. Кореньков, В. Е. Ляпин, Г. А. Трегуб // Известия ВНИИГ им. Б. Е. Веденеева. 1994. Том 228. С. 61-68.

117. **Рекомендации** по гидравлическому расчету водопропускных трактов безнапорных водосбросов на аэрацию и волнообразование: П 66-77 / ВНИИГ им. Б. Е. Веденеева. Л. 1978.

118. **Рекомендации** по прогнозированию изменения местного климата и его влияния на отрасли народного хозяйства в прибрежной зоне водохранилищ (П-850-87) / Гидропроект. М. 1987.

119. **Рекомендации** по расчетам температурного режима плотин из грунтовых материалов, возводимых в северной строительно-климатической зоне (П 15-84)/ ВНИИГ им. Б. Е. Веденеева. Л. 1985.

120. **Рекомендации** по расчету длины полыньи в нижних бьефах ГЭС (П 28-86)/ ВНИИГ им. Б. Е. Веденеева. Л. 1986.

121. **Рекомендации** по расчету зажорных явлений в нижних бьефах ГЭС. Л.: Гидрометеоиздат. 1977.

122. **Рекомендации** по расчету оледенения наземных напорных трубопроводов (П 14-83)/ВНИИГ им. Б. Е. Веденеева. Л. 1984.

123. **Рекомендации** по расчету потерь напора по длине водоводов гидроэлектростанций (П 91-80)/ВНИИГ. Л. 1981.

124. **Рекомендации** по термическому расчету водохранилищ (П78-79)/ ВНИИГ. Л. 1979.

125. **Рубинштейн Л.И.** Проблема Стефана. Рига: Звайгзне. 1967.

126. **Руководство** по гидрологическим прогнозам. Л.: Гидрометеоиздат. 1963.

127. **Сморыгин Г. И.** Теоретические основы получения льда рыхлой структуры. Новосибирск: Наука. Сибирск. отд. 1984.

128. **СП 33-101-2003**. Определение основных расчетных гидрологических характеристик. М.: ФГУП ЦПП. 2004.

129. **СП 38.13330-2012.** Нагрузки на гидротехнические сооружения (волновые, ледовые и от судов). М. 1995.

130. **СНиП 2.05.02-85.** Автомобильные дороги (с Изменениями № 2-5). Постановление Госстроя СССР от 17.12.1985. № 233.

131. **СНиП 2.06.15-85.** Инженерная защита территорий от затопления и подтопления. Госстандарт СССР. М. 1986.

132. **СНиП II-57-75.** Нагрузки на гидротехнические сооружения (волновые, ледовые и от судов). М. 1976.

133. **Создание** ледяных платформ в Арктическом шельфе / Б. А. Савельев, Д. А. Латалин, В. Е. Гагарин, В. В. Разумов // Материалы гляциологических исследований. М.: Изд-во Института географии АН СССР. 1982. № 45. С.166-168.

134. **Соколов И. Н.** Влияние прочности льда на условия его пропуска через гидротехнические сооружения // Труды координационных совещаний по гидротехнике. Л.: Энергия. 1964. Вып. 10. С. 137-148.

135. **Соколов И. Н., Ковалевский С. И.** Пропуск льда через гребенку плотины Усть-Илимской ГЭС // Труды координационных совещаний по гидротехнике. Л.: Энергия. 1976. Вып. 111. С. 90-94.

136. **Сокольников Н. М.** Пропуск льда в строительный период через туннели в проектах Понойской, Зейской и Серебрянской ГЭС // Труды координационных совещаний по гидротехнике. Л.: Энергия. 1968. Вып. 42. С. 371-376.

137. **Сокольников Н. М.** Пропуск льда в строительный период через частично возведенные сооружения на реках Сибири // Труды координационных совещаний по гидротехнике. Л.: Энергия, 1964. Вып. 10. С. 149-157.

138. **Сокольников Н. М.** Пропуск льда через частично возведенные сооружения Красноярской ГЭС весной 1963 г. // Труды координационных совещаний по гидротехнике. Л.: Энергия. 1965. Вып. 17. С. 79-86.

139. **Способы** борьбы с нефтяными примесями и шугой на русловых водозаборах / Г. А.Трегуб, И. Н.Шаталина, М. П. Павчич, С. И. Ковалевский, Н. С.Бакановичус, А. А. Косарев // Известия ВНИИГ им. Б.Е. Веденеева. 2006. Том 245. С. 220-228.

140. **Справочник** по гидротехнике. М.: Гос. изд-во литературы по строительству и архитектуре. 1956.

141. **Справочник** по опасным природным явлениям в республиках, краях и областях Российской Федерации. СПб: Гидрометеоиздат. 1996.

142. **СТО РусГидро 02.01.100-2013.** Гидроэлектростанции. Пропуск льда через гидротехнические сооружения ГЭС. Рекомендации при пректировании, строительстве и эксплуатации. М. 2013.

143. **Телешев В. И., Пинягин М. И., Толокно И. В.** Пропуск весеннего ледохода через сооружения Мамаканской ГЭС // Гидротехническое строительство. 1961. № 7. С. 31-35.

144. **Теоретические** основы хладотехники. Тепломассообмен. Под редакцией проф. Э. И. Гуйго. М.: Агропромиздат. 1986.

145. **Тернер Дж.** Эффекты плавучести в жидкостях. М.: Мир. 1977.

146. **Тимошенко С. П., Лессельс Дж.** Прикладная теория упругости. Л.: Государственное техническое строительство. 1931.

147. **Ткачев А.Г., Бучко Н.А.** Конвективный теплообмен жидкости при затвердевании и плавлении на поверхности погруженных в нее твердых тел // Труды координационных совещаний по гидротехнике: Изучение физико-механических свойств льда и его использования в гидротехническом строительстве. М.-Л.: Энергия. 1964.

148. **Тодоров Т.** О замораживании пластины при разных коэффициентах теплоотдачи на ее поверхностях // Холодильная техника. 1967. № 7. С. 31-33.

149. **Трегуб Г. А.** Влияние селективного отбора воды из водохранилища на формирование его температурного режима // Междуведомственный сборник: Физическое и математическое моделирование гидравлических процессов при исследованиях крупных гидроузлов комплексного назначения. Л.: Энергия. 1990. С. 100-106.

150. **Трегуб Г. А.** Ледотермический режим нижних бьефов ГЭС в условиях интенсивных снегопадов // Известия ВНИИГ им. Б. Е. Веденеева. 1986. Т. 188. С. 13-18.

151. **Трегуб Г. А.** Метод расчета длины полыньи в нижних бьефах ГЭС // Материалы конференций и совещаний по гидротехнике: Борьба с ледовыми затруднениями на реках и водохранилищах при строительстве и эксплуатации гидротехнических сооружений. Л.: Энергия. 1984. С. 18-23.

152. **Трегуб Г. А.** Расчет термического и ледового режима в бьефах гидроузлов как основа термического сопряжения бьефов // Известия ВНИИГ им. Б. Е. Веденеева. 1997. Т. 230. Часть 2. С. 46-61.

153. **Трегуб Г. А., Шаталина И. Н., Артеменков А. М.** Оценка статического давления льда на затворы гидротехнических сооружений // Известия ВНИИГ им. Б. Е. Веденеева. 2006. Том 245. С. 210-219.

154. **Управление** режимом горных ледников и стоком рек / Д. С.Громан, В. Д.Бакалов, М. Ч.Залиханов, В. Д.Панов. Л: Гидрометеоиздат. 1990.

155. **Филатов Ю. А.** Экспресс-методика прогнозирования последствий наводнений. М.: В/Ч 52609. 1993.

156. **Филатов Ю. А., Юзбеков Ю. Д.** Анализ и обработка статистических данных о последствиях наводнений на реках Российской Федерации. М.: ВНИИ ГОЧС. 1995.

157. **Черепанов Н. В.** Влияние эпизодических напряжений в ледяном покрове на его кристаллическую структуру // Труды ААНИИ. Вып. 331 Л.: Гидрометеоиздат. 1976. С.141-150.

158. **Чижов А. Н.** Образование внутриводного льда и формирование шугохода на горных реках // Труды ГГИ. 1962. Вып. 93. С. 3-23.

159. **Чиковский С. С.** О переохлаждении морских вод в природных и лабораторных условиях // Труды ААНИИ. 1971. Том 300. С. 137-152.

160. **Чугаев Р. Р.** Гидравлика. Л.: Энергоатомиздат. 1982.

161. **Шаталина И. Н.** Исследование ледового режима бьефов гидротехнических сооружений, расположенных в зоне взаимодействия вод различной солености. Автореф….канд. техн. наук / ВНИИГ им.Б.Е.Веденеева. 1970.

162. **Шаталина И. Н.** О расчете коэффициента теплоотдачи при обтекании поверхностей большой длины // Известия ВНИИГ им. Б. Е. Веденеева. 1975. Т. 109. С. 140-148.

163. **Шаталина И. Н.** Ледовый и термический режим бьефов ГЭС и бассейнов ГАЭС // Материалы конференций и совещаний по гидротехнике: Борьба с ледовыми затруднениями на реках и водохранилищах при строительстве и эксплуатации гидротехнических сооружений. Л.: Энергия. 1984. С.4-11.

164. **Шаталина И. Н.** Теплообмен в процессах намораживания и таяния льда. Л.: Энергоатомиздат. 1990.

165. **Шаталина И. Н. , Ковалевский С. И.** Оценка несущей способности ледовых переправ // Третья научно-техническая конференция: Гидроэнергетика. Новые разработки и технологии. Доклады. СПб.: Изд-во ВНИИГ им. Б. Е. Веденеева. 2008. С. 238-244.

166. **Шаталина И. Н., Максимов В. О.** Теплообмен при фильтрации воды через пористую массу битого льда // Известия ВНИИГ им. Б. Е.Веденеева. 1988. Т. 205. С. 24-27.

167. **Шаталина И. Н., Трегуб Г.А., Ковалевский С.И.** Обеспечение безопасной эксплуатации водозаборных сооружений в ледовых условиях // Известия ВНИИГ им.Б.Е.Веденеева. 2002. С. 152-163.

168. **Шаталина И. Н., Трегуб Г. А.** Выбор параметров гидравлического и ледового режимов при проектировании и регулировании каче-

ства воды в бьефах ГЭС // Известия ВНИИГ им. Б. Е. Веденеева. 1997. Том 230. Часть II. С. 63-82.

169. **Шаталина И. Н., Трегуб Г. А.** К вопросу о замерзании водохранилищ // Известия ВНИИГ им. Б. Е. Веденеева, 1994. Том 228. С. 47-50.

170. **Шаталина И. Н., Трегуб Г. А.** Ледотермический режим нижних бьефов приустьевых ГЭС // Известия ВНИИГ им. Б. Е. Веденеева. 1988. Том 205. С. 15-19.

171. **Шаталина И. Н., Трегуб Г. А.** О системе мероприятий по предотвращению образования ледовых заторов (зажоров) на реках РФ и борьбе с ними // Безопасность энергетических сооружений. Научно-технический и производственный сборник. Вып. 11. М.: ОАО «НИИЭС». 2003. С. 201-211.

172. **Шаталина И. Н., Трегуб Г. А., Фрид Р.** С. Расчет температуры воды в водоеме энергетического назначения с учетом свободно-конвективного перемешивания // Известия ВНИИГ им. Б. Е. Веденеева». 2000. Т. 236. С. 164-170..

173. **Шаталин К. И. , Шаталина И. Н.** К вопросу о стандартизации испытаний прочности льда на изгиб // Материалы конференций и совещаний по гидротехнике: Ледотермические явления и их учет при возведении и эксплуатации гидроузлов и гидротехнических сооружений. Л.: Энергия. 1979. С. 107-109.

174. **Шлихтинг Г.** Теория пограничного слоя. М.: Наука. 1969.

175. **Экспериментальные** исследования обогрева пазов затворов нагревателями с активными элементами из композиционных резистивных материалов / И. Н. Шаталина, Е. Л. Разговорова, С. И. Ковалевский, И. М. Васильева, Е. А. Абрамов, М. В. Манин // Известия ВНИИГ им. Б.Е.Веденеева. 2000. Том. 236. С. 183-188.

176. **Эльясберг С.Е.** Дальность полета и изменение ширины струи воды // Труды координационных совещаний по гидротехнике: Гидравлика высоконапорных сооружений. Дополнительные материалы. Л.: Энергия. 1975. С. 58-61.

177. **Яковлева Т. И.** Параметры потока, сбрасываемого с водосливного носка-трамплина // Труды координационных совещаний по гидротехнике: Гидравлика высоконапорных водосбросных сооружений. Л.: Энергия. 1975. С.53-58.

178. **API Bulletin** on planning, designing and constructing fixed offshore structures in ice environments / Issued by American Petroleum institute. Production Department. 1982.

179. **Ashton G., Kennedy J.F.** Ripples on underside of river covers // J.of the hydraulics Division. Proceedings of the American Society of Civil Engng. 1972. Vol. 98. N 9. P. 1603-1624.

180. **Ashton D. G, Mulherin N. D**. Prediction of reservoir freeze over // Proc. 10th Int. Symp. on Ice (Espoo, Finland), 1990. V. 1 P. 124-135.

181. **Bellendir Eugenie N. , Gladkov Michel G., Shatalina Irene N.** Determination of global load from hummoks on offshore structures // Proc. of VI International Conference on ships and marine structions in cold regions (Ice tech-2000). The B. E. Vedeneev VNIIG, Inc. St. Petersburg, Russia. P. 404-407.

182. **Cho D.H., Epstein M.** Laminar film condensation of flowing vapor on a horizontal melting surface // Int. J. Heat and Mass Transfer. 1977. Vol. 20. P. 23-30.

183. **Comfort G., Liddiard A., Abdelnour R.** A Metod and tool for predicting static ice loads on dams // Proc. of the 17th International Symposium on ice. 2004. Vol. 2. P. 96-104.

184. **Fage A., Townend H.C.H** An examination of turbulent flow with an ultramicroscope // Proc. R. Soc. 1932. A. 135. P. 556-561.

185. **Hamada T.** Two properties of the stratified density current at a river mouth // Proc. of VIII Congress IAHR. Monreal. 1959.

186. **Higbie R.** The rate of absorption of a pure gas into a still liquid during short period of exposure // Trans. AIChE. 1935. Vol. 31.N1. P. 365-390.

187. **Hoyland K.V.** Measurements of consolidations in three first – year ridges. // Proc. of 15th International Symposium on Ice. Gdansk. Poland. 2000. p.19-26

188. **International** Association for Hydraulic Research Working Group on Thermal Regimes. Report on Frazil ice. Steven F. Daly, editor. 1994.

189. **Lindgren S.** Thermal ice pressure // IAHR Symposium. Ice and its action on hydraulic structure. Reykjavik. Iceland. 1970. 6.7.P. 1-40.

190. **Meyer Z.** Vertical circulation in density stratified Reservoir // I. of the Hydraulics Div. 1982. Vol. 108. No HY7. P. 853-873.

191. **Nozawa R.** Fusion of cylindrrical ice in forced convection://16 Annual Symposium of Heat Transfer Society of Japan. 30 May-1 June. 1979.

192. **Pariset E., Hausser R., Cagnon A.** Formation of ice covers and ice jams in rivers // Proc ASCE. J. Hydraul. Div. 1966. V. 92. № 1196. P. 1-24.

193. **Pat. 3990253 USA**. Int. C1. E02. Method for constructing on ice platform. Sun Oil Co. 1976.

194. **Pat. 4055052 USA**. Int. C1. E02 3/00. Arctic island. Exxon Production Res. Co. 1977.

195. **Pat. 4080797 USA**. Int. C1. E02 D. 27/00. Artifical ice pad for operating in a frigid environment. Exxon Production Res. Co. 1978.

196. **Pat. 4205928 USA**. Int. C1. E02 D. 27/00. Offshore structure in frigid environment. Exxon Prod.

197. **Pat. 4325656 USA.** Int. C1. E02 D. 19/04. Apparatus and method for forming offshore ice island. Bishop Gilbert H. 1982.

198. **Pekhovitch A. I., Shatalina I. N.** On forecasting and control of ice conditions in shiplifts // Symposium on River and Ice. Hungary. Budapest. 15-17 January. 1974.

199. **Peyton H. R.** Ice and marine structure. //Ocean Industry. 1968. V. 3. N 12. P. 12-21.

200. **Ralston T. D.** Ice force design considerations for conical offshore structures. //Proc. 4th POAC Int. Conf. St. Jon's. Newfoundland. 1977. P. 741-752.

201. **Royen.** Istryck vid temperaturhöjning. Hansenboken. Stockholm. 1922.

202. **Ruckenstein E.** Equation for the mass – or heat transfer coefficient in turbulent motion // Int. J. of Heat and Mass Transfer. 1966. Vol. 9. № 5. P. 441-451.

203. **Saito A., Shimomure R., Kuriyama F.** Heat Conduction with Supercooled Solidification. Bull. ISME. 1982. Vol. 25. № 202. P. 591-598.

204. **Shatalina I. N Shvainstein , A M , Gladkov M. G.** The methodical recommendations for the passing of ice through the constructing hydraulic engineering structures // Proceedings of17th International Symposium on Ice. Volume 1. P 235-243. Saint Petersburg. Russia. 21-25 June 2004.

205. **Shatalina I. N., Tregub G. A.** Appearance of anchor ice on constructions submerged into water // 18th International Symposiums on Ice. Sapporo. Japan. 28 Aug-1 Sep 2006. P. 261-265.

206. **Shatalina Iren N.** . Size of the consolidated part of hummock Ice in Environment: // Proceedings of the 16th IAHR International Symposium on Ice / DUNEDIN, New Zealand, 2-6 December 2002 / International Association of Hydraulic Engineering and Research. Volume 2.

207. **Singh S** and Comfort G. Expected thermal ice loads in reservoirs. //IAHR Conference. Potsdam. 1998.

208. **Solomon A. D. a oth.** On the limitations of analytical approximations for phase change problems with large biot numbers // Heat and mass Transfer. 1981. Vol. 8. № 6. P. 475-482.

209. **Standardization** of testing methods for ice properties, proposed by working group of IAHR section on ice problems // J. of Hydraul. Res. 1980. V. 18. P. 153-165.

210. **Surface** ablation in the impingement region of a liquid jet / Shedish M. Epstein M. Idrehan J. K. a oth // AIChE, 1979. Vol. 25. № 4. P. 630-638.

211. **Taylor Theodore B.** Ice ponds for air conditioning and process cooling // Energy Technol: Proc. 10th Conf. Washington. 1983. P. 631-636.

212. **The steady** state ice layer profile on a constant temperature plate in a forced convection flow The laminar and turbulent regimes/T. Hyrata, R.R.Gilpin, K.C.Cheng, E.M.Gater // Int. J. Heatand Mass Transfer. 1979. Vol. 22. P. 1425-1443.

213. **Trammell I., Canterbury J., Killgore E. M.** Heat transfer from humid air to a horizontal flat at sub-freezing temperatures // Proc. ASHRAE Semiannual Meeting in Detroit. Michigan. 1967. P. 28-32.

214. **Williams G. P.** Predicting the data of lake ice break-up // Water Resour. Res. 1971. V. 7. N 1. P. 323-333.

215. **Williams G. P.** Water temperature during the melting of lake // Water Resou. Res. 1969. V. 5. N 5. P. 1134-1138.

216. **Yen Y.-C.** Heat Transfer characteristics of bubble-indused water jet impinging on an ice surface// Int. J. Heat and Mass Transfer. 1978. Vol. 18. P. 917-926.

217. **Yen Y.-C. Zehnder A.** Melting heat transfer with water jet // Int. J. Heat and Mass Transfer. 1973. Vol. 16. N1. P. 219-223.

附　　录

变量符号说明：

a——导温系数，m^2/s

A——冰面积，m^2

B——宽度，m

b——宽度比例常数，水体表面温度或介质温度变化速度

C——谢才系数

c——比热容，$J/(kg\cdot K)$

D——扩散系数

F——冰载荷，MN

g——重力加速度，m/s^2

h——板材厚度，水流深度，高度，m

H——水位，m

l——计算区域水体长度，m

L——计算尺寸，m

P——压力，MPa

Q——水或冰花流量，m^3/s

q——单宽流量，m^2/s

r——管道半径，m

R——冰的强度，MPa

S——热通量，W/m^2

T——水体绝对温度，K

t——水、冰、雪的温度，℃

$\bar{t}$——温度平均值，℃

Δt——温度变化值，℃

V——运动速度，m/s

W——体积，m^3

w——风速；冰-水相变速度，m/s

x，y，z——空间直角坐标，m

α——热交换系数，$W/(m^2\cdot K)$

β——凝固边界移动速度比例系数，体积膨胀系数

ε_s——表面相对辐射能(黑度)

ϑ——气温，℃

λ——导热系数，$W/(m \cdot K)$

δ——临界层厚度，m

ν——运动黏度系数，m^2/s

ρ——密度，kg/m^3

σ——斯蒂芬-玻尔兹曼常数$[\sigma = 5.67 \times 10^{-8} \, W/(m^2 \cdot K^4)]$；冰的强度，MPa

τ——时间，s

标准和无因次参数：

$$Ar = \frac{gl^3}{v^2} \frac{\rho - \rho_0}{\rho}$$ ——阿基米德数

$$Bi = \frac{\alpha l}{\lambda}$$ ——比奥数

$$Gr = \beta \frac{gl^3}{v^2} \Delta t$$ ——格拉晓夫数

$$Gu = \frac{T - T_{кр}}{T}$$ ——古赫曼数

$$Fo = \frac{a\tau}{l^3}$$ ——傅里叶数

$$Fo_D = \frac{D\tau}{l^2}$$ ——傅里叶扩散准数

$$K = \frac{\sigma}{c(t-t_3)}$$ ——相变准则

$$Mi = \frac{\alpha F}{c\rho Q}$$ ——米赫耶夫数

$$Nu = \frac{\alpha l}{\lambda}$$ ——努塞尔数

$$Pe = \frac{Vl}{a}$$ ——贝克莱数

$$Pr = \frac{v}{a}$$ ——普朗特数

$$Ra = Gr \cdot Pr$$ ——瑞利数

$$Re = \frac{Vl}{v}$$ ——雷诺数

$$Ste = \frac{c(t_3 - \vartheta)}{\sigma} \quad \text{——斯特凡数}$$

$$Fr = \frac{V^2}{gl} \quad \text{——弗劳德数}$$

$$\eta = \frac{x}{H} \quad \text{——无量纲坐标}$$

$$\eta_\kappa = \frac{x_\kappa}{H} \quad \text{——边界无量纲坐标}$$